中小企業のための
環境関連法規制

太田芳雄 著
技術士　中小企業診断士

技報堂出版

書籍のコピー，スキャン，デジタル化等による複製は，
著作権法上での例外を除き禁じられています。

はじめに

　環境関連法規制は数が多く、法令の条文も長文でその理解は容易でない。企業の大小を問わず環境担当者の多くは多忙で、調査に十分な時間を割けないなどにより苦手意識が強く、法の把握を難しくしている側面がある。そこで、環境関連法規の体系からその全体像を理解し、そして法規に基づく規制について把握することにより環境分野への橋渡しのための基本的なことが理解できることに重点を置いてまとめてある。

　環境関連法規制の全体を把握し、その趣旨を理解することにより、それぞれの企業に該当する環境関連法に基づく規制に焦点を絞ることができ、範囲を限定してその詳細を調査することができる。該当法規を特定した時点、また法の改正時点で細部の確認調査が必要となるものの、その後の作業を格段に容易にすることができる。

　読者各位には、環境関連法に基づく規制の概略を把握していただくことに伴い、各規制への理解と環境への取組みへの認識を高めていただけると思う。

　そのため、本書ではわかりやすさと実用性に主眼を置き、主要点をコンパクトにまとめている。また、環境保全技術の概要、環境関連用語の解説も参考にしていただければ、環境への全般的な理解を深める一助になると考えている。

2014 年 9 月

著者　太田芳雄

目　　次

1. 環境保全と環境関連法　1

1.1　地球環境の危機　1
1.2　世界の持続可能性の現状　5
1.3　地球環境時代の企業経営　8
1.4　環境保全のための手法　9
1.5　環境法規制の枠組み　11
1.6　環境基本法とは　15
1.7　主要な個別法（環境法規制）の分類　16

2. 環境・エネルギー政策と中小企業の位置付け　21

2.1　中小企業にとっての環境・エネルギー対策　21
2.2　取引先からの環境配慮に対する要求の進展　23
2.3　中小企業の定義および業種区分　24
2.4　業種区分と対象業種　25

3. 環境基本法および個別法　33

3.1　環境法規制　33
　3.1.1　環境基本法／35
3.2　排出等の規制　42
　3.2.1　大気・悪臭関係法規制／42
　　3.2.1.1　大気汚染防止法／43
　　3.2.1.2　自動車 NOx・PM 法（自動車から排出される窒素廃棄物及び粒子状物質の特定地域における総量の削減等に関する特別措置法）／46
　　3.2.1.3　オゾン層保護法（特定物質の規制等によるオゾン層の保護に関する法律）／48
　　3.2.1.4　オフロード法（特定特殊自動車排出ガスの規制等に関する法律）／49
　　3.2.1.5　悪臭防止法／50
　　3.2.1.6　フロン回収破壊法（フロン類の使用の合理化及び管理の適正化に関する法律）／52
　3.2.2　水質関係法規制　54
　　3.2.2.1　水質汚濁防止法／54
　　3.2.2.2　下水道法／58
　　3.2.2.3　浄化槽法／62
　　3.2.2.4　海洋汚染防止法（海洋汚染及び海上災害防止に関する法律）／64

- 3.2.3 土壌関係法規制　*65*
  - 3.2.3.1 土壌汚染対策法／*66*
- 3.2.4 騒音・振動・地盤沈下関係法規制　*69*
  - 3.2.4.1 騒音規制法／*70*
  - 3.2.4.2 振動規制法／*73*
  - 3.2.4.3 工業用水法／*76*
  - 3.2.4.4 ビル用水法(建築物用地下水の採取の規制に関する法律)／*77*

3.3 製造等の規制　*77*

- 3.3.1 有害物質関係法規制　*77*
  - 3.3.1.1 化審法(化学物質の審査及び製造等の規制に関する法律)／*79*
  - 3.3.1.2 PRTR法(化管法)(特定化学物質の環境への排出量の把握及び管理の改善の促進に関する法律)／*83*
  - 3.3.1.3 毒劇物取締法／*86*
  - 3.3.1.4 ダイオキシン類対策特別措置法／*88*
- 3.3.2 エネルギー関係法規制　*90*
  - 3.3.2.1 省エネ法(エネルギー等の使用の合理化に関する法律)／*96*
  - 3.3.2.2 再生可能エネルギー特別措置法(電気事業者による再生可能エネルギー電気の調達に関する特別措置法)／*99*
  - 3.3.2.3 地球温暖化対策法(地球温暖化対策の推進に関する法律)／*100*
- 3.3.3 防災・作業環境・組織体制整備関係法規制　*103*
  - 3.3.3.1 消防法／*105*
  - 3.3.3.2 高圧ガス保安法／*110*
  - 3.3.3.3 労働安全衛生法／*112*
  - 3.3.3.4 公害防止組織整備法(特定工場における公害防止組織の整備に関する法律)／*118*

3.4 廃棄・リサイクル等の規制　*120*

- 3.4.1 廃棄物関係法規制　*120*
  - 3.4.1.1 循環型社会形成推進基本法／*121*
  - 3.4.1.2 廃棄物処理法(廃掃法)(廃棄物の処理及び清掃に関する法律)／*123*
  - 3.4.1.3 PCB廃棄物特措法(ポリ塩化ビフェニル廃棄物の適正な処理に関する特別措置法)／*132*
  - 3.4.1.4 放射線物質汚染対処特措法(平成23年3月11日に発生した東北地方太平洋沖地震に伴う原子力発電所の事故により放出された放射性物質による環境の汚染への対処に関する特別措置法)／*133*
  - 3.4.1.5 東日本廃棄物処理特措法(東日本大震災により生じた災害廃棄物の処理に関する特別措置法)／*134*
- 3.4.2 リサイクル関係法規制　*136*
  - 3.4.2.1 資源有効利用促進法(資源の有効な利用の促進に関する法律)／*137*
  - 3.4.2.2 家電リサイクル法(特定家庭用機器再商品化法)／*141*
  - 3.4.2.3 容器包装リサイクル法(包装容器に係る分別収集及び再商品化の促進等に関する法律)／*142*
  - 3.4.2.4 食品リサイクル法(食品循環資源の再生利用等の促進に関する法律)／*144*
  - 3.4.2.5 建設リサイクル法(建設工事に係る資材の再資源化等に関する法律)／*146*

3.4.2.6　自動車リサイクル法(使用済み自動車の再資源化等に関する法律)／147
          3.4.2.7　グリーン購入法(国等による環境物品等の調達の推進等に関する法律)／149
 3.5　土地利用等に係る個別法　150
    3.5.1　土地利用・自然保護関係法規制　150
       3.5.1.1　環境影響評価法／150
       3.5.1.2　工場立地法／152
       3.5.1.3　都市計画法／153
       3.5.1.4　大店立地法(大規模小売店舗立地法)／154
 3.6　環境教育に係る個別法　155
    3.6.1　環境教育関係法規制　155
       3.6.1.1　環境配慮促進法(環境情報の提供の促進等による特定事業者等の環境に配慮した事業活動の促進に関する法律)／156
       3.6.1.2　環境教育促進法(環境保全のための意欲の増進及び環境教育の推進等に関する法律)／157
 3.7　海外規制(有害物質)　158
    3.7.1　海外における規制の実際　158
       3.7.1.1　RoHS(Restriction of Hazardous Substances、ローズ)／159
       3.7.1.2　REACH(Registration, Evaluation, Authorization and Restriction of Chemicals、リーチ、リーチ法)(化学物質の登録・評価・認可の義務付け)／160
 3.8　その他環境法　161
    (1)　医　療　法／161
    (2)　エコツーリズム推進法／161
    (3)　エネルギー政策基本法／161
    (4)　温　泉　法／162
    (5)　海　岸　法／162
    (6)　外来生物法(特定外来生物による生態系等に係る被害の防止に関する法律)／162
    (7)　河　川　法／162
    (8)　ガス事業法／162
    (9)　化製場等に関する法律／162
    (10)　火薬類取締法／163
    (11)　家畜排せつ物法(家畜排せつ物の管理の適正化及び利用の促進等に関する法律)／163
    (12)　環境配慮活動促進法(環境情報の提供の促進等による特定事業者等の環境に配慮した事業活動の促進に関する法律)／163
    (13)　環境配慮契約法(国等における温室効果ガス等の排出の削減に配慮した契約の推進に関する法律)／163
    (14)　揮発油等の品質の確保等に関する法律／163
    (15)　景　観　法／164
    (16)　計　量　法／164
    (17)　健康公害犯罪処罰法／164
    (18)　建築基準法／164
    (19)　建設業法／164
    (20)　ビル管理法(建築物における衛生的環境の確保に関する法律)／164

(21) 原子力基本法／165
(22) 原災法(原子力災害対策特別措置法)／165
(23) 公害健康被害補償法／165
(24) 鉱山保安法／165
(25) 港 湾 法／165
(26) 小型家電リサイクル法(使用済小型電子機器等の再資源化の促進に関する法律)／165
(27) 湖沼水質保全特別措置法／166
(28) 古物営業法／166
(29) 産業廃棄物処理特定施設整備法(産業廃棄物の処理に係る特定施設の整備の促進に関する法律)／166
(30) 自然公園法／166
(31) 自然環境保全法／167
(32) 自然再生推進法／167
(33) 住宅品質確保法(住宅の品質確保の促進等に関する法律)／167
(34) 食品衛生法／167
(35) 種の保存法(絶滅のおそれのある野生動植物の種の保存に関する法律)／167
(36) 新エネルギー特措法(電気事業者による新エネルギー利用等の促進に関する特別措置法)／168
(37) 森 林 法／168
(38) 水 道 法／168
(39) 水道原水法(水道原水水質保全事業の実施の促進に関する法律)／168
(40) スパイクタイヤ粉じんの発生防止に関する法律／168
(41) 生産緑地法／168
(42) 生物多様性基本法／169
(43) 生物多様性地域連携促進法(地域における多様な主体の連携による生物の多様性の保全のための活動の促進等に関する法律)／169
(44) 生物多様性保全活動促進法／169
(45) 瀬戸内海環境保全特別措置法／169
(46) 鳥獣保護法(鳥獣の保護及び狩猟の適正化に関する法律)／170
(47) 低炭素投資促進法(エネルギー環境適合製品の開発及び製造を行う事業の促進に関する法律)／170
(48) 電気事業法／170
(49) 電 波 法／170
(50) 水道水源特別措置法(特定水道利水障害の防止のための水道水源水域の水質の保全に関する特別措置法)／170
(51) バーゼル法(特定有害廃棄物等の輸入出等の規制に関する法律)／171
(52) 都市公園法／171
(53) 都市低炭素法(都市の低炭素化の促進に関する法律)／171
(54) 都市緑地法／171
(55) 道路交通法／171
(56) 道路運送法／171
(57) 道路運送車両法／172
(58) 熱供給事業法／172
(59) 農用地土壌汚染防止法(農用地の土壌汚染等に関する法律)／172
(60) 農薬取締法／172
(61) 農林漁業バイオ燃料法(農林漁業有機物資源のバイオ燃料の原材料としての利用の促進に関する法律)／172

- (62) バイオマス活用推進基本法／*173*
- (63) 肥料取締法／*173*
- (64) 文化財保護法／*173*
- (65) 放射線障害防止法(放射線同位元素等による放射線障害の防止に関する法律)／*173*
- (66) 薬事法／*173*
- (67) 有明海・八代海再生法(有明海及び八代海等を再生するための特別措置に関する法律)／*173*
- (68) 有害物質を含有する家庭用品の規制に関する法律／*174*
- (69) 労働者派遣法(労働者派遣事業の適正な運営の確保及び派遣労働者の就業条件の整備等に関する法律)／*174*
- (70) ELV 指令(End-of Life Vehicles Directive)／*174*
- (71) WEEE 指令(Waste Electrical and Electronic Equipment Directive)／*174*

4. 環境関連法規制の特定と順守　*175*

4.1 該当業種と環境関連法規との関係性(法規制の特定)　*175*
4.2 環境関連法規のリスクの特徴　*182*
4.3 環境担当部門(担当者)の設置と権限付与　*183*
4.4 社内への周知徹底と企業活動の点検　*184*
4.5 環境関連法規制の順守評価　*185*

5. 環境保全技術と活動　*189*

5.1 持続可能な発展のための環境保全技術　*190*
- 5.1.1 大気・悪臭汚染防止技術　*190*
- 5.1.2 水質汚濁防止技術　*191*
- 5.1.3 産業廃棄物処理技術　*192*
- 5.1.4 その他技術　*195*

5.2 省エネルギーと環境保全　*197*

付録　主要環境関連用語　*201*

参考文献　*223*

おわりに　*225*

索　引　*227*

欧字項目索引　*234*

1. 環境保全と環境関連法

1.1 地球環境の危機

　人類が化石燃料(石炭、石油等)を大量に消費し始めたのは、英国における産業革命(1760年頃から)以後で、環境へのその影響は著しいものであると考えられる。その後わずか200年後、1972年の国連人間環境会議(ストックホルム)で地球環境の危機宣言が発せられた。

　世界の人口は増加の一途を辿り、2012年時点で約70億人に達し、2050年には90億人を超えると推定される。人口増加は、食糧問題をはじめとして地球環境に及ぼす影響には多岐・多大なものがある。ここでの地球環境問題とは、図-1.1に示す次の9つの問題に集約される。

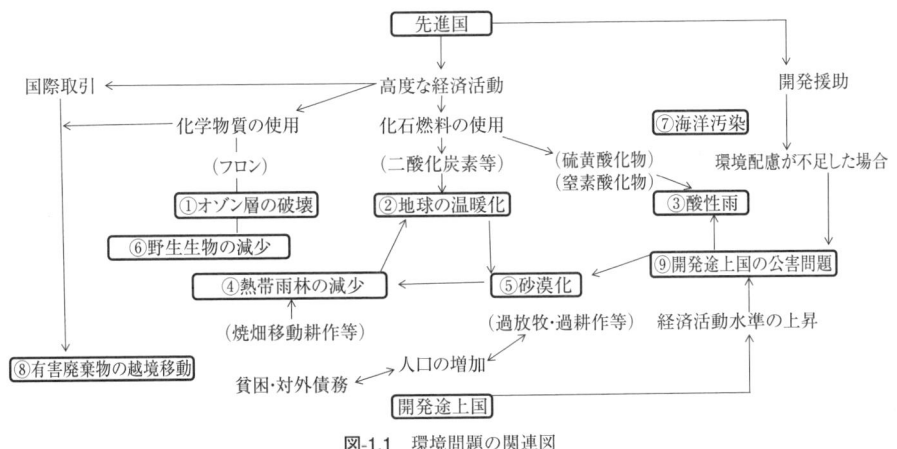

図-1.1　環境問題の関連図

① オゾン層破壊　オゾン層は成層圏内にあり、有害な紫外線の大部分を吸収している。地球上に生息している人類をはじめ、動物・植物の安全を守る重要な役割を果たしている。しかし、今までに大気中に排出されたフロン等が対流圏の対流運動によって成層圏に到達し、オゾン層を破壊している。1980年代初頭から南極上空の成層圏においてオゾンホールと呼ぶ現象が観察されている。それにより、地上への紫外線到達量の増加、それに伴う皮膚がん等の発生率上昇、海洋生態系の破壊、農作物への影響、等によって経済的損失を生じている。オゾン層における紫外線吸収量の減少に伴い成層圏での熱収支バランスが崩れ、地球規模での気候変動を生じる可能性も指摘されている。

日本では、1988年に「特定製品に係るフロン類の回収及び破壊の実施の確保等に関する法律」(略称：フロン回収破壊法)(2014年に改正され、「フロン類の使用の合理化及び適正化に関する法律」に改称)を制定し、特定フロン(クロロフルオロカーボン等3種類)の排出規制や使用削減の活動が実施されている。

② 地球温暖化　人間の産業活動に伴って排出された温室効果ガスが主因となって引き起こされたとする説が主流である。IPCC (Intergovernmental Panel on Climate Change：気候変動に関する政府間パネル)による2007年11月に発表されたIPCC第4次評価報告書(AR4)では、温暖化の原因が人為的な温室効果ガスである確率は「90%を超える」とされている。

温暖化の原因解析には、地球規模の長大な時間軸に及ぶシミュレーションが不可欠であり、膨大な計算量が要求される。計算では、直接観測の結果に加え、過去数万年の気候の推定結果を様々な気候モデルを用いて解析する。解析の結果、地球温暖化の影響要因としては、環境中での寿命が長い二酸化炭素、メタン等の温室効果ガスの影響が最も大きいとされている。その他には、エアロゾル、土地利用の変化等の様々な要因が挙げられる。科学的に不確実性の部分を考慮しても、地球温暖化のリスクが大きいことが指摘されている。

③ 酸性雨　影響として図-1.2に示すような森林破壊、土壌酸性化が危惧されている。

原因は化石燃料の燃焼、火山活動等により発生する硫黄酸化物(SO_x)、窒素肥料由来の窒素酸化物(NO_x)、塩化水素(HCl)である。これらが大気中の水分、酸素と反応して硫酸、硝酸や塩酸等の強

図-1.2　酸性雨による樹木の立枯

酸を生じ、降雨を通常より強い酸性にする。アンモニアは大気中の水分と反応して塩基性となるが、降雨により土壌に供給された後に硝酸塩へと変化し、広義には酸性雨の一因とされる。アンモニアは人間活動、家畜糞尿に起因するものが問題視されている。これらの抑制策として化石燃料の硫黄分の脱硫処理、窒素分の脱硝処理、クリーンな燃料への転換、化石燃料消費量の削減等が講じられている。

④　熱帯雨林の減少　　20世紀に入って以降、森林破壊の速度は毎秒0.5～0.8 ha（1年間で日本の国土面積の半分程度の消失）で減少しつつある。WRI（World Resources Institute：世界資源研究所）によれば、最大の脅威は木材・紙生産の商業伐採で、鉱業開発、農地・牧草地への転換がそれに続いている。陸上の14％を覆っていた熱帯雨林は現在6％にまで減少し、あと40年で地球上から消滅するペースと言われている。

同様に、FAO（Food and Agriculture Organization：国際連合食糧農業機関）の統計でも、熱帯雨林が広がる国・地域の森林率は減少傾向にあるとしている。

⑤　砂漠化　　地球温暖化、海水温の上昇、熱帯雨林減少による降雨量減等が原因と考えられる。乾燥地帯・半乾燥地帯では、乾季の風によって風食が発生し、植生や土壌基盤がきわめて弱い裸地状態砂漠化（図-1.3）を加速させている。そして、人口急増による食糧増産がある。今まで人が入り込まなかった急傾斜地や森林における過剰な耕作や薪の伐採、過度の放牧による樹木や草木の再生能力の喪失、そのため降雨により土壌浸食が発生して土壌流出による砂漠化が加速されている。また、無計画で過剰な灌漑（かんがい）により塩害が発生すると、その土壌は鋤（すき）が入らないほど固くなり、農作物の育たない不毛の地に変貌し砂漠化する。

図-1.3　砂漠化

⑥　野生生物の減少　　主な理由は、環境の悪化・破壊による生息域の減少、乱獲、生態系の変化、農作物や家畜を守るための捕獲などである。野生生物種の減少が最も進行していると考えられているのがアフリカ、中南米、東南アジア等の熱帯林地域である。これらの地域では、焼畑移動耕作や過剰な薪炭材の採取に伴う無秩序な森林の伐採、過放牧等が直接的な原因となって生息環境が破壊され、種の減少が進行している。しかも、その背景には、貧困、内戦等による社会制度の崩壊・不安定化による政策や制度の不備、人口急増等の社会的な要因がある。

⑦ 海洋汚染　戦争による石油関連施設の破壊、悪天候や人為的ミスによるタンカーの座礁による原油流出による汚染（図-1.4）と有機物・栄養塩類による汚染がある。後者は一見すると無害に見えるが、その影響は長期に及び、特定の水生生物の絶滅というような決定的な破壊を引き起こすこともある。そして、人口増加に比例して汚染量は増え続けている。世界の主要河川の河口部では富栄養化の影響による赤潮や青潮、ヘドロ堆積、藻場減少等が頻発し、大きな漁業被害と海洋生物の産卵場所の減少等の海洋生態系への深刻な影響が出ている。

図-1.4　タンカー座礁による油汚染

⑧ 開発途上国の公害問題　東アジア、中南米等の開発途上国において、農村部からの都市部への人口流入に伴い交通、下水道、ゴミ処理等の都市整備の遅れが顕著であり、経済発展を優先するあまり、人口増加、都市の工業化に伴う大気汚染等に対して適切な防止策が十分取られていない。

図-1.5　有害廃棄物の越境移動

⑨ 有害廃棄物の越境移動　社会経済活動のグローバル化により、資本は国境を越えて移動する。生産、消費に伴う有害廃棄物は、先進国の処理コストの高騰により経済合理性に従ってより安いコストを求めて越境移動する。有害廃棄物は移動先で適正な処理が行われないだけでなく、不法投棄される事例が多発している（図-1.5）。有害廃棄物の越境移動の規制に関して1992年に発効したバーゼル条約がある。その主旨は、有害廃棄物の越境移動を適正に管理し、特に開発途上国における環境汚染を未然に防止することにある。この条約では、有害廃棄物は発生国において処分することを原則としている。

これまでのように化石燃料の大量消費、生産物質の大量消費、大量廃棄を続けることは、資源の枯渇、廃棄物による環境汚染、地球温暖化による気候変動、食料問題等により地球の許容限度を超えることが懸念されている。

地球環境問題の特徴は、次に示すようなことが考えられる。また、公害問題（先進

国にとっては過去の出来事)との比較を**表**-1.1 に示す。
1) 影響の空間的広がりが大きく、国を越えた規模で現れる。
2) 地球環境問題の原因は、人口増、都市化、工業化といった人類の生存や活動そのもので、全員が被害者であり、加害者である。
3) 温暖化や種の多様性減少等の地球環境問題は目に見えず、しかも、人類のみならず、他の生物、生態系への影響が大きい。
4) 温暖化の速度や影響については不確実性があり、どこまでのコストを負担するのか国民あるいは世界の合意を達成するのは至難なことである。
5) 地球環境問題はそれぞれの事象が相互に関連しているとともに、先進国と途上国で関与の仕方が著しく異なり、政治的要素が極めて色濃く反映する。
6) 時間的スケールが長く、将来世代への影響はもとより、致命的な手遅れになる危惧もある。

表-1.1 地球環境問題と公害問題の相違

要素	公害問題	地球環境問題
1) 影響の空間的広がり	特定地域	全人類
2) 企業と住民	対立の構図	全員が加害者・被害者
3) 影響の可視性	可視的	非可視的
4) 不確実性	小さい	大きい
5) 国際政治的要素	なし	南北問題
6) 影響の時間的広がり	現在までの問題	将来世代の問題

(「地球環境問題と企業」より)

1.2 世界の持続可能性の現状

地球保全は世界全域にわたる問題であるため、国際機関による連携が必要となる。国連にはそのための各種委員会が設置され、環境と開発に関する国連環境開発会議 (UNCED : United Nations Conference on Environment and Development、地球サミット)等多くの国際会議においてフォローアップが行われている。

私たちが望む豊かな暮らしは、**図**-1.6 に示すように3つの側面の安定の上に成り立っていると考えることができる。その私たちの暮らしが持続可能なものであるかを検証するには、

① 環境の持続可能性　　地球が産出する資源を地球環境が許容できる範囲で利活用

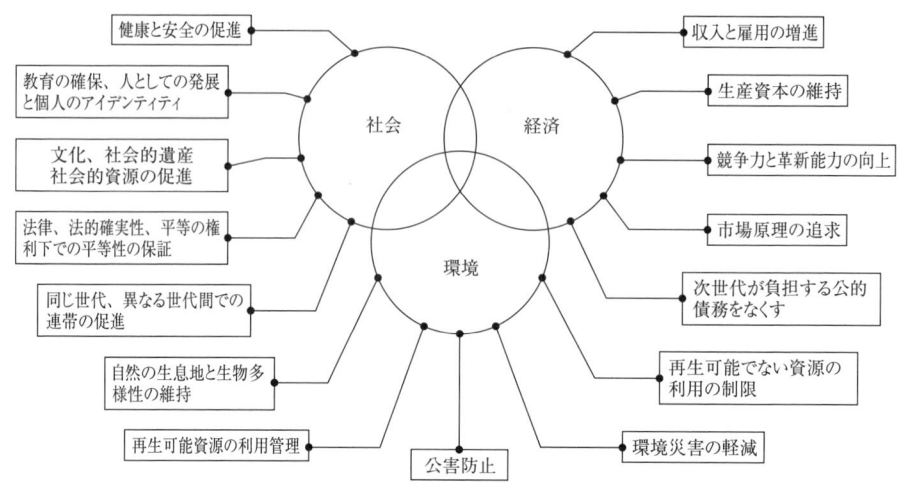

図-1.6 持続可能性に関する3つの側面(平成23年版「環境白書」より)

できる環境保全システムが構築・維持されているかどうか、
② 経済の持続可能性　公正かつ適正な経済活動を可能とする経済システムが構築・維持されているかどうか、
③ 社会の持続可能性　人間の基本的権利や文化的社会的多様性を確保できる社会システムが構築・維持されているかどうか、
のそれぞれを考慮する必要がある。

持続可能な社会の実現に関する主な国際的動き(**表-1.2**)は、国連を中心とした数多くの議論や提言のもと国際的な取組みがなされてきている。表中にある条約(ラムサール条約、バーゼル条約等)による合意は、条約締結権限を有する機関相互の間で行う必要があるため、日本では内閣が締結権を有し、国会の承認が必要である。条約は国際上の規律として関係国を拘束するものであり、原則として国内法に優先する。条約は国法の一形式で、法律等と同様に公布され、国法としての効力が生じる。一般には、条約上の義務を履行するため、別に国内法を制定するのが通例である。

表-1.2 地球環境問題に対する国際的な取組み

年	主な取組み	概要
1972	・「国連人間環境会議」(ストックホルム会議)開催 ・「国連環境計画(UNEP)設立」 ・ローマクラブ「成長の限界」発表	・国連人間環境会議で採択された「人間環境宣言」は、環境問題に取組む原則を明らかにし、環境問題が人類に対する脅威であり、国際的に取組む必要性を明言 ・「成長の限界」で、「人口増加や工業投資の成長がこのまま続けば、天然資源は枯渇し、環境汚染が自然の許容範囲を超えて進行し、100年以内に人類の成長は限界に達するであろう」と警告
1975	・「ラムサール条約」発効 ・「世界遺産条約」発効 ・「ワシントン条約」発効	・「ラムサール条約」は、水鳥とその生息地である湿地の保護を目的 ・事務局の「世界遺産センター」はユネスコ ・「ワシントン条約」は、絶滅のおそれのある野生動物の種の保存を目的
1985	・「オゾン層保護のためのウイーン条約」発効	・「ウイーン条約」はオゾン層の変化と人体への悪影響についての研究、観測への協力、情報交換の枠組みを規定
1987	・環境と開発に関する世界委員会(WCED)報告書「我ら共有の未来」 ・「オゾン層を破壊する物質に関するモントリオール議定書」採択	・WCEDの別名はブルントラント委員会。国連総会に提出された報告書「我ら共有の未来」が、持続可能な開発という考え方を提唱 ・「モントリオール議定書」は、主なオゾン層破壊物質の生産禁止などのスケジュールを規定
1988	・「IPCC(気候変動に関する政府間パネル)」設立	・地球温暖化の実態把握や予測、対策策定などを実施
1992	・「地球サミット」開催 ・「アジェンダ21」採択 ・「リオ宣言」採択 ・「気候変動枠組条約」採択 ・「生物多様性条約」採択 ・有害廃棄物の国境を越える移動及び処分の規制に関する「バーゼル条約」発効	・「地球サミット」では持続可能な開発という言葉がキーワード ・「気候変動枠組条約」は大気中の温室効果ガス濃度の安定化が目的。 ・「生物多様性条約」は、生物の多様性を「生態系」、「種」、「遺伝子」の3つのレベルで捉える ・有害廃棄物は、移動先で適切な処分がされない場合、深刻な環境汚染につながることが多い
1996	・環境マネジメントシステムの国際規格としてISO14001発行	・ISOとは国際標準化機構が発行する規格の名称
1997	・「地球温暖化防止京都会議」開催。温室効果ガス削減に関する「京都議定書」採択	・「地球温暖化防止京都会議」(COP3)では、具体的排出削減目標を数値設定
2001	・残留性有機汚染物質に関するストックホルム条約	・残留性有機汚染物質(POPs)の減少ため、指定物質の製造・使用・輸出入の禁止または使用制限
2002	・「持続可能な開発に関する世界首脳会議」(WSSD)(ヨハネスブルグサミット)開催	・「地球サミット」後10年にあたり、「アジェンダ21」の実施促進やその後に生じた課題等を話し合うために企画。持続可能な開発に向けた参加各国政府首脳の政治的意志を示す文書、「ヨハネスブルグ宣言」を採択
2005	・「京都議定書」発効	・ロシアが批准し、発効要件を充足
2007	・IPCC第4次報告	・地球温暖化は人間によるCO_2排出に起因と明言
2008	・「京都議定書」第一約束期間スタート	・2008～2012年の間に、先進国全体で1990年比5.2%削減を目指した国際的取組みを開始
2009	・コペンハーゲン(デンマーク)COP15	・「ポスト京都議定書」の合意に至らず

2010	・カンクン(メキシコ)COP 16 ・名古屋(生物多様性条約締結国会議)	・「ポスト京都議定書」の合意に至らず ・「名古屋議定書」、「愛知目標」を採択
2011	・ダーバン(南アフリカ)COP 17	・「京都議定書」の延長及び新たな枠組みに向けた工程表 「ダーバン・プラットフォーム」を採択

1.3 地球環境時代の企業経営

地球環境時代の企業経営にとって最も大切なことは、トップの認識である。環境問題がこれほど激動している中で、企業にとっての環境問題はリスクであると同時に大きなチャンスでもある。環境配慮への取組みの企業へのメリットとしては、
① 省エネルギー等によるコスト削減、
② 金融機関等による環境格付け融資、
③ 環境配慮企業への就職人気向上による人材確保の容易性、
④ 従業員の志気向上、
⑤ ステークホルダー(従業員、投資家、取引先、金融機関、地域住民、マスコミ、行政、NGO／NPO、消費者等のあらゆる利害関係者)との関係強化、
⑥ マスコミの注目による企業の優良イメージの形成、
⑦ 環境配慮を先取りした企業は自社の競争力を相対的に向上、環境政策による規制への対応力向上により国内・国際競争力の差別化、
等が考えられる。

日本では、経団連が1992年の地球環境サミットを控え地球環境時代にふさわしい企業のあり方に関する議論を活発化させ、1991年に「経団連地球環境憲章」を採択・公表した。その基本理念の項で、「企業活動は、全地球的規模で環境保全が達成される未来社会を実現することにつながるものでなければならない。企業も環境問題への取組みが自らの存在と活動に必須の要件であることを認識する」と謳っている。

この、経団連地球環境憲章は、一国の経済団体が結束して環境問題への取組みを明らかにするという点では世界で初めての画期的なものであった。

最近の企業活動は国内にとどまらず、グローバルな視点での活動になってきており、環境抜きでは経営できない文字どおり「環境経営」の時代に突入している。

1.4　環境保全のための手法

　環境保全のための手段としては、環境関連法規の規制が直接的であり、規制的手法といえる。危険性があらかじめわかっている場合や、重大な被害が発生している場合には特に有効で、その意義は失われていない。そのため、環境保全の中核的な役割を担っている。規制的手法は、公害等の原因物質について規制基準を定め、これを超える行為を禁止するもので、例えば、大気汚染防止法、水質汚濁防止法、土壌汚染防止法、騒音規制法、振動規制法等が代表的である。

　これ以外に、製品の製造・販売・使用そのものを規制するものとして、化審法による特定化学物質の製造規制、労働安全衛生法によるアスベスト等の製造禁止、スパイクタイヤ粉じんの発生の防止に関する法律によるスパイクタイヤ使用の規制、農薬法による特定農薬の販売・使用の規制等がある。

　また、土地利用については、都市計画法による用途の区分や集中の抑制として工場地域での学校、病院等の建築制限、都市計画区域内の開発行為の許可等がある。さらに、自然保全法による規制区域を線引きして、その区域内における建築物や森林の伐採等の特定行為を規制するものや、原生自然環境保全法による地域保全、自然公園法による国立公園・国定公園の自然風景地の保護、鳥獣保護法による野生動植物の保護、温泉法による認可規制等がある。

　しかし、規制的手法は強制力を伴い、事業者の権利制限となるためその範囲拡大への制約もある。一方で、基準の順守を前提としているため、すぐに改善に結び付きにくいこと、個別事業者の確認にとどまり、全体の効果を把握しにくいこと等の難点がある。

　これらを補完するために、情報的手法や自主的手法および経済的手法を用いた政策がある。情報的手法には国際標準化機構(ISO)による環境ラベリングがある。環境ラベリングは、環境負荷の少ない製品やサービスに対して、そのことがわかるラベルを表示するもので、ISOがタイプⅠ(第三者認定を行うもの)、タイプⅡ(事業者の独自基準による自主宣言)、タイプⅢ(製品ごとに第三者認定を行うもの)の3種類を定めている。これらはグリーン購入を総合的、計画的に行うための方策の一つとして普及している。

　自主的手法には、「環境情報の促進等による特定事業者等の環境に配慮した事業活動の促進に関する法律」による環境報告書がある。事業者が事業活動に伴う環境配慮の

方針、目標、計画、取組みの内容、その実績、課題や組織体制等を公表するものである。最近では、持続可能性報告書あるいは CSR 報告書として環境以外の内容を網羅したものも多い。環境省による「環境にやさしい企業行動の調査結果」（平成 25 年度）によれば環境報告書の作成および公表していると回答した企業は 1,000 社を超えている。化管法(PRTR)や地球温暖化対策推進法では、化学物質の排出量、廃棄物の移動量、温室効果ガスの排出量の集計結果の詳細について公表が行われている。それ以外に自主的取組手法も多くあり、経団連の自主行動計画は、1997 年から地球温暖化対策のための活動を継続している。2011 年度時点で、産業・エネルギー転換分野の 34 業種、業務・運輸部門も加えると 61 団体・企業が自主行動計画を策定し、一定の効果を上げていると評価されている。

また、事業者等が自主的に ISO14001 や EA21 等の環境マネジメントシステム認証取得を通じて環境配慮への取組みを行っている。インセンティブの事例は必ずしも多くはないが、例えば、神奈川県の生活環境の保全等に関する条例では、ISO14001 お

表-1.3　環境保全のための各種政策手法

		政策手法	事　例	効果・確実性
規制的手法	各種法規制	・環境基準や達成目標を法令等で規制あるいは努力義務を明示	・水質汚濁防止法、大気汚染防止法、騒音・振動規制法、土壌汚染防止法等 ・省エネ法、トップランナー方式等	・規制対象については確実にかつ迅速な効果が期待できる。 ・ただし、規制を満たせば一般にそれ以上の対策は行われない。
経済的手法	税制・補助金デポジット制	・経済的インセンティブを与え、市場メカニズムを通じて効率的に政策的目標を達成しようとする手法	・省エネ設備導入への減税 ・環境税・補助金 ・デポジット制度 ・エコファンド	・補助あるいは租税特別措置の対象となる設備や製品の導入が進展することが期待される。
	排出量取引等	・義務的な排出量取引制度等	・東京都、埼玉県総量削減義務排出量取引制度 ・自主参加型取引制度（経産省、環境省） ・京都メカニズム (CDM、JI、IET)	・排出量取引の対象となる企業については所定の総量削減を達成する確実・迅速な効果がある。
自主的手法		・団体・事業者が一定目標を設けて対策を自主的に実施する取組手法	・経団連の環境行動計画 ・個別企業の環境行動計画 ・ISO 14001、EA 21 等のマネジメントシステム ・環境ラベル、LCA、グリーン調達	・必要と考えられる目標が設定・達成されるとは限らない。

よび同等な効果があるものとして、EA21等の環境マネジメントシステムの登録企業を一つの要件として「環境管理事業所制度」を導入し、施設変更時の許可、事前届出、環境配慮書等の提出の免除等の特典を与えている。

環境負荷を与えている企業等に対し、それを削減させる動機付けを与える方法としては経済的手法がある。例えば、排出権取引では、東京都および埼玉県の環境確保条例による大規模事業者を対象とする「温室効果ガス排出総量削減義務と排出量取引制度」がある。また、補助金制度等の多様な助成制度には、行政(国、地方公共団体)が金銭的補助(給付または税の減免)措置を行うことで低公害車の購入、公害防止設備等の導入、太陽光発電設備、スマートメーターへの導入促進等を促進させている。これらの手法の組合せを通じて環境保全が推進されていくものと考えられる(**表-1.3**)。

1.5 環境法規制の枠組み

法の体系は、基本法の下に個別法という構成になっている。基本法とは、国政の重要部分の分野について国としての制度・政策・対策の理念・基本方針・原則等明示するプログラム規定、訓示規定で、施策の基本的な方向性を示すものである。

これを受けて個別法がある。環境の場合には環境基本法があり、その下に個別法があり、個別法は国民の権利・利益に係る個別の行政目的の遂行のために規定がされている。個別法の中には特別措置法として、例えばPCB特別措置法、東日本廃棄物処理措置法、再生可能エネルギー特別措置法等があり、これらは一般法である個別法に優先する。

法律は、国会の議決を経て制定・公布され、憲法・条約に次ぐ効力を持つ。ただし、法律は基本的な枠組みが主体で、細部の内容については、通常、内閣が制定する「政令(施行令)」や関係省庁の大臣が主管する事務について制定する「省令」(施行規則として発する命令)がある。さらに、国の機関が必要事項を一般的に知らせる「告示」、各省庁が所管の機関(地方自治体等)に対して発する「通達(通知)」がある。上流から見ると、法律→施行令→省令→告示→通知・通達という流れになる。

例えば、「廃棄物の処理及び清掃に関する法律」(廃棄物処理法)の場合で見てみると、

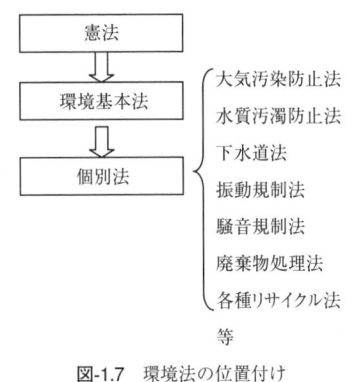

図-1.7 環境法の位置付け

法律：「廃棄物の処理及び清掃に関する法律」(昭和45年12月25日法律第137号)
政令：「廃棄物の処理及び清掃に関する法律施行令」(平成46年9月23日政令第300号)
省令：「廃棄物の処理及び清掃に関する法律施行規則」(平成46年9月23日環境省令第300号)
告示：「産業廃棄物に含まれる金属等の検定方法」(昭和48年2月17日環境庁告示第13号)
通知：「廃棄物の処理及び清掃に関する法律の施行について」(昭和46年10月16日厚生省環784号、厚生事務次官から各都道府県知事・各政令市長宛)

となる。法律から告示までは官報で公布される。通知・通達は各省庁の機関で所管の機関等に対して発するもので、国民に直接の拘束力は持たないが、法律の運用等を定める場合もある。

法律文の表現には、罰則規定を伴うものには法律上に記載がある。例えば、

・次の各号のいずれかに該当する者は、6か月～5年以下の懲役若しくは30万円～1千万円以下の罰金に処し、又はこれを併科する(不法投棄、無許可業者への委託、契約証への許可証の添付漏れ、マニフェスト伝票の記載・交付義務違反・5年保存義務違反等。廃棄物処理法、第二十五～三十二条)。

・次の各号のいずれかに該当する者は、6月以下の懲役又は50万円以下の罰金に処する(排水基準に適合しない排水の排出、水質汚濁防止法、第三十一条)。

努力義務には作為義務と不作為義務の2種類があるが、違反しても直罰の法的制裁はなく、改善命令を伴うものである。ただし、命令違反後は罰則になることが多い。

作為義務とは、特定の作為を行うべき義務のことで、特定の行為が法によって強制されている場合に人が負う義務のことである。表現上は「～をしなければならない。」という記載になっている。例えば、

・事業者は、その産業廃棄物が運搬されるまでの間、環境省令で定める技術上の基準(以下「産業廃棄物保管基準」という。)に従い、生活環境の保全上支障のないようにこれを保管しなければならない(廃棄物処理法、第十二条第一項)。

・産業廃棄物処理施設を設置しようとする者は、当該産業廃棄物処理施設を設置しようとする地を管轄する都道府県知事の許可を受けなければならない(廃棄物処理法、第五条第一項)。

・一般廃棄物処理施設の設置者又は産業廃棄物処理施設の設置者は、当該一般廃棄物処理施設又は産業廃棄物処理施設の維持管理に関する技術上の業務を担当させるため、技術管理者を置かなければならない(廃棄物処理法、第二十一条第一項)。

等がある。

　不作為義務は特定の作為を行ってはならないこと(不作為)を内容とする義務で特定の行為を法によって禁止している場合に人が負う義務のことである。表現上は「～をしてはならない」という表現になっている。例えば、
- 何人もみだりに廃棄物を捨ててはならない(廃棄物処理法、第十六条)。
- 何人も次に掲げる方法による場合を除き、廃棄物を焼却してはならない(廃棄物処理法、第十六条の二、第3号)。
- 一般廃棄物は、海洋投入処分を行つてはならない(廃棄物処理法、第三条第四項)

等がある。

　努力義務にはさらに勧奨的な種類のものがあり、表現上は「～に努めること」という記載になっている。例えば、
- 事業者は、基本理念にのっとり、その事業活動に関し、これに伴う環境への負荷の低減その他環境の保全に自ら努めるとともに、国又は地方公共団体が実施する環境の保全に関する施策に協力する責務を有する(環境基本法、第八条二項)。
- 事業者及び国民は、物品を購入し、若しくは借り受け、又は役務の提供を受ける場合には、できる限り環境物品等を選択するよう努めるものとする(グリーン購入法、第五条)。
- 事業者及び国民の組織する民間の団体、事業者、国並びに地方公共団体は、その雇用する者に対し、環境の保全に関する知識及び技能を向上させるために必要な環境保全の意欲の増進又は環境教育を行うよう努めるものとする(環境教育等促進法、第十条)。

等がある。

　また、国が定める法令等を根拠として、地方自治体(県、市)では条例を制定することができる。国の法規制とは別に、全国一律の法律では達成できない課題等を法律の範囲内で厳しく設定し、「上乗せ」、「横出し」する場合がある。条例の該当地区では法律に優先するので、注意が必要である。例えば、「神奈川県生活環境の保全等に関する条例」の一例では、表-1.4のようである。

　この例のように、公共用水域(河川、湖沼、海域)では全国一律基準を採用している

表-1.4　水質汚濁防止法に関する条例の一例

	公共用水域への排出基準	全国基準(水質汚濁防止法)	神奈川県基準(神奈川県条例)
上乗せ	BOD	160 mg/L	5～60 mg/L(水域ごとに設定)
横出し	ニッケル	規制対象外	0.3～1 mg/L(水域ごとに設定)

が、例えば神奈川県では、生活環境の保全を目的として厳しい基準を県条例では設定している。

条文の多い法律の記載は、上位から法の章、節、款、目の順で構成される。ただし、章より上位で区分する必要のある時は編を置く場合もある。これらには標題が付されて表記される。例えば、廃棄物処理法の全体構成を示すと、**表-1.5** のとおりである。

法令を最初から全部読んでいくと非常に時間がかかるので、早く必要な条文を見出

表-1.5 廃棄物処理法の全体構成

第一章　総則(第一条―第五条の八)
第二章　一般廃棄物
第一節　一般廃棄物の処理(第六条―第六条の三)
第二節　一般廃棄物処理業(第七条―第七条の五)
第三節　一般廃棄物処理施設(第八条―第九条の七)
第四節　一般廃棄物の処理に係る特例(第九条の八―第九条の十)
第五節　一般廃棄物の輸出(第十条)
第三章　産業廃棄物
第一節　産業廃棄物の処理(第十一条―第十三条)
第二節　情報処理センター及び産業廃棄物適正処理推進センター
第一款　情報処理センター(第十三条の二―第十三条の十一)
第二款　産業廃棄物適正処理推進センター(第十三条の十二―第十三条の十六)
第三節　産業廃棄物処理業(第十四条―第十四条の三の三)
第四節　特別管理産業廃棄物処理業(第十四条の四―第十四条の七)
第五節　産業廃棄物処理施設(第十五条―第十五条の四)
第六節　産業廃棄物の処理に係る特例(第十五条の四の二―第十五条の四の四)
第七節　産業廃棄物の輸入及び輸出(第十五条の四の五―第十五条の四の七)
第三章の二　廃棄物処理センター(第十五条の五―第十五条の十六)
第三章の三　廃棄物が地下にある土地の形質の変更(第十五条の十七―第十五条の十九)
第四章　雑則(第十六条―第二十四条の六)
第五章　罰則(第二十五条―第三十四条)
附則

すために各条の見出しの括弧書きで表記している言葉を活用する。例えば、廃棄物処理法の第一条は法の目的を記載しており、条番号は漢数字で表示し、項番号は算用数字、以下号番号は漢数字、それ以降はイ、ロ、ハで表記されている。

(目的)
　第一条　この法律は、廃棄物の排出を抑制し、及び廃棄物の適正な分別、保管収集、運搬、再生、処分等の処理をし、並びに生活環境を清潔にすることにより生活環境の保全及び公衆衛生の向上を図ることを目的とする。

となっており、必ず条番号の前に括弧で内容の見出しが付いている。

　法文中で使用される接続詞には、選択的接続詞(又は若しくは)および併合的接続詞(及び、並びに、かつ)の2種類がある。選択的接続詞はどちらか一方に該当する場合、併合的接続詞は両方が該当する場合という意味である。例えば、廃棄物処理法において産業廃棄物を表現する、「紙くず(建設業に係るもの(工作物の新築、改築又は除去に伴って生じたものに限る。)、パルプ、紙又は紙加工品の製造業、新聞業(新聞巻取紙を使用して印刷発行を行うものに限る。)、出版業(印刷出版を行うものに限る。)、製本業及び印刷物加工業に係るもの並びにポリ塩化ビフェニルが塗布され、又は染み込んだものに限る。)」の場合には、いずれかに該当すれば対象であることを意味する選択的接続詞の表現例である。

　容器リサイクル法の目的を表現する「容器包装廃棄物の排出の抑制並びにその分別収集及びこれにより得られた分別基準適合物の再商品化を促進するための措置を講ずること等により、一般廃棄物の減量及び再生資源の十分な利用等を通じて、廃棄物の適正な処理及び資源の有効な利用の確保を図り、もって生活環境の保全及び国民経済の健全な発展に寄与することを目的とする」の場合には、すべてを同時に満たすことを意味する併合的接続詞の使用例である。

　環境法はこのように比較的複雑な要素があるが、本書では、代表的な環境法規制および関連する法規制を少しでも身近に感じていただけるよう構成している。また、条項番号は検索することを容易にはするが、記載すると煩雑になること、そして内容確認は上記の手段で探せることから、本書では条項番号については一部省略している。

1.6　環境基本法とは

　環境基本法は1993年(平成5)11月に成立した。従来の公害対策基本法に自然環境保全法の理念部分を加え、さらに地球環境問題等を加えた法律である。主な特徴は、1992年のリオデジャネイロ宣言(地球サミット)で採択された「持続可能で環境負荷の少ない経済社会を構築する」ことが理念として盛り込まれていること、国が環境の保全に関する総合的かつ計画的な推進を図るため環境基本計画を策定する、などの点で

ある。

　環境基本の骨子は、環境基本法の中の第一章で基本理念や国の責務等を規定し、第二章で環境の保全に関する基本的施策の進め方、第三章では環境審議会等について記載している。

1.7　主要な個別法（環境法規制）の分類

　個別法の分類には種々あるが、本書では内容別に分類する。その大略は**図-1.8**に示すとおりである。また、個別法については省略した名称が通常使用されているので、それを踏まえて交付された年月、最近改正年月、主管官庁を**表-1.6**に整理した。同時に最近制定された法律、関連する海外規制についても併記した。企業は、その事業内容が異なるため法規制の該当の有無には当然差異がある。そのため、企業の事業内容が法規制に該当するか否かについては、3章における個別法の「目的」、「適用と内容」を参考にされたい。法規制の特定の仕方や法規制の順守評価については4章で述べる。

① 排出等に関する法律
- 大気汚染防止法、自動車 NO_x・PM 法、オゾン層保護法、オフロード法、悪臭防止法、フロン回収破壊法
- 水質汚濁防止法、下水道法、浄化槽法、海洋汚染防止法、河川法
- 土壌汚染対策法
- 騒音規制法、振動規制法、工業用水法、ビル用水法

② 製造等に関する法律
- 化審法、PRTR法、毒劇物取締法、ダイオキシン類特措法、有害物質含有家庭用品規制法
- 省エネルギー法、再生可能エネルギー特別措置法、地球温暖化対策法、新エネルギー促進法
- 消防法、高圧ガス保安法、労働安全衛生法、公害防止組織整備法

③ 廃棄物・リサイクル等に関する法律
- 廃棄物処理法、PCB特別措置法、放射線物質汚染対処特措法、東日本廃棄物処理特措法、特定有害廃棄物輸出入等規制法
- 資源有効利用促進法、家電リサイクル法、容器包装リサイクル法、食品リサイクル法、建設リサイクル法、自動車リサイクル法、グリーン購入法

④ 公害健康被害救済に関する法律

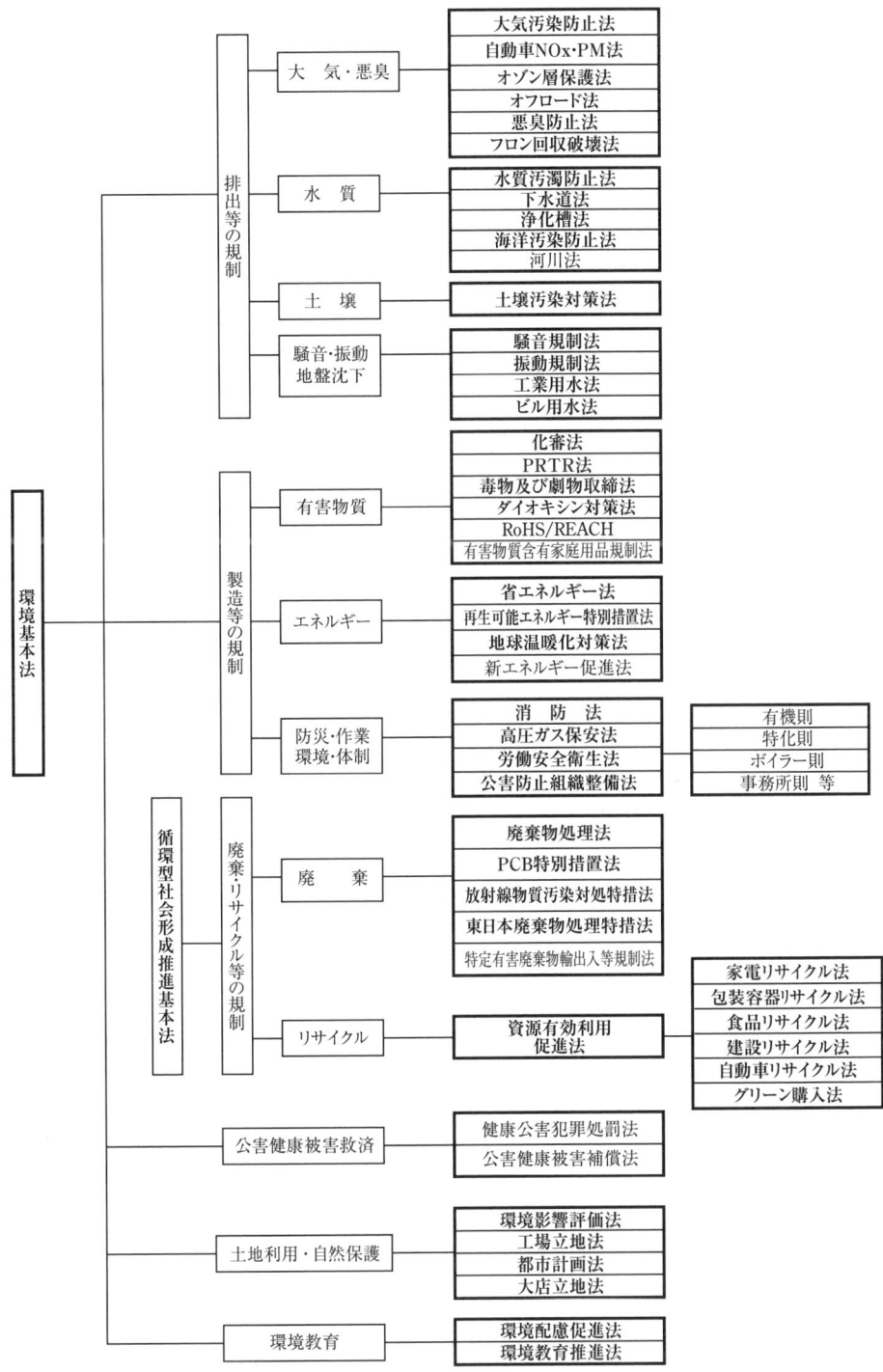

図-1.8　環境関連法規の体系図（太字は本書内で取り上げた環境法）

・健康公害犯罪処罰法、公害健康被害補償法
⑤ 土地利用・自然保護に関する法律
・環境影響評価法、工場立地法、都市計画法、大店立地法
⑥ 環境教育に関する法律
・環境配慮活動促進法、環境教育等促進法等

　以上の個別環境法については省略した名称が通常使用されているので、念のため現状での正式な名称および交付された年月、および最近の改正年月、主管官庁を**表-1.6**に整理した。社会の情勢変化や技術革新などに伴って、環境法規制も比較的頻繁に改正が行われるため、年に1回程度の変更有無の確認などが必要である。

表-1.6 主要な個別法の種類

法律名(略称)	正式法律名と制定および改訂月	主管官庁
環境基本法	環境基本法 1993年11月制定 → 2012年6月改正	環境省
大防法	大気汚染防止法 1968年6月制定 → 2013年6月改正	厚生労働省、経済産業省
自動車NOx・PM法	自動車から排出される窒素酸化物及び粒子状物質の特定地域における総量の削減等に関する特別措置法 1992年6月制定 → 2011年8月改正	環境省
オゾン層保護法	特定化学物質の規制等によるオゾン層の保護に関する法律 1988年5月制定 → 2000年5月改正	経産省、環境省
オフロード法	特定特殊自動車排出ガスの規制等に関する法律 2005年5月制定	環境省、経済産業省、国土交通省
悪臭防止法	悪臭防止法 1971年6月制定 → 2011年12月改正	環境省
フロン回収破壊法	フロン類の使用の合理化及び管理の適正化に関する法律 1988年5月制定 → 2013年6月改正	経済産業省、環境省
水濁法	水質汚濁防止法 1970年12月制定 → 2013年6月改正	環境省
下水道法	下水道法 1958年4月制定 → 2011年12月改正	国土交通省
浄化槽法	浄化槽法 1983年5月制定 → 2013年6月改正	環境省、国土交通省
海洋汚染防止法	海洋汚染等及び海上災害防止に関する法律 1970年12月制定 → 2013年6月改正	国土交通省
河川法	河川法 1964年7月制定 → 2013年6月改正	国土交通省
土壌汚染対策法	土壌汚染対策法 2002年5月制定 → 2011年6月改正	環境省

騒音規制法	騒音規制法 1968年6月制定 → 2011年12月改正	環境省
振動規制法	振動規制法 1976年6月制定 → 2011年12月改正	環境省
工業用水法	工業用水法 1956年6月制定 → 2000年5月改正	経済産業省
ビル用水法	建築物用地下水の採取の規制に関する法律 1962年5月制定 → 2000年5月改正	環境省
化審法	化学物質の審査及び製造等の規制に関する法律 1973年10月制定 → 2009年5月改正	経済産業省、環境省、厚生労働省
PRTR法(化管法)	特定化学物質の環境への排出量の把握等及び管理の改善の促進に関する法律 1999年7月制定 → 2008年11月改正	各省庁
毒劇物取締法	毒物及び劇物取締法 1950年12月制定 → 2011年12月改正	厚生労働省
ダイオキシン特措法	ダイオキシン類対策特別措置法 1997年7月制定 → 2011年8月改正	環境省
省エネ法	エネルギー等の使用の合理化に関する法律 1979年10月制定 → 2013年5月改正	経済産業省
温対法	地球温暖化対策の推進に関する法律 1998年10月 → 2013年5月改正	環境省
消防法	消防法 1948年7月制定 → 2012年6月改正	総務省、消防庁
高圧ガス保安法	高圧ガス保安法 1951年6月制定 → 2013年6月改正	経済産業省
安衛法	労働安全衛生法 1972年6月 → 2011年6月改正	厚生労働省
公害防止組織法	特定工場における公害防止組織の整備に関する法律 1971年8月制定 → 2012年2月改正	環境省、経済産業省
循環型社会形成推進基本法	循環型社会形成推進基本法 2000年6月制定 → 2012年6月改正	環境省
廃掃法(廃棄物処理法)	廃棄物の処理及び清掃に関する法律 1970年12月制定 → 2012年8月改正	厚生労働省
PCB廃棄物特措法	ポリ塩化ビフェニル廃棄物の適正な処理に関する特別措置法 2001年6月制定 → 2011年8月改正	環境省
資源有効利用促進法	資源の有効な利用の促進に関する法律 1991年4月制定 → 2013年5月改正	経済産業省、環境省
家電リサイクル法	特定家電用機器再商品化法 1998年6月制定 → 2011年6月改正	経済産業省、厚生労働省
容器包装リサイクル法	容器包装に係る分別収集及び再商品化の促進等に関する法律 1995年6月制定 → 2011年8月改正	各省庁

1.7 主要な個別法(環境法規制)の分類

食品リサイクル法	食品循環資源の再生利用等の促進に関する法律 2000年6月制定 → 2007年6月改正	各省庁
建設リサイクル法	建設工事に係る資材の再資源化等に関する法律 2000年5月制定 → 2011年8月改正	国土交通省、環境省
自動車リサイクル法	使用済み自動車の再資源化等に関する法律 2001年7月制定 → 2013年6月改正	経済産業省、環境省
グリーン購入法	国等による環境物品等の調達の推進等に関する法律 2000年5月 → 2003年7月改正	環境省
環境アセスメント法	環境影響評価法 1997年6月制定 → 2013年6月改正	内閣府
工場立地法	工場立地法 1954年3月制定 → 2011年12月改正	経済産業省、(立地県)
都市計画法	都市計画法 1968年6月 → 2013年6月改正	国土交通省
大店立地法	大規模小売店舗立地法 1998年6月制定 → 2000年5月改正	経済産業省
環境配慮活動促進法	環境情報の提供の促進等による特定事業者等の環境に配慮した事業活動の促進に関する法律 2004年6月制定 → 2005年7月改正	環境省
環境教育等促進法	環境保全のための意欲の増進及び環境教育の推進等に関する法律 2002年7月制定 → 2011年6月改正	環境省

最近規定された法規

放射性物質汚染対処特措法	平成23年3月11日に発生した東北地方太平洋沖地震に伴う原子力発電所により放出された放射性物質による環境の汚染への対処に関する特別措置法 2011年8月制定 → 2013年6月改正	環境省
再生可能エネルギー特別措置法	電気事業者による再生可能エネルギー電気の調達に関する特別措置法 2011年8月制定 → 2012年6月改正	経済産業省
都市低炭素法	都市の低炭素化の促進に関する法律 2012年2月制定	国土交通省
小型家電リサイクル法	使用済小型電子機器等の再資源化の促進に関する法律 2013年4月制定	環境省、経済産業省

関連する海外規制

ROHS指令	Restriction of Hazardous Substances(危険物質に関する制限)の頭文字からRoHS 2006年7月施行 → 2011年7月改正	欧州連合(EU)指令
REACH	Registration, Evaluation, Authorization and Restriction of Chemicals、リーチ、リーチ法 2007年6月施行	欧州連合(EU)指令

2. 環境・エネルギー政策と中小企業の位置付け

2.1 中小企業にとっての環境・エネルギー対策

　1980年代以降、日本では公害問題はほぼ沈静化したといえる。社会の関心は、局所的な産業公害(昭和30〜40年代)、都市化に伴う公害(昭和40〜60年代)から、地球サミット(1992年)やCOP3京都会議(第3回気候変動枠組条約締結国会議、1997年)等に象徴されるように、人類が環境に与える短期・長期の影響を広く扱う地球環境問題へと移行している。そして、企業活動も、経済のグローバル化の進展に伴い、これまで個々の企業が単独で取り組んできた環境対応努力がグリーン調達等を通して多くの企業間で連携して取り組まれるようになってきている。

　これらの連携は一部大企業にとどまらず、中小企業においても法規制の他にも、発注元の顧客企業等からの環境配慮要請の影響を受けるようになってきている。このことから、現在では全従業員が環境教育を受け、すべての業務について環境負荷の低減を求められる状況に変化し、環境配慮が企業の経営戦略や経営計画の形で明確に示す必要も生じつつあり、環境経営という概念が中小企業においても広まりつつある。

　環境配慮要請は、中小企業経営にとって取り組むべき重要な課題として新たに加わってきているが、一方、そのことが新たな産業や技術ニーズを生み出す下地ともなり、中小企業が活躍し得る新たな市場への期待も高まりつつある。環境関連産業への波及効果への期待は過半以上に達し、具体的な産業分野として、新エネルギーや省エネ機器等が挙げられている(**図-2.1、2.2**)。これらを分野別に再整理すると**表-2.1**のようで、ビジネスチャンスと捉えることもできる。

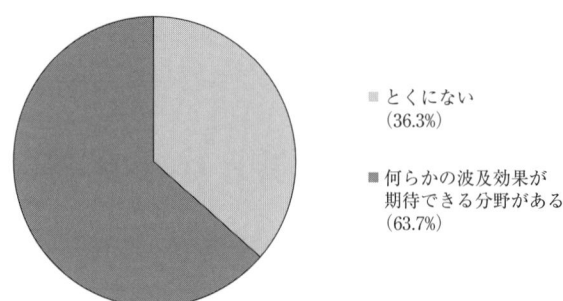

図-2.1 自らの事業に波及が期待できる環境関連産業分野の有無(日本公庫総研レポート)

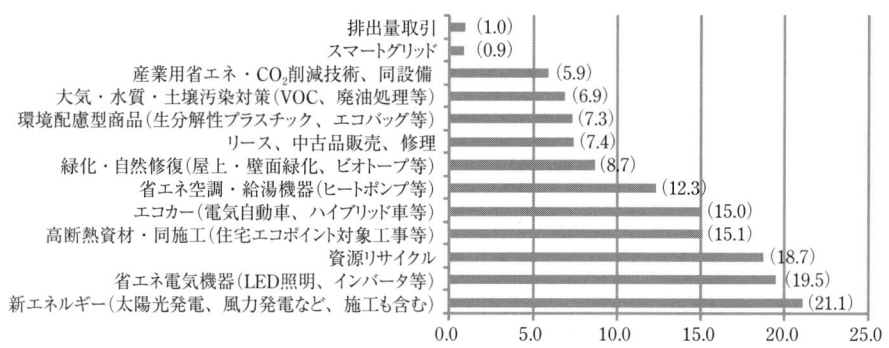

図-2.2 自らの事業に波及効果が期待できる具体的な産業分野(単位%)(日本公庫総研レポート)

表-2.1 中小企業者の環境ビジネス分野

(エネルギー分野)
省エネ・節電・コージェネ、太陽光発電・風力発電、バイオマス発電、燃料電池、RDF等固形燃料、廃油リサイクル燃料等、バイオエタノール燃料、水素燃料、太陽熱温水・廃熱利用
(廃棄物処理、リサイクル分野)
食品残渣、食品系有機汚泥、レアメタル、アスベスト関連、燃え殻・焼却灰・溶融スラグ
(水、土壌、大気等分野)
河川・湖沼・沼地・海洋水質浄化、海水淡水化、水リサイクル、土壌汚染浄化・修復、地下水汚染浄化、土壌緑化・屋上緑化・壁面緑化、臭気対策、空気清浄・抗菌・滅菌、シックハウス対策
(エコグッズ・エコ素材・エコ製品、環境サービス分野)
エコグッズ・環境配慮製品、環境配慮素材・エコ原料、健康グッズ、リサイクルグッズ・リサイクル材料、CO_2排出量計算、カーボンオフセット、排出権取引、高反射性塗料、植栽、屋上・壁面緑化技術、都市緑化技術、環境教育・環境ソフト、環境分析・測定・環境アセス、包装・物流、環境マネジメント・コンサル、その他

2.2　取引先からの環境配慮に対する要求の進展

　グローバル企業に対して求める役割は、経済価値を生み出す主体であるということのみならず、地球や人類が抱える課題の解決と持続可能な社会づくりへの貢献という面にまで社会の要請が広がっている。企業活動に影響を与える要素も多面化し、その範囲も企業自身はもとより、ビジネスパートナー等へと拡大している。こうした顧客や社会の要請の変化に対応するため、多くのグローバル企業では、「経済」、「社会」、「環境」の3軸に基づいた経営戦略を立案、実行し、さらなる成長と持続可能な社会づくりへの貢献の両立を目指している。

　また、世界規模で広がる環境課題は、貧困等の社会的課題とも密接に関わっている。これらの課題解決には、環境、経済、社会の3つの側面に配慮することが必要である。地球環境の調和が図られ、かつ安心して生活を営むことのできる社会を将来世代へ遺していくためにも「環境と経済、社会の統合的な向上」が図られた持続可能な社会を構築することが重要な政策課題となっている。

　こうした中で、事業者による環境配慮等の取組は、その役割がますます重要性を増し、環境負荷の抜本的な低減には、事業者の自主的な取組による新技術、サービスの普及や環境配慮型製品・サービスの普及が大きな牽引力として不可欠である。また、その取組範囲の拡大は、事業活動に伴う直接的な環境負荷の低減、グリーン調達の推進や環境配慮製品・サービス提供に伴う環境負荷の低減 にも寄与している。

　そして、事業者による環境配慮等の取組範囲が拡大するのが一般的な傾向である。製品含有化学物質の管理に関わる主な取組としては、国際的にはIEC(国際電気標準会議)に関係する動き、国内では、既存の取組としてはグリーン調達調査共通化協議会(JGPSSI：http://www.jgpssi.jp/)、アーティクルマネジメント推進協議会(JAMP：http://www.jamp-info.com/)によるもの等が挙げられる。調達用フォーマットやガイドライン等をインターネット上から参照可能である。

　特に電子機器メーカでは、ヨーロッパへの輸出に際し、製品に含まれる化学物質に使用禁止物質の混入がないことを説明する責任が生じたため、サプライチェーン［原材料の調達から製品を消費者(顧客)に届けるまでの一連の過程に係る事業者等の繋がりを指す］を含めて、その管理体制の構築が進められ、グローバル企業では「グリーン調達ガイドライン」や「グリーン調達方針」等を通じてサプライチェーンへの協力要請

が行われている。具体的には、「納入品の含有化学物質に関する不含有保証」の要請や「環境への取組みアンケート」(図-2.3)、「第2者監査」等が通例であるが、企業により対応内容は異なるものの、購入先の選定基準に用いられることもあることから、中小企業においても適切な対応が求められる。化学物質(RoHS等)に限らず、最近ではサプライチェーンに対してマテリアルフロー分析(MFA)として、対象製品の製造工程における原材料や補助材料の使用量、副産物の発生量を定量的に把握し、損失分(ロス)を見つけ出す手法が導入される事例もある。マテリアルフローコスト会計(MFCA：Material Flow Cost Accounting)は、環境管理会計の手法一つで、廃棄物の削減によるコスト削減、生産性の向上を目指しており、サプライチェーンに対しても、データ提出や導入の紹介事例がある。こうした社会の動きも認識しておくべき要素の一つである。

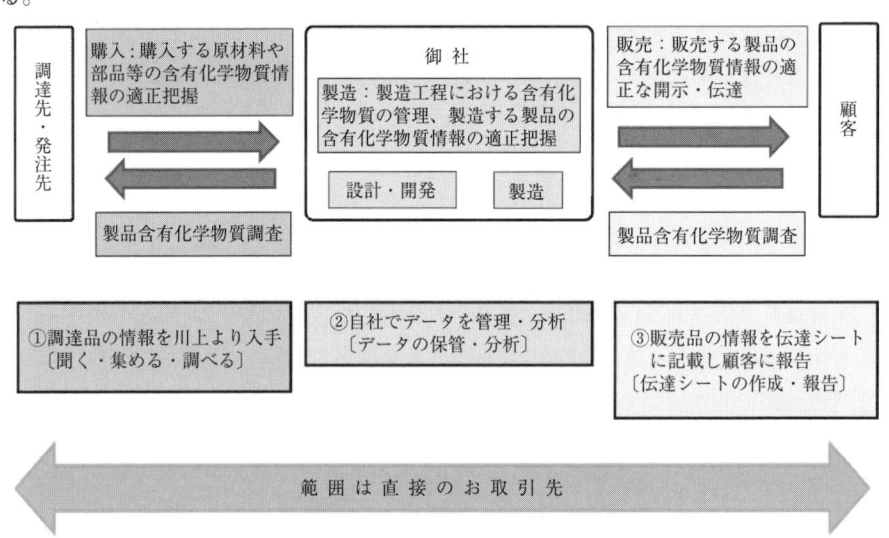

図-2.3　サプライチェーン内の情報伝達

2.3　中小企業の定義と業種区分

環境法規制では業種および規模を該当有無の要件とすることが多い。そのため、自組織に該当する環境法を検索する場合に、業種区分や類似業種を参考にするとよい。また、法規制の該当の有無においては、特定設備、設備規模等を該当要件とすることもあるので、中小企業の範囲および業種区分、特定設備等の概要を把握する必要があ

る。
　業種や従業員数の該当要件の例としては、
① PRTR(化管法)では、従業員数が21人以上(本社および全国の支社、出張所等を含めた全事業所の合算)で、かつ政令で指定する24業種(製造業、電気、ガス、熱供給業、一般廃棄物処理業、産業廃棄物処理業等)が対象である。
② 容器包装リサイクル法では小規模事業者として、商業、サービス業では、従業員数5人以下、売上高7千万円以下の場合、製造業では従業員数が21人以下、売上高2億4千万円以下の場合には法律の対象から除外される。
③ 資源有効利用促進法では特定指定業種として、紙の5業種、パルプ製造業(スラッジ)、無機・有機化学工業製品製造業(スラッジ)、鉄鋼業(スラグ)、銅第一次製錬・精製業(スラグ)、自動車製造業(金属くず、鋳物廃砂)を対象としている。
④ 水質汚濁防止法では業種と74の特定施設(鉱業における選鉱施設、選炭施設、坑水中和沈でん施設、掘削用の泥水分離施設、有機ゴム薬品製造業における蒸留施設、分離施設、廃ガス洗浄施設等)を対象としている。
　設備容量や排出量等の該当要件の例としては、
1) 騒音規制法では特定施設と容量として、金属加工機械のうちせん断機の原動機の定格出力が3.75kw以上のもの、空気圧縮機および送風機の原動機の定格出力が7.5kw以上のもの等を対象としている。
2) 下水道法では特定事業以外では日最大で$50 m^3$以上の量または水質汚濁防止法に該当する水質の下水を排除して公共下水道を使用しようとする場合を対象としている。このように、業種、従業員数、特定設備等の認識が必要となる。
　中小企業の定義(中小企業基本法による)としては、
ⅰ) 製造業、建設業、運輸業その他業種の場合：資本金の額または出資の総額が3億円以下または従業員数300人以下の法人、
ⅱ) 卸売業の場合：資本金の額または出資の総額が1億円以下または従業員数100人以下の法人、
ⅲ) 小売業の場合：資本金の額または出資の総額が5千万円以下または従業員数50人以下の法人、
ⅳ) サービス業の場合：資本金の額または出資の総額が5千万円以下または従業員数100人以下の法人(ただし、ソフトウエア業、情報処理業は製造業の範囲と同じ)、
と定義している。
　また、小規模企業の定義は、製造業その他の場合には従業員20人以下で、さらに商業、サービス業の場合には従業員5人以下としている。

2.4 業種区分と対象業種

業種区分と対象業種について**表-2.2**に示す。業種区分は、「日本標準産業分類」(総務省統計局)(平成19年11月改定)によると、大分類でA～Tの20種に分類されている。これらのうち、中小企業でも環境の取組が多い業種(建設業、製造業、卸売業・小売業、サービス業)については中分類、小分類も示す。

業種が多種多様であるばかりでなく、その事業内容も多岐にわたる。そのため、厳密には小分類単位で該当する業種を確認する必要がある。中小企業では、環境専門分野の人材や専門部署の設置ができないことが多く、環境に関連するとりまとめは総務部門が兼務するケースが多い。専門的知識がさほどなくてもその検討ができるように4章で解説している。

環境法規制について、企業が所在する県・市条例もある。基本的には国の法規制と同様であるが、一部では上乗せ(基準の厳格化)あるいは横出し(規制範囲の拡大)といった規制を強めた内容になっている場合がある。法規制がそれに該当する場合は、国の法規制よりも県・市条例を優先する必要がある。また、業界団体の要求事項、地域協定、親会社あるいは取引先からの要求事項についても配慮する必要がある。例えば、RoHSの対象物質の非含有証明書の入手等はよく知られるところである。

3章以降での法令等の略号は、以下のとおりである。

(1) 略号

標題にあるそれぞれの法律————法
　　　〃　　　　　施行令———令
　〃　　　　　　施行規則——則

(2) 法令等の略し方

条番号——1、12の2、等(通常の算用数字)
項番号——①、②、等(マル付き数字)

[例]

法律第12条の2第1項——法12の2、①
施行令第2条第2項————令2、②
施行規則第8条——————則8

原則として、条項番号までとしている。法令文はわかりやすくするため必要な限度までにとどめ、簡略化している。　　　は法規制の用語で、注釈を加えていることを

意味している。また、環境法規制は、目的、適用と内容、留意点、その他(責務)について解説している。筆者の判断で留意すべき事項の注釈を加えた部分が一部ある。

表-2.2 業種区分と対象業種

A. 農業、林業
B. 漁業
C. 鉱業、採石業、砂利採取業
D. 建設業、
 06 総合工事業
  一般土木建築工事業／土木工事業／舗装工事業／建築工事業／木造建築工事業／建築リフォーム工事業等）
 07 職別工事業
  大工工事業／とび・土工・コンクリート工事業／鉄骨・鉄筋工事業／石工・れんが・タイル・ブロック工事業／左官工事業／板金・金物工事業／塗装工事業／床・内装工事業／その他の職別工事業
 08 設備工事業
  電気工事業／電気通信・信号装置工事業／管工事業／機械器具設置工事業／その他の設備工事業
E. 製造業
 09 食料品製造業
  畜産食料品製造業／水産食料品製造業／野菜缶詰・果実缶詰・農産品保存食料品製造業／糖類製造業／精穀・製粉業／パン・菓子製造業／動植物油脂製造業／その他の食料品製造業
 10 飲料・たばこ・飼料製造業
  清涼飲料製造業／酒類製造業／茶・コーヒー製造業／製氷業／たばこ製造業／飼料・有機質肥料製造業
 11 繊維工業
  製糸業／紡績業／化学繊維・ねん糸等製造業／織物業／ニット生地製造業／染色整理業／網・網・レース繊維粗製品製造業／外衣・シャツ製造業／下着類製造業／和装製品・その他の衣服・繊維製身の回り品製造／その他の繊維製品製造業
 12 木材・木製品製造業
  製材業・木製品製造業／造作材・合板・建築用組立材料製造業／木製容器製造業／その他の木製品製造業
 13 家具・装備品製造業
  家具製製造業／宗教用具製造業／建具製造業／その他の家具・装備品製造業
 14 パルプ・紙・紙加工品製造業
  パルプ製造業／紙製造業／加工紙製造業／紙製品製造業／紙製容器製造業／その他のパルプ・紙・紙加工品製造業
 15 印刷・同関連業
  印刷業／製版業／製本業／印刷物加工業／印刷関連サービス業
 16 化学工業
  化学肥料製造業／無機化学工業製品製造業／有機化学工業製品製造業／油脂加工製品・石けん・合成洗剤・界面活性剤・塗料製造業／医薬品製造業／化粧品・歯磨・その他の化粧用調整品製造業／その他の化学工業
 17 石油製品・石炭製品製造業
  石油精製業／潤滑油・グリース製造業／コークス製造業／舗装材料製造業／その他の石油製品・石炭製品製造業

18 プラスチック製品製造業
　　プラスチック板・棒・管・継手・異形押出製品製造業／プラスチックフィルム・シート・床材・合成皮革製造業／工業用プラスチック製品製造業／発泡・強化プラスチック製品製造業／プラスチック成形材料製造業／その他のプラスチック製品製造業
19 ゴム製品製造業
　　タイヤ・チューブ製造業／ゴム製・プラスチック製履物・同附属品製造業／ゴムベルト・ゴムホース・工業用ゴム製品製造業／その他のゴム製品製造業
20 なめし革・同製品・毛皮製造業
　　なめし革製造業／工業用革製品製造業／革製履物用材料・同付属品製造業／革製履物製造業／革製手袋製造業／かばん製造業／かばん製造業／袋物製造業／毛皮製造業／その他のなめし革製品製造業
21 窯業・土石製品製造業
　　ガラス・同製品製造業／セメント・同製品製造業／建設用粘土製品製造業／陶磁器・同関連製品製造業／耐火物製造業／炭素・黒鉛製品製造業／研磨材・同製品製造業／骨材・石工等製造業／その他の窯業・土石製品製造業
22 鉄鋼業
　　製鉄業／製鋼・製鋼圧延業／製鋼を行わない鋼材製造業／表面処理鋼材製造業／鉄素形材製造業／その他の鉄鋼業
23 非鉄金属製造業
　　非鉄金属第1次製錬・精製業／非鉄金属第2次製錬・精製業／非鉄金属・同合金圧延業／電線・ケーブル製造業／非鉄金属素形材製造業／その他の非鉄金属製造業
24 金属製品製造業
　　ブリキ缶・その他のめっき板等製品製造業／洋食器・刃物・手道具製造業／金物類製造業／暖房装置・配管工事用附属品製造業／建築用・建築用金属製品製造業／金属素形材製品製造業／金属被覆・彫刻業、熱処理業／金属線製品製造業／ボルト・ナット・リベット・小ねじ・木ねじ等製造業／その他の金属製品製造業
24 はん用機械器具製造業
　　ボイラ・原動機製造業／ポンプ・圧縮機器製造業／一般産業用機械・装置製造業／その他のはん用機械・同部分品製造業
25 生産用機械器具製造業
　　農業用機械製造業／建設機械・鉱山機械製造業／繊維機械製造業／生活関連産業用機械製造業／基礎素材産業用機械製造業／金属加工機械製造業／半導体・フラットパネルディスプレイ製造装置製造業／その他の生産用機械・同部分品製造業
26 業務用機械器具製造業
　　事務用機械器具製造業／サービス用・娯楽用機械器具製造業／計量器・測定器・分析機器・試験機・測量機械器具・理化学機械器具製造業／医療用機械器具・医療用品製造業／光学機械器具・レンズ製造業／武器製造業
27 電子部品・デバイス・電子回路製造業
　　電子デバイス製造業／電子部品製造業／記録メディア製造業／電子回路製造業／ユニット部品製造業／その他の電子部品・デバイス・電子回路製造業
28 電気機械器具製造業
　　発電用・送電用・配電用電気機械器具製造業／産業用電気機械器具製造業／民生用電気機械器具製造業／電球・電気照明器具製造業／電池製造業／電子応用装置製造業／電気計測器製造業／その他の電気機械器具製造業

29 情報通信機械器具製造業
   通信機械器具・同関連機械器具製造業／映像・音響機械器具製造業／電子計算機・同附属装置製造業
30 輸送用機械器具製造業
   自動車・同付属品製造業／鉄道車両・同部品製造業／船舶製造・修理業、舶用機関製造業／航空機・同附属部品製造業／産業用運搬車両・同部分品・附属品製造業／その他の輸送用機械器具製造業
31 その他製造業
   貴金属・宝石製品製造業／装身具・装飾品・ボタン・同関連製品製造業／時計・同部分品製造業／楽器製造業／がん具・運動用具製造業／ペン・鉛筆・絵画用品・その他の事務用品製造業／漆器製造業／畳等生活雑貨製品製造業／他に分類されない製造業

F. 電気・ガス・熱供給・水道業
G. 情報通信業
H. 運輸業、郵便業
I. 卸売業、小売業
  50 各種商品卸売業
     各種商品卸売業
  51 繊維・衣服等卸売業
     繊維品卸売業／衣服卸売業／身の回り品卸売業
  52 飲食料品卸売業
     農畜産物・水産卸売業／食料・飲料卸売業
  53 建築材料、鉱物・金属材料卸売業
     建築材料卸売業／化学製品卸売業／石油・鉱物卸売業／鉄鋼製品卸売業／非鉄金属卸売業／再生資源卸売業
  54 機械器具卸売業
     産業機械器具卸売業／自動車卸売業／電気機械器具卸売業／その他の機械器具卸売業
  55 その他卸売業
     家具・建具・じゅう器等卸売業／医薬品・化粧品等卸売業／他に分類されない卸売業
  56 各種商品小売業
     百貨店、総合スーパー／その他の各種商品小売業
  57 織物・衣服・身の回り品小売業
     呉服・服地・寝具小売業／男子服小売業／婦人・子供服小売業／靴・履物小売業／その他の織物・衣服・身の回り品小売業
  58 飲食料品小売業
     各種食料品小売業／野菜・果物小売業／食肉小売業／鮮魚小売業／酒小売業／菓子・パン小売業／その他の飲食料品小売業
  59 機械器具小売業
     自転車小売業／自転車小売業／機械器具小売業
  60 その他小売業
     家具・建具・畳小売業／じゅう器小売業／医薬品・化粧品小売業／農耕用品小売業／燃料小売業／書籍・文房具小売業／スポーツ用品・がん具・娯楽用品・楽器小売業／他に分類されない小売業
  61 無店舗小売業
     通信販売・訪問販売小売業／自動販売機による小売業／その他の無店舗小売業

J. 金融業、保険業
K. 不動産業、物品賃貸業
L. 学術研究、専門・技術サービス業

71 学術研究、開発研究機関
   自然科学研究所／人文・社会科学研究所
72 専門サービス業
   法律事務所、特許事務所／公証人役場、司法書士事務所、土地家屋調査士事務所／行政書士事務所／公認会計士事務所／税理士事務所／社会保険労務士事務所／デザイン業／著述・芸術家業／経営コンサルタント業、純粋持株会社／その他の専門サービス業
73 広告業
   広告業
74 技術サービス業
   獣医業／土木建築サービス業／機械設計業／商品・非破壊検査業／計量証明業／その他の技術サービス業

M. 宿泊業、飲食サービス業
75 宿泊業
   旅館、ホテル／簡易宿所／下宿業／その他の宿泊業
76 飲食店
   食堂、レストラン／専門料理店／そば・うどん店／すし店／酒場、ビヤホール／バー、キャバレー、ナイトクラブ／喫茶店／その他の飲食店
77 持ち帰り・配達飲食サービス業
   持ち帰り飲食サービス業／配達飲食サービス業

N. 生活関連サービス業、娯楽業
78 洗濯・理容・美容・浴場業
   洗濯業／理容業／美容業／一般公衆浴場業／その他の公衆浴場業／その他の洗濯・理容・美容・浴場業
79 その他の生活関連サービス業
   旅行業／家事サービス業／衣服裁縫修理業／物品預り業／火葬・墓地管理業／冠婚葬祭業／他に分類されない生活関連サービス業
80 娯楽業
   映画館／興行場、興行団／競輪・競馬等の競走場、競技団／スポーツ施設提供業／公園、遊園地／遊戯場／その他の娯楽業

O. 教育・学習支援業
81 学校教育
   幼稚園／小学校／中学校／高等学校、中等教育学校／特別支援学校／高等教育機関（大学、短期大学、高等専門学校）／専修学校、各種学校／学校教育支援機関
82 その他の教育、学習支援業
   社会教育／職業・教育支援施設／学習塾／教養・技能教室授業／他に分類されない教育、学習支援業

P. 医療・福祉
83 医療業
   病院／一般診療所／歯科診療所／助産・看護業／療術業／医療に附帯するサービス業
84 保健衛生
   保健所／健康相談施設／その他の保健衛生
85 社会保険・社会福祉・介護事業
   社会保険事業団体／福祉事務所／児童福祉事業／老人福祉・介護事業／障害者福祉事業／その他の社会保険・社会福祉・介護事業

Q.	複合サービス業	
R.	サービス業（他に分類されないもの）	
	88	廃棄物処理業
		一般廃棄物処理業、産業廃棄物処理業／その他の廃棄物処理業
	89	自動車整備業
		自動車整備業
	90	機械等修理業
		機械修理業／電気機械器具修理業／表具業／その他の修理業
	91	職業紹介・労働者派遣業
		職業紹介業／労働者派遣業
	92	その他の事業サービス業
		速記・ワープロ入力・複写業／建物サービス業／警備業／他に分類されない事業サービス業
	93	政治・経済・文化団体
		経済団体／労働団体／学術・文化団体／政治団体／他に分類されない非営利的団体
	94	宗教
		神道系宗教／仏教系宗教／キリスト教系宗教／その他の宗教
	95	その他のサービス
		集会場／と畜場／他に分類されないサービス業
	96	外国公務
		外国公館／その他の外国公務
S.	公務	
T.	分類不能の産業	

3. 環境基本法および個別法

3.1 環境法規制

　環境法規制は、環境基本法をはじめ多くの個別法で構成され、**図-1.8**に示したように整理できる。本章では、環境基本法をはじめ、個別法ごとに法規制の目的、適用と内容、留意点、その他(責務)についてその特徴をまとめている。

　また、企業が順守すべき規制に該当するか否かを判断することができるように重点ポイントおよび知っておくべき事項についてまとめてある。また、法的要求事項の適用性の高い法規制の一部については基準値についても触れている。ただし、基準値等については、普遍性の高い法律に限っているので、その他の該当法規の基準値等についてはインターネット等を参考にして確認する必要がある。

　環境法規制には、強制義務で、かつ罰則のある法律、努力義務としての要望のような法律があることに留意する必要がある。例えば、強制義務には水質汚濁防止法の「特定事業場の排水口において排水基準に適合しない排出水を排出してはならない。」などがあり、違反事業者には罰則が科される。努力義務の法規制には、例えば、環境教育法の「雇用する者に対し、環境の保全に関する知識及び技能を向上させるために必要な環境保全の意欲の増進又は環境教育を行うよう努める。」などがある。

　また、環境法規制は多くは一般法として広い範囲の人や場所に適用される法律であるが、特定の人・場所・事項その他の関係に限定して適用される特別法がある。特別法には、瀬戸内海環境保全特別措置法、ダイオキシン類対策特別措置法、放射線物質汚染対処特措法等があり、一般法に優先することを理解しておく必要がある。

　環境基本法が成立する過程について、簡単に触れることにする。

　戦後、基幹産業である重化学工業の技術革新、そして優良な労働力が大きく寄与することが相まって、日本は目覚ましい発展を遂げ、高度経済成長を達成してきた。し

かし、その結果のひずみとして、多様で深刻な公害問題が発生してきた。特に、①水俣病（熊本県水俣市、メチル水銀化合物）、②新潟水俣病（新潟県阿賀野川流域、メチル水銀化合物）、③イタイイタイ病（富山県神通川流域、カドミウム）、④四日市ぜんそく（三重県四日市、コンビナート排ガス）は、住民に大きな健康被害をもたらした四大公害として有名である。この時期の公害は、企業が継続的に有害物質を環境中に排出した事が原因といえる。

このように公害が大きな社会問題としてクローズアップされる中、1962年（昭和37）にばい煙規制法（ばい煙の排出の規制等に関する法律）、1967年（昭和42）に公害対策基本法が制定された。公害対策基本法は、公害対策の基本法で、「公害対策の総合的推進を図り、もって国民の健康を保護するとともに、生活環境を保全すること」を目的とした。典型7公害として規定した①大気汚染、②水質汚濁、③土壌汚染、④騒音、⑤振動、⑥悪臭、⑦地盤沈下の克服を目指したものであった。これらの公害規制の実施権限が各省庁に分散されたままであったことから、1971年（昭和46）に環境庁設置法案が国会に提出され、同年7月に環境庁が発足し、2001年（平成13）の中央省庁再編により環境省に移行した。

公害防止のための投資、技術開発によって成果が上がり、有害物質排出による産業公害が一応克服されてくるようになった1990年代に入ると、今度は通常の都市生活や産業活動の集積に伴う生活環境悪化の問題の解決が課題になってきた。課題としては、自動車の排出ガスによる都市の大気汚染、生活排水による閉鎖性水域・都市河川の汚濁、ごみ問題等である。これらは都市生活型公害といわれ、都市での通常の活動の集積が原因であり、加害者、被害者が重なり合うのが特徴である。そのため、特定の規制による方法には馴染みにくい性格を有している。

また、1990年代には、1章で述べたような地球環境問題（地球温暖化、オゾン層破壊、酸性雨、熱帯雨林の減少、砂漠化、野生生物の減少、海洋汚染、開発途上国の公害、有害廃棄物の越境移動）が顕在化し、大きな危惧を持たれるようになってきた。

都市生活型公害や地球環境問題に対応するためには、環境に配慮した行動が経済的に得する仕組みや、製品・サービス等に環境面に関する情報を伝える仕組みづくり、人々の行動を環境にやさしい方に誘導する仕組みづくり等が必要となる。

そうした中、1992年の地球サミット直後である1993年（平成5）11月に公害対策基本法に代えた環境基本法が制定された。環境基本法の第十五条で政府は環境基本計画を定めることを規定している。これまで4回定められており、1994年（平成6）に第一次、2000年（平成12）に第二次、2006年（平成18）に第三次、そして2012年（平成24）4月に第四次環境基本計画が策定されている。

第四次環境基本計画では、目指すべき持続可能な社会の姿、持続可能な社会を実現する上で重視すべき方向（今後の環境政策の展開の方向）、9つの優先的に取り組む重点分野（①経済、社会のグリーン化とグリーン・イノベーションの方向推進、②国際情勢に的確に対応した戦略的取組の推進、③持続可能な社会を実現するための地域づくり・人づくり・基盤整備の推進、④地球温暖化に関する取組、⑤生物多様性の保全及び持続可能な利用に関する取組、⑥物質循環の確保と循環型社会の構築、⑦水環境保全に関する取組、⑧大気環境保全に関する取組、⑨包括的な化学物質対策の確立と推進のための取組）、東日本大震災からの復旧・復興に際しての環境面から配慮すべき事項、放射性物質による環境汚染からの回復等の震災復興、放射性物質による環境汚染対策が盛り込まれている。

　また、環境基本法の第七条には、「地方公共団体は、基本理念にのっとり、環境の保全に関し、国の施策に準じた施策及びその他のその地方公共団体の区域の自然的社会的条件に応じた施策を策定し、及び実施する責務を有する。」とあり、多くの地方自治体でも環境基本条例を定めている。

　2008年（平成20）の環境省の調査では、地方自治体（47都道府県、17政令指定都市、東京都23特別区、1,746市町村他）を対象にアンケート調査を行った。その結果、環境基本条例（環境政策の基本を定める条例）の制定状況は実施中、検討中を合わせて54.6%と5割を超えていた。いずれの地方自治体においても、「地球温暖化」、「廃棄物の発生抑制や再利用、再生利用の促進」、「流域を考慮した水環境保全」、「環境情報の共有」、「大気汚染対策」を問題意識として捉え、重点取組としている例が多いようである。また、公害防止協定（地方自治体と企業間の環境保全に関する協定。住民団体が関与する場合もある）を締結している自治体も多い。平均すると53.2%であるが、都道府県で80.9%、政令指定都市で76.5%と高い比率であった。環境基準については基本的に国の基準を尊重しているが、地域特性に応じて法律の範囲内で独自の基準を策定している自治体もある。

3.1.1　環境基本法

目　的

　環境の保全について、基本理念を定め、国、地方公共団体、事業者及び国民の責務を明らかにし、施策の基本となる事項を定めて、総合的・計画的に推進することによって、現在及び将来の国民の健康で文化的な生活の確保に寄与するとともに人類の福祉に貢献することを目的とする。

(参考)

環境の保全：人の活動による地球全体の温暖化又はオゾン層の破壊の進行、海洋の汚染、野生生物の種の減少その他の地球の全体又はその広範な部分の環境に影響を及ぼす事態に係る環境の保全であって、人類の福祉に貢献するとともに国民の健康で文化的な生活の確保に寄与するものをいう。

適用と内容

環境の保全は、環境を健全で恵み豊かなものとして維持することが人間の健康で文化的な生活に欠くことのできないものであり、生態系が微妙な均衡を保つことによって成り立っている。人類の存続の基盤である環境が、人間の活動による環境負荷によって損なわれるおそれが生じてきていることから、現在及び将来世代の人間が健全で恵み豊かな環境の恵沢を享受するとともに人類の存続の基盤である環境が将来にわたって維持されるように適切に行われなければならない(法3)。

基本施策の内容としては、①環境基本計画の策定、②環境基準の策定、③公害防止計画の策定、④公害防止計画の達成の推進、⑤環境アセスメントの推進、⑥環境の保全上の支障を防止するための規制、⑦環境保全のための経済的措置等、⑧製品アセスメントとリサイクルの推進、⑨環境教育の促進などである(法6)。環境基準として、大気汚染に係る環境基準、水質汚濁に係る環境基準(人の健康の保護に関する環境基準、生活環境の保全に関する環境基準として河川、湖沼、海域、地下水の水質汚濁に係る環境基準)、土壌汚染に係る環境基準、騒音に係る環境基準等が定められている。

個別環境法の水質汚濁防止法、廃棄物処理法、省エネ法、包装容器リサイクル法などの施策の進め方(プログラム)を規定し、環境保全に関する審議会等を規定している。

(参考)

環境基準：人の健康を保護し、生活環境を保全する上で維持されることが望ましい基準、国や地方公共団体が公害対策を進めていく上での環境行政上の目標として定められるものである。直接、工場の大気汚染、水質汚染、土壌汚染、騒音の発生を規制する個別法の規制基準とは異なっており、十分に安全性を見込んだ水準で定められていることから、この基準を超えたからといって、すぐに健康に悪い影響が表れるというものではなく、目安とする基準であり、厳しく規制をしたい場合の自主基準などの参考とする場合もある。

環境基本計画：国や地方公共団体(時には民間企業)の環境保全に対する基本的な計画をいう。

公害防止計画：公害が現に著しい地域、あるいは人口および産業の急速な集中等により公害が著しくなるおそれがある地域において、公害防止に関する施策を総合的、計画的に講ずることによって公害の防止を図ることを目的として設定されるものであり、「環境基本法」に基づく施策の重要な柱である。この計画の策定は、内閣総理大臣が関係都道府県知事に基本方針を示してその策定を指示し、その指示を受けた知事が計画を作成して内閣総理大臣の承認を受けるという手続きによって行われる。

留意点

事業者への責務(法8)としては、

① 事業者は、事業活動に伴って生じるばい煙、汚水、廃棄物等の処理その他の公害を防止し、または自然環境を適正に保全する措置を講ずる。

② 事業者は、物の製造、加工又は販売等に当たって、製品その他の物が廃棄物になった場合に適正処理を講ずる。

③ 事業者は、再生資源その他の環境への負荷の低減に資する原材料、役務等を利用するように努める。

④ 事業者は、国又は地方公共団体が実施する環境の保全に関する施策に協力する。

・公害防止・自然環境保全、廃棄物の適正処理、資源再利用、国・地方公共団体の政策に協力などである。

・水質汚濁に係る環境基準には、人の健康に保護に関する基準(健康項目)と生活環境の保全に関する環境基準(生活環境項目)がある。前者は全国の公共水域に一律に適用され、後者はBOD、COD等水域の利水目的別に異なる基準値が適用されている。

その他(責務)

環境基本法は個別法のように企業が遵守すべき規制的なものではなく、行政における目標値であり、企業にとっては経営層の認識および社員への理解を高めるものとして位置付けられる。

したがって、環境基本法は、企業によっては事業の経営理念、環境方針との関連から遵守すべき個別法と並んで特定されることもある。環境基本法は環境経営への配慮を示すものである。

(1) 大気汚染に係る環境基準(環境庁告示73号)

物質名	1時間値の1日平均値	1時間値	物質名	1時間値の1日平均値	1時間値
二酸化硫黄	0.04 ppm 以下	0.1 ppm 以下	二酸化窒素	0.04〜0.06 ppm 以下	—
一酸化炭素	10 ppm 以下	20 ppm 以下 (8時間平均値)	光化学オキシダント	0.06 ppm 以下	—
浮遊粒子状物質 (SPM)[*1]	0.10 mg/m³ 以下	0.2 mg/m³ 以下	微小粒子状物質 [*2](PM 2.5)	15 μg/m³ 以下 (1年平均値)	35 μg/m³ 以下 (1日平均値)

(備考)

[*1] 浮遊粒子状物質(SPM)は、大気中に浮遊する粒子状物質のうち、粒径が $10\,\mu m$ ($1\,\mu m$ は $1\,m$ の100万分の1)以下のものを言う。微小なため大気中に長期間滞留して、肺や気管等に沈着して、呼吸器に影響を及ぼす。

[*2] 微小粒子状物質(PM 2.5)とは、大気中に浮遊する粒子状物質で、粒径が $2.5\,\mu m$ の粒子を50%の割合で分離できる分粒装置を用いて、より粒径の大きい粒子を除去した後に採取される粒子をいう。

(2) 有害大気汚染及びダイオキシン類に係る環境基準(環境庁告示11、30、33号)

物質名	1年平均値	物質名	1年平均値
ベンゼン	0.003 mg/m³ 以下	トリクロロエチレン	0.2 mg/m³ 以下
テトラクロロエチレン	0.2 mg/m³ 以下	ジクロロメタン	0.15 mg/m³ 以下
ダイオキシン類(大気)	0.6 pg-TEQ/m³ 以下	—	—

(3) 水質汚濁関係

a) 人の健康の保護に関する基準(特定施設)(環境庁告示第59号、別表1)

物質名	年間平均値(mg/L)	物質名	年間平均値(mg/L)
カドミウム	0.003 以下	全シアン	ND[*1]
鉛	0.01 以下	六価クロム	0.05 以下
ヒ素	0.01 以下	総水銀	0.0005 以下
アルキル水銀	ND	PCB	ND
ジクロロメタン	0.02 以下	四塩化炭素	0.002 以下
1,2-ジクロロエタン	0.004 以下	1,1-ジクロロエチレン	0.1 以下
cis-1,2 ジクロロエタン	0.04 以下	1,1,1-トリクロロエタン	1 以下
1,1,2-トリクロロエタン	0.006 以下	トリクロロエチレン	0.03 以下
テトラクロロエチレン	0.01 以下	1,3-ジクロロプロペン	0.002 以下
チウラム	0.006 以下	シマジン	0.003 以下
チオベンカルブ	0.02 以下	ベンゼン	0.01 以下
セレン	0.01 以下	1,4-ジオキサン	0.05 以下
硝酸性窒素及び亜硝酸性窒素	10 以下	ふつ素	0.8 以下
ほう素	1.0 以下	ダイオキシン類(底質を除く)	1 pg-TEQ/L 以下[*2]

監視項目及び指針値25物質(mg/L以下):クロロホルム 0.06、トルエン 0.6、キシレン 0.4 他

[*1] ND:Not Detected の略で、検出されないこと。

[*2] 1 pg(ピコグラム)は $10^{-12}\,g$ (1 兆分の $1\,g$)である。

b) 生活環境の保全に関する環境基準（別表2）
① 河川（湖沼を除く）

類　型	水素イオン濃度 (pH)	生物化学的酸素要求量 (BOD) (mg/L)	浮遊物質量 (SS) (mg/L)	溶存酸素量 (DO) (mg/L)	大腸菌群数 (MPN/100 mL)
AA	6.5 ～ 8.5	1 以下	25 以下	7.5 以上	50 以下
A	6.5 ～ 8.5	2 以下	25 以下	7.5 以上	1,000 以下
B	6.5 ～ 8.5	3 以下	25 以下	5 以上	5,000 以下
C	6.5 ～ 8.5	5 以下	50 以下	5 以上	－
D	6.0 ～ 8.5	8 以下	100 以下	2 以上	－
E	6.0 ～ 8.5	10 以下	浮遊物なし	2 以上	－

AA：水道1級（ろ過等による簡易な浄水操作を行うもの）、自然環境保全（自然探勝等の環境保全）及びA以下の欄に掲げるもの
A：水道2級（沈殿ろ過による通常の浄水操作を行うもの）、水産1級（ヤマメ、イワナ等貧腐水性水域の水産生物用）及びB以下の欄に掲げるもの
B：水道3級（前処理等を伴う高度の浄水操作を行うもの）、水産2級（サケ科魚類及びアユ等貧腐水性水域の水産生物用）及びC以下の欄に掲げるもの
C：水産3級（コイ、フナ等腐水性水域の水産生物用）、工業用水1級（沈殿等による通常の浄水操作を行うもの）及びD以下の欄に掲げるもの
D：工業用水2級（薬品注入等による高度の浄水操作を行うもの）、農業用水及びEの欄に掲げるもの
E：工業用水3級（特殊な浄水操作を行うもの）、環境保全（国民の日常生活において不快感を生じない限度）

② 湖沼（別表2）

類　型	水素イオン濃度 (pH)	化学的酸素要求量 (COD) (mg/L)	浮遊物質量 (SS) (mg/L)	溶存酸素量 (DO) (mg/L)	大腸菌群数 (MPN/100 mL)
AA	6.5 ～ 8.5	1 以下	1 以下	7.5 以上	50 MPN/100 mL 以下
A	6.5 ～ 8.5	3 以下	5 以下	7.5 以上	1,000 以下
B	6.5 ～ 8.5	5 以下	15 以下	5 以上	－
C	6.0 ～ 8.5	8 以下	浮遊物なし	2 以上	－

AA：水道1級（ろ過等による簡易な浄水操作を行うもの）、水産1級（ヒメマス等貧栄養湖型の水域の水産生物用）、自然環境保全（自然探勝等の環境保全）及びA以下の欄に掲げるもの
A：水道2、3級（沈殿ろ過等による通常の浄水操作又は前処理等を伴う高度の浄水操作を行うもの）、水産2級（サケ科魚類及びアユ等貧栄養湖型の水域の水産生物用）及びB以下の欄に掲げるもの
B：水産3級（コイ、フナ等富栄養湖型の水域の水産生物用）、工業用水1級（沈殿等による通常の浄水操作を行うもの）、農業用水及びCの欄に掲げるもの
C：工業用水2級（薬品注入等による高度の浄水操作又は特殊な浄水操作を行うもの）、環境保全（国民の日常生活において、不快感を生じない限度）

湖沼植物プランクトンに関して
　全窒素（mg/L 以下）　Ⅰ：0.1、Ⅱ：0.2、Ⅲ：0.4、Ⅳ：0.6、Ⅴ：1
　全燐（mg/L 以下）　Ⅰ：0.005、Ⅱ：0.01、Ⅲ：0.03、Ⅳ：0.05、Ⅴ：0.1
　　・Ⅰ：自然環境保全、Ⅱ：浄水操作、Ⅲ：コイ、フナ等の生息する水域、Ⅳ：工業用水浄水、
　　　Ⅴ：日常生活に不快感を生じない限度

③ 海域(別表2)

類　型	水素イオン濃度 (pH)	化学的酸素要求量 (COD) (mg/L)	溶存酸素量 (DO) (mg/L)	大腸菌群数 (MPN*/100 mL)	n-ヘキサン抽出物質(油分等)
A	7.8～8.3	2 以下	7.5 以上	1,0000 以下	ND
B	7.8～8.3	3 以下	5　以上	1,000 以下	ND
C	7.0～8.3	8 以下	2　以上	—	—

　A：水産1級(マダイ、ブリ、ワカメ等の水産生物用)、水浴、自然環境保全(自然探勝等の環境保全)
　　及びB以下の欄に掲げるもの
　B：水産2級(ボラ、海苔等の水産生物用)、工業用水及びCの欄に掲げるもの
　C：環境保全(国民の日常生活において不快感を生じない限度)
　海洋植物プランクトンに関して
　　全窒素(mg/L 以下)　　Ⅰ：0.2、Ⅱ：0.3、Ⅲ：0.6、Ⅳ：1
　　全燐(mg/L 以下)　　　Ⅰ：0.02、Ⅱ：0.03、Ⅲ：0.05、Ⅳ：0.09
＊　検水 100 mL 中の大腸菌群の最確数(Most Probability Number)MPN で表される。

(4)　**土壌汚染関係**(環境庁告示第37号、別表)

物　質　名	土壌汚染関係	農　用　地
カドミウム	0.01 mg/L 以下	0.4 mg/kg 以下[*2](農用地：田)
全シアン	ND[*1]	—
有機燐	ND	—
鉛	0.01 mg/L 以下	—
六価クロム	0.05 mg/L 以下	—
ヒ素	0.01 mg/L 以下	15 mg/kg(農用地：田)
総水銀	0.0005 mg/L 以下	—
アルキル水銀	ND	—
PCB	ND	—
銅	—	120 mg/kg(農用地：田)
ジクロロメタン	0.02 mg/L 以下	
四塩化炭素	0.002 mg/L 以下	
1,2-ジクロロエタン	0.004 mg/L 以下	
1,1-ジクロロエチレン	0.1 mg/L 以下	
シス-1,2-ジクロロエチレン	0.004 mg/L 以下	
1,1,1-トリクロロエタン	1 mg/L 以下	
1,1,2-トリクロロエタン	0.006 mg/L 以下	
トリクロロエチレン	0.03 mg/L 以下	
テトラクロロエチレン	0.01 mg/L 以下	
1,3-ジクロロプロペン	0.002 mg/L 以下	
チウラム	0.006 mg/L 以下	
シマジン	0.003 mg/L 以下	

チオベンカルブ	0.02 mg/L 以下	—
ベンゼン	0.01 mg/L 以下	—
セレン	0.01 mg/L 以下	—
ふっ素他	0.8 mg/L 以下	—
ほう素他	1 mg/L 以下	—
ダイオキシン類	1,000 pg-TEQ/g 以下 (250 pg-TEQ/g 以上調査)[*3]	—

*1　ND：検出されないこと

*2　汚染が自然的原因、原材料の堆積場、廃棄物の埋立地、物質の利用又は処分を目的として集積している施設については適用しない。

*3　簡易測定法により測定した場合にあっては、簡易測定値に2を乗じた値が 250 pg-TEQ/g 以上の場合、必要な測定を実施すること。

(5)　**地下水関係**(環境庁告示 85 号)

土壌汚染に関する環境基準のうち、銅と有機りんを除いた項目および塩化ビニールモノマー：0.002 mg/L、硝酸性窒素及び亜硝酸性窒素：10 mg/L が追加され、それ以外は準用している。

(6)　**騒音**(環境庁告示 54 号)

地域区分	時間区分		道路に面する 地域区分	時間区分	
	昼間 6 AM – 10 PM	夜間 10 PM – 6 AM		昼間 6 AM – 10 PM	夜間 10 PM – 6 AM
AA	≦ 50 dB	≦ 40 dB	①	≦ 60 dB	≦ 55 dB
A 及び B	≦ 55 dB	≦ 45 dB	②	≦ 65 dB	≦ 60 dB
C	≦ 60 dB	≦ 50 dB	③	≦ 70 dB	≦ 65 dB

AA：療養施設、社会福祉施設等が集合して設置される地域など特に静穏を要する地域特に静穏を要する地域

A：専ら住宅の用に供される地域

B：主として住居の用に供される地域

C：相当数の住居と併せて商業、工業等の用に供される地域

①　A 地域のうち 2 車線を道路に面する地域、

②　B、C 地域のうち道路に面する地域、

③　幹線交通を担う道路に近接する地域(幹線交通道路基準)

*　航空機騒音、鉄道騒音については、それぞれ環境省告示による「航空機騒音に係る環境基準について」(環大特 42 号)、「新幹線鉄道騒音に係る環境基準について」(環大特 100 号)が適用される。

3.2 排出等の規制

3.2.1 大気・悪臭関係法規制

　大気汚染については、戦後経済成長により形成された石油コンビナートや工業地帯を中心に、特定工場から排出される亜硫酸ガスによって農産物の収穫減少等の財産上の被害や、呼吸器系の疾患である健康被害(四大公害の一つである四日市ぜんそくは、四日市石油コンビナートの複数の事業所から排出された硫黄酸化物による呼吸器系の疾患)があつた。工場内にある個々の設備からの排出規制に加え、工場全体の排出を規制する総量規制方式が採用され、1975年以降には汚染が大幅に改善されている。しかし、近年では、このような工場等の固定発生源だけではなく、都市部の大気汚染は、自動車の排気ガス等の移動発生源が問題視されるようになった。大型車、ディーゼル車を含む車両が格段に増え、沿道住民に気管支炎ぜんそくを発病する事例があることから、1992年6月には自動車 NO_x 法が制定された。しかし、自動車走行量の伸び等で車種規制の効果が上がらず、多くの地域で NO_x の環境基準がクリアできないことから、2001年6月に新たにPMの抑制を含む自動車 NO_x・PM法が制定された。

　悪臭について規制となるのは、「工場その他の事業場における事業活動に伴って発生する悪臭」である。悪臭は主観的・感覚的なものであるため、その定義はきわめて困難であるが、同法では、臭いの良し悪しにかかわらず、生活環境を阻害していると認められる「におい」を対象とし、特定悪臭物質としてアンモニア等の22物質を不快なにおいの原因となり、生活環境を損なう恐れがあるものとして定め、これら物質に対して濃度規制を設定している。

　近年の悪臭の苦情は、2009年度(平成21)(環境省報道)で、全国では約6,000件で、ほとんどの場合、低濃度の様々な物質が混合して臭いを形成する複合臭であるため、悪臭防止法で規定する22物質の濃度規制のみでは、工場等特定の事業場の場合を除き、悪臭問題を解決することが難しい場合が多い。そこで、規制基準によって生活環境を保全することが十分でないと認められる区域がある時は、その区域における悪臭原因物質の排出については、大気の臭気指数によって規制することとしている。臭気指数規制方式は人の嗅覚に基づいて規制するため、人が臭いを感じる時に悪臭の実態をそのまま反映することができる。人の感覚に則した規制方式の重要性は高く、現在では多くの自治体がこの方式を採用する傾向にある。

3.2.1.1 大気汚染防止法
目　的
　　工場における事業活動並びに建築物等の解体等に伴うばい煙、揮発性有機化合物及び粉じんの排出等を規制し、有害大気汚染物質対策の実施を推進し、並びに自動車排出ガスに係る許容限度を定めること等により、大気の汚染に関して国民の健康を保護するとともに生活環境を保全する。大気の汚染により人の健康に係る被害が生じた時の事業者の損害賠償の責任について定めることにより被害者の保護を図る。

適用と内容
　　一定規模(施設規模、設備能力、出力、排ガス量)以上の①ばい煙発生施設(ボイラー、金属加熱炉、廃棄物焼却炉等)、②VOC排出施設(吹付け塗装、接着用乾燥施設等)、③一般粉じん発生施設(鉱物又は土石の堆積場、ベルトコンベア、ふるい等)、④特定粉じん発生施設(石綿及び石綿を含有する製品の解綿用機械、混合機、切断機等)、特定粉じん排出作業(アスベスト含有材料が使用されている建築物等の解体・改造・補修作業)及び⑤特定工事(特定粉じん(石綿)排出等作業)、⑥自動車排出ガスがこの法律の適用対象である(法2)。
　　対象物質は下記のものである。
- ばい煙：SO_x、燃焼や電気使用に伴い発生するばいじん、燃焼、合成等に伴い発生する有害物質(カドミウム・カドミウム化合物、塩素・塩化水素、フッ素、フッ化水素、鉛及び鉛化合物、NO_x等)(法2①)
- 粉じん：一般粉じん、特定粉じん(石綿等)(法2⑧)
- 特定物質：アンモニア、ホルムアルデヒド等28物質(法17、令10)
- 指定物質：ベンゼン、トリクロロエチレン、テトラクロロエチレン等100物質(法附則⑨、令附則③)

　　排出基準のうちSO_xについては、その許容源としてK値規制が設けられている。排出口1時間当たりの排出量 $Q(SO_x$量$) = K \times 10^3 He (m^3/h)$ (Kは地域により決められた値で約2～18、Heは煙突高さ(m))

　　工場・事業場の集合している地域で、K値規制のみによっては、環境基準の確保が困難であると認められる一部の地域においては、総量規制や燃料使用規制が行われている(法3、則3)。
- 測定義務としてばい煙発生施設では、ばい煙量又はばい煙濃度を測定し、環境省令で定める事項(測定年月日、測定箇所、測定方法及びばい煙施設使用状況)を記録し、これを保存(3年間)すること。届出義務はない。測定頻度は排出量により、1回/2カ月～1回/5年と異なる(法16、則15)。

- VOC排出者は、年2回以上VOC濃度を測定し、省令で定め事項を記録し3年間保存すること(法17の12、則15の3)。
- 特定粉じん排出者は、6カ月を越えない作業期間ごとに1回以上、事業場等敷地境界において石綿濃度を測定し、3年間保存すること(法18の12、則16の3)。
- 自動車排ガスについては道路運送車両法や車検制度で担保する(法21)。一定規模以上の特定施設(排出ガス量が4万 m^3/h)では大気関係の公害防止管理者を選任し、知事又は市長に届出が必要である。
- 建築物等の解体現場等から石綿が飛散する事例があり、事前調査の義務付け、大気濃度測定の義務化の必要性等について地方公共団体から要望を受けて、特定粉じん排出等作業(石綿等)を伴う建設工事の実施の届出、発注者から解体等工事の事前調査の結果等の説明について一部改正が行われた(法18の20)。
- 対象となる特定施設がなければ、適用対象外である。

  (参考)
   VOC：Volatile Organic Compounds、揮発性有機化合物のことで、常温常圧で大気中に容易に揮発する有機化学物質の総称のことである。
   総量規制：事業場等が集合した政令で指定した地域で一定規模以上の地域。硫黄酸化物(例:横浜市、川崎市、千葉市、東京都特別区域)、窒素酸化物(東京都、神奈川県、大阪府の区域の一部)(法5の2)
   燃料使用規制：都市中心部等の密集市域(東京、横浜、大阪、名古屋、札幌等の大都市の一部)で期間を限定して燃料の質(硫黄含有率)について設ける基準(法5の2、則7の2)

留 意 点

 特定施設の事業者の責務として、ばい煙の排出規制等に関する措置のほか、ばい煙の排出状況を把握するとともに、排出を抑制するために必要な措置を講じること(法18の21、法17の2)。

 該当する施設の設置届、変更届、測定及び記録(報告義務はないが3年間記録を保存する)、排出基準の遵守。(法18の12、則16の3)罰則としては、下記がある。
ばい煙規制：届出違反、測定記録せず、排出基準違反等
VOC規制：届出違反、命令違反等

その他(責務)

 対象となる特定施設がなければ適用対象外であるが、特定工場では、公害防止管理者(大気関係公害防止管理者)を選任し、知事又は指定市市長へ届出が必要である(公害防止組織整備法3〜5)。

(参考)
特定施設(施行令別表第一、ばい煙発生施設)

1. ボイラー(伝熱面積 10 m² 以上、燃焼能力重油換算 50 L/h 以上)
2. ガス発生炉及び加熱炉(石炭又はコークス 20 t/ 日、燃焼能力重油換算 50 L/h 以上)
3. 金属の精錬又は無機化学工業品の焙焼炉、焼結炉、焼炉
4. 金属溶鉱炉、転炉及び平炉
5、6、7. 金属の精製又は鋳造溶解炉、金属用加熱炉、石油製品加熱炉(火格子 1 m² 以上、重油 50 L/h 以上、変圧器定格容量 200 kVA 以上)
8. 石油触媒再生塔(炭素燃焼能力 200 kg 以上)
   8 の 2 石油ガス洗浄装置用燃焼炉(重油換算 6 L/h 以上)
9. 窯業製品用の焼成炉及び溶融炉(火格子 1 m² 以上、重油 50 L/h 以上、変圧器定格容量 200 kVA 以上)
10. 無機化学又は食料品用反応炉(同上)
11. 乾燥炉(同上)
12. 製銑、製鋼又は合金電気炉(変圧器定格容量 1,000 kVA 以上)
13. 廃棄物焼却炉(火格子 2 m² 以上、焼却能力 200 kg/h 以上)
14. 銅、鉛又は亜鉛の精錬用焙焼炉、溶鉱炉、転炉、乾燥炉(火格子 0.5 m² 以上、焼却能力重油換算 20 L/h 以上)
15. カドミウム製造用乾燥施設(容量 0.1 m³ 以上)
16. 塩素化エチレン用塩素急速冷却施設(処理能力 50 kg/h 以上)
17. 塩化第二鉄用溶解槽
18. 活性炭の製造用反応炉(重油換算 3 L/h 以上)
19. 化学製品用反応施設、塩化水素反応施設及び吸収施設(処理能力 50 kg/h 以上)
20. アルミニウムの製錬用電解炉(電流容量 30 kA 以上)
21. 燐、リン酸、リン酸質肥料又は複合肥料の製造用反応施設、濃縮施設、焼成炉及び溶解炉(処理能力 50 kg/h 以上)
22. 弗酸の製造用凝縮施設、吸収施設及び蒸留施設(伝熱面積 10 m² 以上、ポンプ動力 1 kw 以上)
23. トリポリ燐酸ナトリウムの製造用反応施設、乾燥炉及び焼炉(処理能力 80 kg/h 以上、火格子面積 1 m² 以上、燃料燃焼能力重油換算 50 L/h 以上)
24. 鉛の第二次精錬用溶解炉(燃料燃焼能力重油換算 10 L/h 以上、変圧器定格容量 40 kVA 以上)
25. 鉛蓄電池製造用溶解炉(燃料燃焼能力重油換算 4 L/h 以上、変圧器定格容量 20 kVA 以上)
26. 鉛系顔料用溶解炉、反射炉、反応炉及び乾燥炉(容量 0.1 m² 以上、燃料燃焼能力重油換算 4 L/h 以上、変圧器定格容量 20 kVA 以上)
27. 硝酸の製造用吸収施設、漂白施設及び濃縮施設(処理能力 100 kg/h 以上)
28. コークス炉(処理能力 20 t/ 日以上)
29、30. ガスタービン、ディーゼル機関(燃料燃焼能力重油換算 50 L/h 以上)
31、32. ガス機関、ガソリン機関(燃料燃焼能力重油換算 35 L/h 以上)

特定施設[施行令別表第 1 の 2、揮発性有機化合物(VOC)排出施設]

1. 揮発性有機化合物を溶剤する化学製品製造用乾燥施設(送風機送風力 3,000 m³/h 以上)
2、3. 塗装施設及び塗装用乾燥施設(排風機排風力 100,000 m³/h 以上)
4. 印刷回路用銅張積層板、粘着テープ、粘着シート、はく離紙又は包装材の製造用乾燥施設(送風機送風能力 5,000 m³/h 以上)
5. 接着用乾燥施設(木製品を除く)(送風機送風能力 15,000 m³/h 以上)

6. 印刷用の乾燥施設(オフセット用輪転印刷)(送風機送風能力 7,000 m³/h 以上)
7. 印刷用乾燥施設(グラビア印刷)(送風機送風能力 27,000 m³/h 以上)
8. 工業用の揮発性化合物による洗浄施設(面積 5 m² 以上)
9. ガソリン、原油、ナフサ等蒸気圧が 20 kPa 以上の貯蔵タンク(容量 1,000 kL 以上)

特定施設(施行令別表第 2、一般粉じん発生施設)

1. コークス炉(原料処理能力 50 t/日 以上)
2. 鉱物又は土石堆積場(面積 1,000 m² 以上)
3. ベルトコンベア及びバケットコンベア(ベルト幅 75 cm 以上、バケット内容積 0.03 m³ 以上)
4. 破砕機及び摩砕機(湿式及び密閉式を除く)(原動機出力 75 kW 以上)
5. ふるい(湿式及び密閉式を除く)(原動機出力 15 kW 以上)

特定施設(施行令別表第 2 の 2、特定粉じん発生施設)

1、2、3. 解綿用機械、混合機、紡績用機械(原動機出力 3.7 kW 以上)
4、5、6、7、8、9. 切断機、研磨機、切削用機械、破砕機及び摩砕機、プレス、穿孔機(原動機出力 2.2 kW 以上)

3.2.1.2 自動車 NOx・PM 法(自動車から排出される窒素廃棄物及び粒子状物質の特定地域における総量の削減等に関する特別措置法)

目　的

　自動車から排出される窒素酸化物(NOx)及び粒子状物資(PM)汚染が著しい特定の地域について、NOx 及び PM の総量削減に関する基本方針及び計画を策定し、当該地域内に使用の本拠の位置を有する一定の自動車につき NOx 排出基準及び PM 排出基準を定め、並びに事業活動に伴い自動車から排出される NOx 及び PM の排出の抑制のための所要の措置を講じること等により、NOx 及び PM に係る環境基準の確保を図る(法 12、令 4、則 3、4)。

　　(参考)

　　　NOx：Nitrogen Oxide。窒素酸化物のことで、光化学スモッグや酸性雨等を引き起こす大気汚染原因物質である。主な発生源は、自動車の排気ガスである。

　　　PM：Particulate Matter。粒子状物質のことで、ディーゼル排気微粒子とも呼ばれ、ディーゼルエンジンの排気に含まれる微粒子成分には発ガン性が指摘されるものや呼吸器疾患の原因物質として考えられている。

適用と内容

　法の適用は、①指定自動車(普通貨物、小型貨物自動車、大型バス、マイクロバス、ディーゼル乗用車、特殊自動車)の排出基準の順守、特定事業者の計画作成と届出、②重点対策地区での特定建物新設の届出が適用対象と内容である。

NOx および PM 対策地域としては、8 都府県(東京都、神奈川県、埼玉県、千葉県、愛知県、三重県、大阪府、兵庫県)の指定された地域、それ以外に環境大臣が指定する地区でかつ、特定事業者(対象自動車 30 台以上を対策地域内に有する事業者)等について適用される(法 6、8、令別表 1)。

　特定事業者は事業活動に伴う排出(窒素酸化物等)を抑制するための計画を提出し、毎年の取組状況を都道府県知事に報告すること(法 33 ～ 34)。

　都道府県知事は、対策地域内で大気の汚染が特に著しく、当該地区の実情に応じた対策を計画的に実施する必要がある地区を、重点対策地区として指定。重点地区区域で 特定建物 を新設する時は都道府県知事への届出を行う(法 20)。

　(参考)
　　特定建物:新設に当たり届出が義務付けられる建物は、劇場、映画館、旅館、ホテル、飲食店、遊技場、店舗、事務所、病院、卸売市場、倉庫、工場等の用途に供せられるものであって、都道府県の条例で定められる規模要件を満たすもの。

留意点
　自動車車検証の制度を通じて、自動車 NOx・PM 法の規制を確保している。(排出基準に適合している自動車を見分けるために自動車 NOx・PM 法適合車ステッカー)を貼付し、取組みを積極的に進めている。基準適合車にはステッカーの表示義務がある。

その他(責務)
　事業者は、その事業活動に伴う自動車排出 NOx および PM の排出抑制のために必要な措置を講ずるように努めるとともに、国および地方公共団体が実施する自動車 NOx および PM による大気汚染の防止に関する施策に協力すること(法 4)。

　指定自動車の排ガス基準適合車の使用、ステッカー貼付等の確認を要する。

　(参考)
　自動車 NOx・PM 法適合車ステッカー

[1]　　　　　[2]　　　　　[3]

　　ステッカーのデザインはこの 3 種類。ポスト新長期規制に適合している自動車には[1]のステッカーを、新長期規制に適合している自動車には[2]のステッカーを、それ以外の自動車 NOx・PM 法の排出ガス規制に適合している自動車には[3]のステッカーを貼付することができる。

3.2.1.3　オゾン層保護法(特定物質の規制等によるオゾン層の保護に関する法律)

目　的

　この法律は、国際的に協力してオゾン層の保護を図るため、オゾン層の保護のためのウィーン条約(以下「条約」という。)及びオゾン層を破壊する物質に関するモントリオール議定書(以下「議定書」という。)の的確かつ円滑な実施を確保するための特定物質の製造の規制並びに排出の抑制及び使用の合理化に関する措置等を講じ、もって人の健康の保護及び生活環境の保全に資することを目的とする。

　　　(参考)
　　　　特定物質：オゾン層を破壊する物質であつて政令で定めるものをいう(法2)。

適用と内容

　オゾン層を破壊する物質(特定物質：フロン、ハロン、臭化メチル等)とその種類は政令で定める。その数量は、特定物質の量に、議定書の規定に即した政令で定めるオゾン破壊係数を乗じたものとする。特定物質は順次、製造禁止とする。

　法律の対象となる者は、①特定物質を製造する者、②特定物質を輸入しようとする者、③特定物質の輸出を行った者、④特定物質を業として使用する者である(法4、6、17、19)。

①製造する者は特定物質の種類及び数量について経済産業大臣の許可を得ること及び製造数量を帳簿に記載し、保存しなければならない(法4、13)。

②輸入しようとする者は外国為替及び外国貿易法による承認を受ける義務がある。また輸入数量等を帳簿に記載し、保存しなければならない(法6、24)。

③輸出を行つた者は輸出数量等を経済産業大臣に届け出なければならない(法17)。

④業として使用する者は使用に係る特定物質の排出の抑制及び使用の合理化に努めなければならない(法19)。

留意点

　この法律は、ウィーン条約、モントリオール議定書の的確かつ円滑な実施を確保するために制定されたもので、それに基づき1995年末までにCFCの生産が全廃された。また、1989年に排出抑制・使用合理化指針が策定された。また、フロンの大気中への排出を抑制するため、フロン回収破壊法が2001年に制定された。

その他(責務)

　中小企業者で該当事例は少ないと考えられるが、フロン回収破壊法に留意する必要がある。業務用エアコンや大型冷凍・冷蔵庫等に冷媒として使用されている可能性が高いため、廃棄時に適正処理が求められる。

3.2.1.4　オフロード法(特定特殊自動車排出ガスの規制等に関する法律)

目　的

　特定原動機及び特定特殊自動車について技術上の基準を定め、特定特殊自動車の使用について必要な規制を行うこと等により、特定特殊自動車排出ガスの排出を抑制し、もって大気の汚染に関し、国民の健康を保護するとともに生活環境を保全することを目的とする。

　　　(参考)
　　　特定原動機：特定特殊自動車に搭載される原動機およびこれと一体として搭載される装置をいう。
　　　特定特殊自動車(オフロード車)：大型特殊自動車および小型特殊自動車、建設機械に該当する自動車その他の構造が特殊な自動車をいう。

適用と内容

　特定特殊自動車製作等事業者を業とする者は、特定特殊自動車の製作等に際して、その製作等に係る特定特殊自動車が使用されることにより排出される特定特殊自動車排出ガスによる大気の汚染の防止が図られるよう努めなければならない。また、特定特殊自動車を使用する者は、特定特殊自動車排出ガスの排出の抑制のため必要な措置を講ずるよう努めるとともに、国が実施する特定特殊自動車排出ガスによる大気汚染の防止に関する施策に協力しなければならない(法4)。

対象となる特定特殊自動車(協力会社の持込み建設機械を含む)
産業用：フォークリフト等
建設用：ブルドーザー、バックホウ、クローラクレーン、トラクタショベル、ホイールクレーン等
農業用：刈取り脱穀作業用自動車、農耕用トラクター等を適用対象とし、排ガスの基準適合車の表示等(下図参照)が付されていなければ使用してはならないとするものである(法12)。

留意点

　特定特殊自動車(公道を走行しないオフロード車の排出ガスを規制)は、表示が付されたものでなければ使用してはならない(法17)。
　主務大臣は、技術基準に適合しない特定特殊自動車の使用者に対し、技術基準に適合させるための必要な措置を命ずることができる(法13)。

その他(責務)

　特定特殊自動車は、基準適合表示等が付されていなければ使用してはならない。燃料の規格として揮発油等の品質の確保等に関する法律、道路車両の保安基準(第

1条の2、細目告示第3条）により軽油およびガソリン中の硫黄の基準が2008年から質量比0.001％以下に強化された。同時に、排ガス基準適合車を使用すること。

特定特殊自動車の基準適合表示

【従来様式】
以下のものに引き続き付される。
1) ガソリン・LPGを燃料とし、基準に適合するもの
2) 軽油を燃料とし、改正前の基準にて適合するもの

【追加様式】
軽油を燃料とし、改正基準に適合するものに付される。
・定格出力19kW以上56kW未満共通で「2011年基準」と表記する。
少数生産車の表示（少数特例表示）

少数生産車の表示（少数特例表示）

【従来様式】
以下のものに、引き続き付される。
1) ガソリン。LPGを燃料とし、少数生産車の基準に適合するもの
2) 軽油を燃料とし、改正前の少数生産車の基準に適合するもの

【追加様式】
軽油を燃料とし、改正前の基準による型式届出特定特殊自動車等であった型式のものに付される。（規則第18条第1項第2号イ適用）

【追加様式】
軽油を燃料とし、改正基準による型式届出特定特殊自動車と同等の排出ガス性能を有するものに付される。（規則第18条第1項第2号ロ適用）

3.2.1.5 悪臭防止法

目　　的

　　工場等の事業活動に伴って発生する悪臭に対して必要な規制や防止対策を推進することにより生活環境を保全し、国民の健康の保護に資することを目的とする。

適用と内容

　　都道府県知事は、悪臭を防止する必要があると認める住居が集合している地域等を、悪臭原因物質の規制地域として指定しなければならない（法4）。

　　規制地域内の工場等で、事業活動に伴って悪臭物質を発生させる場合に適用対象となる。ただし、移動発生源、建設工事等の一時的な場合は適用除外されている。

　　特定悪臭物質：不快な臭いの原因となり、生活環境を損なうおそれのある22物質（アンモニア、硫化水素、硫化メチル等）を対象としている（法2）。

　　臭気には濃度規制、臭気指数規制の2種類がある。

事故発生時の市町村長への報告義務(法10)
　条例・要綱等により規制基準や管理基準等を設けて悪臭対策を行っている地方公共団体は、条例が38都県市、指導要綱等が37都道県市ある。このうち、臭気指数による規制基準または指導基準を設定している地方公共団体は、条例が11都県市、要綱等が36道県市である。

　　(参考)
　　　臭気指数：人の嗅覚を用いた測定方法で、嗅覚の正常な者6人以上で臭いの試料を何倍に薄めたときに臭いがしなくなるかを測定し、その結果を数値化した指標(臭気指数測定追加3点比較式臭袋法で臭気測定士等が測定)(法13、則1)

留意点
　事業者の測定義務はないが、維持管理のための測定は必要。遵守義務はあるが、水質、大気規制と異なり直罰制はない。
　都道府県知事は、住民の生活環境を保全するために悪臭を防止する必要があると認められる地域(住民が集合している地域等)を規制地域として指定する。濃度規制(特定悪臭物質)と臭気指数の2種類があり、都道府県知事により選択できる。臭気指数の場合には対象物質を定めてはいないため留意を要する。
　騒音規制法、振動規制法とは異なり、対象施設を限定していないことに留意する。感覚公害の一つであり、未然予防が重要である。
・特定悪臭物質の使用がなければ適用対象外である。

その他(責務)
　指定地域内での基準の遵守
　地域(都道府県知事)の実情に応じ、総理府令の基準内で規制基準を定めているケースがあり、それを順守する。

　　(参考)
　　環境省令による敷地境界の地表における許容濃度(ppm)、別表第1

アンモニア　　1〜5	イソバレルアルデヒド　　0.003〜0.01
メチルメルカプタン　　0.002〜0.01	イソブタノール　　0.9〜20
硫化水素　　0.02〜0.2	酢酸エチル　　3〜20
硫化メチル　　0.01〜0.2	メチルイソブチルケトン　　1〜6
二硫化メチル　　0.009〜0.1	トルエン　　10〜60
トリメチルアミン　　0.005〜0.5	スチレン　　0.4〜2
アセトアルデヒド　　0.05〜0.5	キシレン　　1〜5
プロピオンアルデヒド　　0.05〜0.5	プロピオン酸　　0.03〜0.2

ノルマルブチルアルデヒド	0.009〜0.08	ノルマル酢酸	0.001〜0.006
イソブチルアルデヒド	0.02〜0.2	ノルマル吉草酸	0.0009〜0.004
ノルマルバレルアルデヒド	0.009〜0.05	イソ吉草酸	0.001〜0.01

A区域：B、C以外の区域、B区域：農業振興区域、C区域：工業専用地域、により許容限度が異なる。煙突等の気体排出口における規制が適用される物質および排出水中における規制が適用される悪臭物質がある。

3.2.1.6　フロン回収破壊法(フロン類の使用の合理化及び管理の適正化に関する法律)

目　的

オゾン層の破壊または地球温暖化に深刻な影響をもたらすフロン類の大気中への排出を抑制するため、特定製品からのフロン類の回収および促進等に関する指針および事業者の責務を定めるとともに、特定製品に使用されているフロン類の回収および破壊の実施を確保するための措置等を講じ、もって現在および将来の国民の健康で文化的な生活の確保に寄与するとともに人類の福祉に貢献する。

(参考)

　　オゾン層：地球を取り巻く大気中のオゾンの大部分は地上から約10〜50km上空の成層圏に存在し、オゾン層と呼ばれている。太陽光に含まれる有害紫外線の大部分を吸収し、地球上の生物を保護する役割を果たしている。

適用と内容

事業者は、特定製品が整備され、又は廃棄される場合において当該特定製品に使用されているフロン類が適正かつ確実に回収され、及び破壊されるために必要な措置その他特定製品に使用されているフロン類の排出の抑制のために必要な措置を講じなければならない(法4)。

フロン類又は特定製品の製造を行う事業者は、フロン類に代替する物質であってオゾン層の破壊をもたらさず、かつ、地球温暖化に深刻な影響をもたらさないものの開発及びその物質を使用した製品の開発を行うように努めるとともに、国及び地方公共団体が特定製品に使用されているフロン類の適正かつ確実な回収及び破壊その他特定製品からのフロン類の排出の抑制のために講ずる施策に協力しなければならない(法5)。

法の適用は、①第1種特定製品(業務用エアコン、冷凍冷蔵ショーケース、飲料自動販売機、大型冷凍・冷蔵庫、輸送用冷凍ユニット、冷凍庫冷氷機等)廃棄者および譲渡者、②第1種フロン類引渡受託者、③第1種フロン類回収業者、④特定解体工事元請業者、⑤第1種特定製品整備者、⑥第1種フロン破壊業者、⑦特定製品製造業者を対象とする。

規制内容としては、①特定物質を製造する者は、規制物質および規制年度ごとに製造しようとする数量について経済産業大臣の許可を得なければならない、②特定物質を輸入しようとする者は外国為替および外国貿易法による輸入承認を受ける義務がある、③特定物質の輸出を行った者は、前年の輸出数量を経済産業大臣に届け出なければならない、④特定物質を業として使用する者は、排出抑制・使用合理化指針に即して、使用に係る特定物質の排出の抑制および使用の合理化に努めなければならない。

留意点

第1種フロン回収業者がフロン類の回収作業を行うには知事の登録が必要である(法9)。

第1種フロン類回収業者は整備時、廃棄時別に回収した量、引き渡した量、再利用した量その他主務省令で定めた事項を記録し、毎年度、回収量等を知事に報告しなければならない(法22)。

第1種特定製品廃棄者は回収依頼書または委託確認書の写しを3年間保存しなければならない。廃棄／譲渡者は引取証明書を3年間保存しなければならない(法20の2、則5の6)。

何人も、みだりに特定製品からフロン類を放出してはならない(法38)。

無登録、不正手段、業務停止命令違反等に対して、1年以下の懲役又は50万円以下の罰金などがある(法55〜60)。

(参考)
フロン類：オゾン層破壊物質のCFC(クロロフルオロカーボン)およびHCFC(ハイドロクロロフルオロカーボン)およびオゾン層破壊物質ではないが温室効果ガスであるHFC(ハイドロフルオロカーボン)の3区分に分類されるもので、オゾン層保護法に規定する特定物質(政令別表)、地球温暖化対策法(2条3項4号)に掲げる物質をいう。

その他(責務)

第1種特定製品の廃棄に当たっては、知事登録を受けた回収業者への引取を依頼し、引取証明書等の保管(3年間)の責務がある。
・業務用エアコン、冷蔵機器および冷凍機器廃棄時の適正処理
・回収・運搬・破壊に要する料金の支払い。

3.2.2 水質関係法規制

　昭和30年代(1955～1964)の水俣病やイタイイタイ病を契機として、水の汚染対策は、工場排水をいかに規制するかに重点が置かれていた。工場排水規制は、1970年(昭和45)12月に制定された水質汚濁防止法により効果を上げたが、湖沼等の閉鎖性水域では富栄養化による水質汚濁や、その後は家庭排水による水質汚染が深刻化した。特に大都市圏等の水道水では、水源の有機物系の臭気や水道配管の錆、さらには消毒のための塩素臭やトリハロメタンによる飲料水汚染、地下水汚染等の化学物質や生活排水等への対策が求められるようになった。1990年(平成2)6月には、生活排水対策を目的として水質汚濁防止法が改正された。水質保全の対策として下水道法、浄化槽法等が関連しており、同時に河川法や海洋汚染防止法も水質保全のために寄与している。

　また、瀬戸内海や伊勢湾等の閉鎖水域における赤潮の大量発生、沿岸域における青潮(貧酸素水塊)等の頻発、重油流出による海洋汚染により水産産業に大きな被害をもたらしている。そのため、1973年(昭和48)10月、瀬戸内海環境保全特別措置法が制定された。同様に閉鎖水域の生活排水や農林水産系排出水による湖沼汚染を抑制するため、湖沼水質保全特別措置法が1984年(昭和59)7月に制定されている。水質汚濁は広範な影響を及ぼす観点から、水質の改善や健全な水循環の重要性が挙げられる。

3.2.2.1 水質汚濁防止法

目　的

　工場及び事業場から公共用水域に排出される水の排出及び地下に浸透する水の浸透を規制するとともに、生活排水対策の実施を推進すること等によって、公共用水域及び地下水の水質の汚濁の防止を図り、もって国民の健康を保護するとともに生活環境を保全し、並びに工場及び事業場から排出される汚水及び廃液に関して人の健康に係る生じた場合における事業者の損害賠償の責任について定めることにより、被害者の保護を図ることを目的とする。

適用と内容

　下記のいずれかに該当する事業所等は、この法律の適用を受ける。
①特定事業場：特定施設から公共用水域に水を排出、②有害物質使用特定事業場：有害物質使用特定施設からの汚水等、③貯油事業場等：貯油施設等を設置する事業場からの事故による油排出等である。

・有害物質の一律基準は全特定事業場に適用される。これに対し、生活環境項目は関係の一律基準は、指定地域内にあって平均的な排出水量が$50\,\mathrm{m^3}$/日以上の特

定事業場に適用される(法3、則1の4)。
- 指定地域内事業場から排出水を排出する者は、あらかじめ汚濁負荷量の測定手法を都道府県知事に届け出て、その手法で排出水の汚濁負荷量を測定し、記録しなければならない(法14)。
- 総量規制地域(東京湾、伊勢湾、瀬戸内海)関係地域：東京都、千葉県、神奈川県、愛知県、三重県、大阪府、岡山県、広島県、徳島県等では、排出水の汚濁負荷量(COD、窒素、リン)を測定し、その結果(報告義務なし)を記録し、3年間保存をすること。総量規制地域内の事業場の設置者は総量規制基準を遵守すること(法12の2)。
- 特定事業場から排出水を排出する者は、排水口において排出基準に適合しない排出水を排出してはならない(法12)。
  排出水を排出し、または地下浸透水を浸透させる者は汚染状態を測定し、その結果を記録し、これを保存すること(法14①)。
- 事業者は排出水の排出規制等に関する措置、汚水または廃液の公共用水域への排出または地下への浸透状況を把握するとともに、汚濁の防止に必要な措置を講ずること(法14の4)。

測定頻度(日平均排水量)：400 m³以上(毎日測定)、200～400 m³(7日ごと測定)、100～200 m³(14日ごと測定)、50～100 m³(30日ごと測定)

国の排水基準：排出水に含まれる有害物質(カドミウム、シアン、鉛、六価クロム等33物質)の含有量基準

生活環境項目：pH、BOD(河川に適用)、SS、DO、大腸菌類、COD(海域と湖沼に適用)

- 総量規制基準とは、総量削減計画で定める削減目標量を達成するための方途の一つで、事業場からの汚濁負荷量の抑制を目的として県が定めるものである。なお、汚濁負荷量とは、事業場等から排出される水に含まれる汚濁物質の量で、汚濁負荷量をL(kg/日)とすると、$L = C \times Q \times 10^{-3}$で表される。ただし、$C$は濃度(mg/日)、$Q$は1日当たりの排出水量(m³/日)である。
  (1) 規制対象となる指定水域瀬戸内海、東京湾、伊勢湾
  (2) 規制対象となる指定項目化学的酸素要求量(COD)、窒素、リン規制対象域では条例の確認が必要である(則1の5)。

特定事業場の設置者は、特定施設の破損等により有害物質を含む水、もしくは生活環境項目排水基準に適合しないおそれがある水が公共用水域に排出されまたは地下に浸透し、被害を生ずるおそれがある時は、直ちに応急の措置を講じ、速やかに

事故の状況および措置概要を知事に届け出ること(法14の2)。

(参考)

特定施設：有害物質を含み、または生活環境に係る被害を生じるおそれのある汚水や廃液を排出する施設で、政令で定めるもの(施行令別表第一参照)。

　　畜産食料品製造業：原料処理施設・洗浄施設・湯煮施設
　　飲料製造業：原料処理施設、洗浄施設、ろ過施設等
　　合板製造業：接着機洗浄施設
　　空き瓶卸売業：自動式洗びん施設
　　旅館業：ちゅう房施設、洗濯施設、入浴施設
　　鉄鋼業：タールおよびガス液分離施設、ガス冷却洗浄施設等
　　非鉄金属製造業：還元槽、電解施設、焼入施設、湿式集塵施設等
　　電気メッキ業：電気めっき施設
　　産業廃棄物処理施設：洗車、排水処理施設等
　　自動車分解整備事業：洗車施設
　　等々

公共用水域：公共下水道等を除く、河川、湖沼、港湾、沿岸海域、その他公共の用に供される水域およびこれに接続する公共溝渠、灌漑用水路、その他公共の用に供される水路を言う。

BOD：Biochemical Oxygen Demand。生物化学的酸素要求量のことで、水中の有機物等の量を、その酸化分解のために微生物が必要とする酸素の量で表したもの。一般に、BOD の値が大きいほど、その水質は悪いといえる。

COD：Chemical Oxygen Demand。水中の被酸化性物質を酸化するために必要とする酸素量で示したもの。代表的な水質の指標の一つであり、酸素消費量とも呼ばれる。COD は排水基準、海域と湖沼の環境基準に用いられている。好気性微生物にとって有害な物質が排水中に含まれる場合は、生物化学的酸素要求量を正確に測定することが不可能なため、化学的酸素要求量が用いられる。

SS：Suspended Solid。懸濁物質または浮遊物質のことで、水中に分散している固形物で検水をろ過した時に分離される物質で粒径 2 mm 以下のものをいう。1 L 中に 1 mg この物質が含まれる水は 1 mg/L である。水質汚染の原因となる。

DO：Dissolved Oxygen。溶存酸素のことで、水中に溶解している酸素ガスをいう。空気中の酸素ガスによって供給され、溶解量は温度や圧力に左右されるが、清浄な水には 7(30℃)〜14(0℃) mg/L 程度溶解している。公共水域の汚濁限界は 5 mg/L とされている。水中の溶存酸素が欠乏すると、魚類等水中生物は窒息死する。

留意点

　測定結果の記録違反（未記録、虚偽記録、記録の保存なし）や排水基準違反については罰則規定がある（法30〜35、則9、9の2）。

　都道府県の条例により上乗せ基準（より厳しい）を定めている場合があるので、都道府県条例についても確認することが望ましい。

・工場、事業場からの有害物質の汚水または廃液に含まれた状態での排出または地下への浸透により、人の生命または身体を害した時は、事業者は無過失損害賠償責任（過失を要件としない損害賠償責任）を負う（法19）。

・有害物質はもちろんのこと、油についても、事故時に有害物質と同様に公共水域への排出および地下に浸透させないようにしなくてはならない（法14の9）。

・水質汚濁防止法に基づく排水規制に関しては、健康項目に係る排水基準と生活環境項目に係る排水基準が設定されている。排水基準は、健康項目および生活環境項目について、一律排水基準が設定されているが、2012年（平成24）5月時点の暫定排水基準では窒素およびリン含有量、ホウ素およびその化合物、ふっ素およびその化合物、アンモニア、アンモニウム化合物、亜硝酸化合物および硝酸化合物については一部業種で期間を限定して暫定基準が適用される。

・水質汚濁に係る有害物質の基準は、環境基準の原則として10倍のレベルとされている。これは、排出水の水質は、公共用水域へ排出されると、そこを流れる河川水等によって、排水口から一定の距離を経た公共用水域においては通常少なくとも約10倍程度には希釈されるであろうと想定された結果である。

・排出される排出水のBODは河川に、CODは湖沼、海域に限定して適用される。

・対象となる特定施設、対象事業者以外、対象となる使用物質がなければ適用対象外である。

・対応困難な一部業種については、特定物質の暫定排水基準の設定及び小規模施設は除外される（施行令別表4参照）。

その他（責務）

　事業者は、その事業活動に伴う汚水等の公共用水域または地下への浸透状況を把握し、当該汚水等による公共用水域または地下水の水質汚濁防止のために<u>必要な措置</u>を講ずるようにしなければならない。（法14の4）特定施設の届出、基準の適正管理（水質測定記録、機器校正記録、緊急時手順書作成）を行う。

(参考)
有害物質を含む水の排水基準(mg/L)(環境省令第1条別表第1)

物 質 名	年間平均値(mg/L)	物 質 名	年間平均値(mg/L)
カドミウム及びその化合物	0.1 以下	シアン化合物	1 以下
有機りん化合物	1 以下	鉛及びその化合物	0.1 以下
六価クロム化合物	0.5 以下	砒素及びその化合物	0.1 以下
水銀及び水銀化合物	0.005 以下	アルキル水銀化合物	ND
PCB	0.003 以下	トリクロロエチレン	0.3 以下
テトラクロロエチレン	0.1 以下	ジクロロメタン	0.2 以下
四塩化炭素	0.02 以下	1,2-ジクロロエタン	0.04 以下
1,1-ジクロロエチレン	1.0 以下	cis-1,2-ジクロロエチレン	0.4 以下
1,1,1-トリクロロエタン	3 以下	1.1.2-トリクロロエタン	0.06 以下
トリクロロエチレン	0.3 以下	テトラクロロエチレン	0.1 以下
1,3-ジクロロプロペン	0.02 以下	チウラム	0.06 以下
シマジン	0.03 以下	チオベンカルブ	0.2 以下
ベンゼン	0.1 以下	セレン及びその化合物	0.1 以下
アンモニア、亜硝酸他	100 以下	ホウ素及びその化合物(海域以外) 海域	10 以下 230 以下
ふっ素及びその化合物(海域以外) 海域	8 以下 15 以下	1,4-ジオキサン	0.5 以下

生活環境項目の排水基準(環境省令第1条別表第2)

① pH：5.8〜8.6、② BOD：160 mg/L 以下、③ COD：160 mg/L 以下、④ SS：200 mg/L 以下、⑤ 大腸菌群］：3,000 個/cm³、⑥ n-Hex(動植物油脂類)：30 mg/L、⑦ n-Hex(鉱油類)：5 mg/L 以下、⑧ フェノール類：5 mg/L 以下、⑨ 銅含有量：3 mg/L 以下、⑩ 亜鉛含有量：2 mg/L 以下、⑪ 溶解性鉄含有量：10 mg/L 以下、⑫ 溶解性マンガン含有量：10 mg/L 以下、⑬ クロム含有量：2 mg/L 以下、⑭ 窒素含有量：120 mg/L 以下、⑮ リン含有量：16 mg/L 以下

3.2.2.2 下水道法

目　　的

　　流域別下水道整備総合計画の策定に関する事項並びに公共下水道、流域下水道及び都市下水路の設置その他の基準等を定めて、下水道の整備を図り、もって都市の健全な発達及び公衆衛生の向上に寄与し、あわせて公共水域の水質の保全に資することを目的とする。

適用と内容

　　①水質汚濁防止法及びダイオキシン類特措法に規定する特定施設の設置者、特定事業場からの下水、

　　②特定事業場以外で、下水道法及び条例に定める排除基準を超える水質の下水(温

度45℃以上、水素イオン濃度(pH)5以下、9以上、よう素消費量220 mg/L以上、ノルマルヘキサン抽出物質含有量・鉱油類5 mg/L以上、動植物油脂類30 mg/L以上)(令9)、

③定事業場以外で50 m³/日以上の汚水の排出者が法律の適用を受ける。

特定施設(水質汚濁防止法の特定施設およびダイオキシン類対策特別措置法の水質基準対象施設)を設置し、下水に排出する場合には、公共下水道管理者に届出が必要である(法11の2)。公共下水道管理者は、著しく 公共下水道 もしくは流域下水道の施設の機能を妨げ、または流域下水道の施設を損傷するおそれのある下水を排出する場合、必要な 除外施設 を設け、必要な措置をしなければならない旨を定めることができる(法12、12の11)。

水質の測定義務があり、測定頻度は温度、pHは1回/日、BODは1回/14日、(ダイオキシン類は1回/年)、その他の項目は1回/7日測定結果(報告義務なし)の記録を5年間保存すること(法12の12、則15)。

(参考)
下水：生活もしくは事業に起因し、もしくは付随する廃水(以下「汚水」)または雨水をいう(法2)。
公共下水道：主として市街地における下水を排除し、または処理するために地方公共団体が管理する下水道で、終末処理場を有するものまたは流域下水道に接続するものであり、かつ、汚水を排除すべき排水施設の相当部分が暗渠である構造のものをいう(法2)。
除外施設：下水道法では、原則としてすべての利用者に水質規制を行うことができる。したがって、水質汚濁防止法で規制のない小さな飲食店や診療所等にも、下水排除基準の順守を求めることができる。こういった場合では、下水排除基準順守のために設置される油水分離槽、グリーストラップ、沈殿槽、pH調整槽、凝集沈殿槽等も除害施設として扱われる(法12)。

留意点

特定事業場以外では、排水量が50 m³/日以上の汚水か、排水先が下水道であるかを確認する。ただし、50 m³/日の排水量には冷却水や雨水等は対象外である。特定事業場では50 m³/日以下でも該当する(法11の2、令8の2)。

工場や事業場からの排水が河川や海域等の公共用水域でなく、下水道に排水している場合は水質汚濁防止法ではなく下水道法が適用される。河川等の公共用水域に排出している場合には該当しない。しかし、排出水の地下浸透や地下水の汚染に関しては水質汚濁防止法が適用される。

・水質汚濁防止法と同様に人の生命、身体を害した時は、事業者の過失の有無に関わらず責任(無過失責任)が問われる。

その他(責務)

特定事業場では、油水分離槽、グリーストラップ、沈殿槽、pH調整、凝集沈殿槽等の設置等の必要な措置を講ずるようにしなければならない。

(参考)
特定事業場からの下水水質基準(下水道法施行令148号)

物 質 名	年間平均値(mg/L)	物 質 名	年間平均値(mg/L)
カドミウム及びその化合物	0.1 以下	シアン化合物	1.0 以下
有機リン化合物	1.0 以下	鉛及びその化合物	0.1 以下
六価クロム化合物	0.5 以下	砒素及びその化合物	0.1 以下
総水銀他	0.005 以下	アルキル水銀	ND
PCB	0.003 以下	トリクロロエチレン	0.3 以下
テトラクロロエチレン	0.1 以下	ジクロロメタン	0.2 以下
四塩化炭素	0.02 以下	1,2-ジクロロエタン	0.04 以下
1,1-ジクロロエチレン	1.0 以下	cis-1,2-ジクロロエチレン	0.4 以下
1,1,1-トリクロロエタン	3 以下	1.1.2-トリクロロエタン	0.06 以下
1,3-ジクロロプロペン	0.02 以下	チラウム	0.06 以下
シマジン	0.03 以下	チオベンカルプ	0.2 以下
ベンゼン	0.1 以下	セレン及びその化合物	0.1 以下
ホウ素及びその化合物	10 以下(海域以外) 230 以下(海域への放流)	ふっ素及びその化合物	8 以下(海域以外) 15 以下(海域)
1,4-ジオキサン	0.5 以下	フェノール類	5 以下
銅及びその化合物	3 以下	亜鉛及びその化合物	2 以下
鉄及びその化合物	10 以下	マンガン及びその化合物	10 以下
クロム及びその化合物	2 以下	ダイオキシン	17 pg-TEQ/L 以下
アンモニア、アンモニア化合物亜硝酸化合物及び硝酸化合物			100 以下

* ND：検出されないこと

生活環境項目の排水基準(下水道法施行令148号)

①pH：5.8～8.6(海域5～9)、②生物化学的要求量(BOD)：600 mg/L以下(300 mg/L以下)、③浮遊物質量(SS)：600 mg/L以下(300 mg/L以下)、④n-Hex(鉱油類含有量)：5 mg/L以下、動植物油脂類：30 mg/L以下、⑤大腸菌群：3,000 個/cm^3、⑥温度：45℃未満(40℃未満)、⑦フェノール類含有量：5 mg/L以下、⑧銅含有量：3 mg/L以下、⑨亜鉛含有量：2 mg/L以下、⑪溶解性鉄含有量：10 mg/L以下、⑩溶解性マンガン含有量：10 mg/L以下、⑪クロム含有量：2 mg/L以下、⑫窒素含有量：240 mg/L以下、⑬リン含有量：32 mg/L以下

* この表に掲げる排水基準は、1日当たりの平均的な排出水量が50 m^{3}以上である工場または事業場に係る排出水について適用する。

* 該当地域の条例を確認すること。

条例による下水排除基準の例(横浜市)(平成 24 年 6 月 11 日現在)

項 目	直罰基準	除害施設設置基準
カドミウム及びその化合物	0.1 mg/L 以下	0.1 mg/L 以下
シアン化合物	1 mg/L 以下	1 mg/L 以下
有機燐化合物（農薬類）	0.2 mg/L 以下	0.2 mg/L 以下
鉛及びその化合物	0.1 mg/L 以下	0.1 mg/L 以下
六価クロム化合物	0.5 mg/L 以下	0.5 mg/L 以下
砒素及びその化合物	0.1 mg/L 以下	0.1 mg/L 以下
水銀及びアルキル水銀その他の水銀化合物	0.005 mg/L 以下	0.005 mg/L 以下
アルキル水銀化合物	検出されないこと	検出されないこと
ポリ塩化ビフェニル	0.003 mg/L 以下	0.003 mg/L 以下
トリクロロエチレン	0.3 mg/L 以下	0.3 mg/L 以下
テトラクロロエチレン	0.1 mg/L 以下	0.1 mg/L 以下
ジクロロメタン	0.2 mg/L 以下	0.2 mg/L 以下
四塩化炭素	0.02 mg/L 以下	0.02 mg/L 以下
1,2-ジクロロエタン	0.04 mg/L 以下	0.04 mg/L 以下
1,1-ジクロロエチレン	1 mg/L 以下	1 mg/L 以下
シス-1,2-ジクロロエチレン	0.4 mg/L 以下	0.4 mg/L 以下
1,1,1-トリクロロエタン	3 mg/L 以下	3 mg/L 以下
1,1,2-トリクロロエタン	0.06 mg/L 以下	0.06 mg/L 以下
1,3-ジクロロプロペン	0.02 mg/L 以下	0.02 mg/L 以下
チウラム	0.06 mg/L 以下	0.06 mg/L 以下
シマジン	0.03 mg/L 以下	0.03 mg/L 以下
チオベンカルブ	0.2 mg/L 以下	0.2 mg/L 以下
ベンゼン	0.1 mg/L 以下	0.1 mg/L 以下
セレン及びその化合物	0.1 mg/L 以下	0.1 mg/L 以下
ほう素及びその化合物	10 mg/L [230 mg/L^{*1}]以下^{*2}	10 mg/L [230 mg/L^{*1}]以下
ふっ素及びその化合物	8 mg/L [15 mg/L^{*1}]以下^{*2}	8 mg/L [15mg/L^{*1}]以下
アンモニア性窒素、亜硝酸性窒素及び硝酸性窒素含有量	380 mg/L 未満^{*3}	380 mg/L 未満^{*3}
1,4-ジオキサン	0.5 mg/L 以下^{*2}	0.5 mg/L 以下
フェノール類	0.5 mg/L 以下^{*4}	0.5 mg/L 以下
銅及びその化合物	1 mg/L 以下^{*4}	1 mg/L 以下
亜鉛及びその化合物	1 mg/L 以下^{*4}	1 mg/L 以下
鉄及びその化合物(溶解性)	3 mg/L 以下^{*4}	3 mg/L 以下
マンガン及びその化合物(溶解性)	1 mg/L 以下^{*4}	1 mg/L 以下
クロム及びその化合物	2 mg/L 以下^{*4}	2 mg/L 以下
水素イオン濃度(pH)	5を超え9未満^{*4}	5を超え9未満
生物化学的酸素要求量(BOD)	600 mg/L 未満	600 mg/L 未満

浮遊物質量(SS)	600 mg/L 未満	600 mg/L 未満
ノルマルヘキサン抽出物質含有量(鉱油類含有量)	5 mg/L 以下[*4]	5 mg/L 以下
ノルマルヘキサン抽出物質含有量(動植物油脂類含有量)	30 mg/L 以下	30 mg/L 以下
窒素含有量	120 mg/L 未満	120 mg/L 未満
燐含有量	16 mg/L 未満	16 mg/L 未満
ダイオキシン類	10 pg-TEQ/L 以下	10 pg-TEQ/L 以下
ニッケル及びその化合物	—	1 mg/L 以下
外観	—	受け入れる下水を著しく変化させるような色又は濁度を増加させるような色若しくは濁りがないこと。
温度	—	45 度未満
沃素消費量	—	220 mg/L 未満[*4]

[*1] この[ ]内の水質基準は、海域を放流先とする水再生センターに排除する事業場に適用する(海域を放流先とする水再生センター:北部第二、中部、南部)。
[*2] 経過措置として、一部の業種には一定期間、水質汚濁防止法に基づく暫定基準が設定されている。
[*3] 1日当たりの平均的な排出水の量 50 m³ 未満の事業場については、暫定基準として「760 mg/L 未満」が適用となる(平成 26 年 9 月 30 日まで)。ただし、水質汚濁防止法に基づく暫定基準が設定されている一部の業種については、緩い方の基準が適用となる。
[*4] 1日当たりの平均的な排出水の量 50 m³ 以上の事業場に適用する。

3.2.2.3 浄化槽法

目的

　　浄化槽の設置、保守点検、清掃及び製造について規制するとともに、浄化槽工事業者の登録制度及び公共用水域等の水質保全等の観点から浄化槽清掃業の許可制度を整備し、浄化槽整備士および浄化槽管理士の資格を定めること等により、浄化槽によるし尿及び雑排水の適正な処理を図り、もって生活環境の保全及び公衆衛生の向上に寄与することを目的とする。

　　　　(参考)
　　　　浄化槽:便所と連結してし尿およびこれと併せて雑排水を処理し、下水道法以外に放流するための設備または施設である(法 2)。

適用と内容

　　何人も、終末処理下水道又はし尿処理施設で処理する場合を除き、浄化槽で処理した後でなければ、し尿を公共用水域等に放流してはならない(法 3)。
　　①公共用水域に、し尿及び雑排水を放流しようとするもの、②浄化槽使用者、③浄化槽工事業者、④浄化槽保守点検及び清掃業者、⑤指定検査機関は法律の適用を

受ける。

浄化槽の設置又は構造の変更をする者は、知事に届け出ること(法5、25)。

設置後の水質検査、定期検査(毎年1回指定検査機関の行う水質検査を受けなければならない)(法7、11)。

みなし浄化槽、合併処理浄化槽の処理方式／処理対象人員により保守点検の回数に規定がある(則6)。

浄化槽の水質検査：水素イオン濃度(pH)、活性汚泥沈殿率、溶存酸素(DO)、透視度、塩化物イオン濃度、残留塩素イオン濃度、生物化学的酸素要求量(BOD)等(法4、7、11)。

・2000年6月の改正で、生活雑排水の処理を行わない単独処理浄化槽の新設が禁止され、2001年4月から施行された。経過措置として、既存単独処理層は新法の浄化槽(みなし浄化槽)と見なされ、合併処理浄化槽への転換が努力目標とされた。しかし、実際にはなかなか転換が進んでおらず、いまだ処理槽の多くが単独処理浄化槽である。

留 意 点

廃止届出、法的検査違反等に罰則規定があり、確実な実施が求められる。浄化槽保守点検業者を、条例によって定めていない都道府県では、浄化槽の保守点検を浄化槽管理士か、浄化槽の清掃を浄化槽清掃業者に委託すること(法35、45)。

また、水質に関する検査は、都道府県の指定検査機関で受けなければならない(法11)。

その他(責務)

法定検査(1回／年)、定期点検、定期清掃の実施、特定施設届出、使用廃止後30日以内の届出。

(参考)
水質検査の望ましい範囲(環廃対第104号)

水素イオン濃度(pH)：5.8～8.6
汚泥沈殿率(SV)：単独処理10～60％、合併処理10％以上
溶存酸素量(DO)：単独処理0.3 mg/L以下、合併処理1.0 mg/L以下
透視度(BODの処理性能)：90 mg/L以下(BOD)7度以上、60 mg/L以下(BOD)10度以上、30 mg/L以下(BOD)15度以上、20 mg/L以下(BOD)20度以上
塩化物イオン濃度(単独処理)：90 mg/L～140 mg/L以下
残留塩素：検出されること
生物化学的要求量(BOD)：処理目標水質以下であること

浄化槽の構造基準及び性能

浄化槽を設ける区域	処理対象人員	性　　　能	
		BOD 性能除去率(%)	放流水の BOD(mg/L)
指定区域	50 人以下	65 以上	90 以下
	51 〜 500 人以下	70 以上	60 以下
	501 人以上	85 以上	30 以下

単独処理浄化槽の保守点検回数

処理方式	浄化槽の種類	期　　間	年　　間
全ばっ気方式	1　処理対象人員が 20 人以下の浄化槽	3 ヶ月	4 回以上
	2　処理対象人員が 21 人以上 300 人以下の浄化槽	2 ヶ月	6 回以上
	3　処理対象人員が 301 人以上の浄化槽	1 ヶ月	12 回以上
分離接触ばっ気方式、分離ばっ気方式、単純ばっ気方式	1　処理対象人員が 20 人以下の浄化槽	4 ヶ月	3 回以上
	2　処理対象人員が 21 人以上 300 人以下の浄化槽	3 ヶ月	4 回以上
	3　処理対象人員が 301 人以上の浄化槽	2 ヶ月	6 回以上
散水ろ床方式、平面酸化床方式、地下砂ろ過方式	――――	6 ヶ月	2 回以上

合併処理浄化槽の保守点検回数

処理方式	浄化槽の種類	期間	年　　間
分離接触ばっ気方式、嫌気ろ床接触ばっ気方式、脱窒ろ床接触ばっ気方式	1　処理対象人員が 20 人以下の浄化槽	4 ヶ月	3 回以上
	2　処理対象人員が 21 人以上 50 人以下の浄化槽	3 ヶ月	4 回以上
活性汚泥方式	――――	1 週間	52 回以上
回転板接触方式、接触ばっ気方式、散水ろ床方式	1　砂ろ過装置、活性炭吸着装置または凝集槽を有する浄化槽	1 週間	52 回以上
	2　スクリーンおよび流量調整タンクまたは流量調整槽を有する浄化槽（1 に掲げるものを除く）	2 週間	26 回以上
	3　1 および 2 に掲げる浄化槽以外の浄化槽	3 ヶ月	4 回以上

3.2.2.4　海洋汚染防止法（海洋汚染及び海上災害防止に関する法律）

目　　的

　船舶、海洋施設及び航空機から海洋に油、有害液体物質等及び廃棄物を排出すること、船舶から大気中に排出ガスを放出すること並びに船舶及び海洋施設において油、有害液体物質及び廃棄物を焼却することを規制し、廃油の適正な処理を確保するとともに、排出された油、有害液体物質、廃棄物その他の防除並びに海上火災の発生及び拡大を防止し並びに海上火災等に伴う船舶交通の危険の防止のための措置を講ずることにより、海洋汚染及び海上災害を防止し、あわせて海洋汚染等及び海

上災害の防止に関する国際約束の的確な実施を確保し、もって海洋環境の保全等並びに人の生命及び身体並びに財産の保護に資することを目的とする。

適用と内容

船舶、海洋施設、航空機を保持しない場合には該当しない。

①船舶からの油の排出の禁止(法4)、②船舶からの廃棄物の排出の禁止(法10)、③海洋施設・航空機からの油・廃棄物の排出の禁止(法18)、および④船舶・海洋施設における油、廃棄物の焼却の禁止(法19の35の4)の4つがその規制の適用と内容である。

海上作業船の給油・点検時の油漏れ対策、油流出事故発生時の措置(法38〜40)(緊急時の連絡体制、緊急時の対応準備、防除措置、防除資材の備付等)、浚渫土砂の投棄、船舶発生廃棄物の排出等の規制がある。

留意点

船舶所有、海洋施設等のない場合には該当しない。

その他(責務)

海洋汚染および海上火災の防止等。

3.2.3 土壌関係法規制

土壌汚染の歴史では、明治時代の足尾銅山鉱毒が有名である。足尾銅山は栃木県足尾市(現日光市)の銅山で、日本一の銅産出量を誇り、近代産業の発展に貢献した。一方で、鉱毒ガスにより周辺の樹木の立枯れや、渡良瀬川から取水した田園、洪水後に流れた土砂が堆積した田園で稲が立ち枯れるという被害が続出した。1973年(昭和45)に閉山され、植林や治山事業により環境影響はほぼ解決されたが、わずかな影響がいまだ残っているとされている。

土壌はいったん汚染されると、大気、水質等の汚染とは異なった次のような特徴がある。①有害物質が蓄積された汚染状態が長期にわたる、②人への曝露は、土壌の直接摂取のほか、飲料水や農作物等の食品の汚染を通じて間接的に摂取される、③一般に汚染が局所所的で事例ごとに多様な状況を示す、等である。

昭和30年代には高度成長により重化学工業化が進む中、イタイイタイ病が発生している。これは土壌が汚染された農地から産出されたカドミウム含有の米を食べた多数の住民が慢性カドミウム中毒に苦しんだ公害である。昭和40年代には六価クロムの鋼滓による汚染、昭和50年代には揮発性有機化合物による土壌・地下水汚染の問題等があった。現在では、廃棄物の不法投棄による土地からの汚染物質が

流出することによる土地、地下水の汚染が問題視されている。

2001(平成13)年には国による環境基準の制定に伴って、土壌汚染対策法も改正され、フッ素、ホウ素等が追加された。この法律は一定の条件に該当する土地の土壌汚染についての統一的な制度であり、人の健康被害を防ぐことを目的としているが、措置の命令や指定等の権限は都道府県知事にある。また、土壌汚染の責任は土地の所有者に求めている。法では自然由来の汚染は対象としないが、不動産の鑑定では評価対象となるため、土地取引の際の不動産価値に影響が見られることが一部では問題視されている。また、土壌汚染を浄化することによって完全浄化を目指すのか、環境基準まで下げれば良いのかという判断も自治体によって異なる場合がある。

3.2.3.1 土壌汚染対策法

目　的

　土壌の特定有害物質による汚染の状況の把握に関する措置及びその汚染に係る被害の防止に関する措置を定めること等により、土壌汚染対策の実施を図り、もって国民の健康を保護することを目的とする。

　　　(参考)

　　　　特定有害物質：鉛、ヒ素、トリクロロエチレンその他物質で、土壌に含まれることに起因して人の健康に係る被害が生じるおそれがある物質をいう(法2、令1、則1)。

適用と内容

　法の適用は、①使用が廃止された有害物質使用特定施設(水質汚濁防止法)を設置していた土地(跡地)の使用者、管理者または占有者(所有者等)、②土壌汚染による健康被害が生じるおそれがあると知事が認める土地の所有者等、③ 3,000 m² 以上の土地の形質を変更しようとする者、④法的義務のない土地について自主調査を行う者、⑤要措置区域、形質変更時の要届出区域内において土地の形質変更をしようとする者、⑥汚染土壌の運搬又は処理を他人に委託する者、⑦運搬受託者、汚染土壌処理業者等が対象である。

　施設の廃止、形質変更しようとする者は、土地の土壌汚染状況について、指定調査機関に調査させてその結果を知事に報告すること(法3)。特定有害物質(揮発性有機化合物、重金属類、農薬類等)、土壌溶出量基準の規制に適合すること。

　対象物質により調査種類が決められており、第1種(揮発性有機化合物)では溶出量、ガス、第2種(重金属)では含有量、溶出量、第3種(農薬)では溶出量を測定する(法5①、則6)。

知事は、要措置区域として指定した時は、土地の所有者に対し、講ずべき汚染の除去等の措置およびその理由等を示し、期限を定めて、汚染等の除去等の講ずべきことを指示する(法7)。

知事は、汚染の除去等の措置をとることにより、要措置区域の全部または一部について指定を解除し、公示する(法6、則32)。

(参考)

指定調査機関：土壌汚染の調査は、試料の採取地点の選定、試料の採取方法等により結果が大きく左右されるので、調査結果の信頼性を確保するためには、調査を行う者に一定の技術的能力が求められる(法29～33)。

したがって、調査を的確に実施することができる者を環境大臣が指定し、土壌汚染対策法に基づく土壌汚染の調査を行う者は、当該指定を受けた者(指定調査機関)のみに限るとともに、この指定調査機関について環境大臣が必要な監督等を行うこととしている(法36)。

留意点

汚染等の除去等の措置に関する技術的基準として、地下水の水質測定、原位置封じ込め、遮水封じ込め、地下水汚染の拡大防止、土壌汚染の除去、遮断工封じ込め、不溶化、舗装、立入禁止、土壌汚染入替え、盛土について実施方法が省令で定められている(則40、別表第6)。

汚染土壌の処理については管理票を交付(法20、①、則67)することや汚染土壌処理業者の処理の技術基準違反、最終処分場許可違反等について罰則規定がある。

・対象となる化学物質の使用がなく、過去に遡っても使用がなければ適用対象外である。

その他(責務)

・要措置区域外等において汚染土壌を運搬するものは、知事の許可を受けた汚染土壌処理業者に委託すること(法18)。汚染土壌の運搬または処理を委託する場合は、汚染土壌の引渡と同時に運搬用自動車等ごとに管理票を交付すること(法20)。

・地盤改良工事については、「セメント及びセメント系固化材を使用した改良土の六価クロム溶出試験実施要領」、「土壌汚染対策法に基づく調査及び措置、汚染土壌の運搬及び処理に関するガイドライン」、および薬液注入工事については「薬液注入工法による建設工事の施行に関する指針」等がある。

(参考)
特定有害物質
対象物質(3つのグループ)に分類され、グループごとに土壌調査の方法等が異なる。

第1種特定有害物質(揮発性有機化合物)	第2種特定有害物質(重金属等)	第3種特定有害物質(農薬等)
ジクロロメタン	カドミウムおよびその化合物	PCB
四塩化炭素	鉛およびその化合物	チウラム
1,2-ジクロロエタン	六価クロム化合物	シマジン
1,1-ジクロロエチレン	砒素及びその化合物	チオベンカルブ
cis-1,2-ジクロロエチレン	水銀およびその化合物	有機リン化合物(パラチオン、メチルパラチオン、メチルジメトン、EPNに限る)
1,1,1-トリクロロエタン	セレンおよびその化合物	
1,1,2-トリクロロエタン	フッ素およびその化合物	
トリクロロエチレン	ホウ素およびその化合物	
テトラクロロエチレン	シアン化合物	
ベンゼン		
1,3-ジクロロプロペン		

土壌汚染対策法の指定基準(土壌汚染対策法施行規則、別表2、別表3)

特定有害物質の分類、種類		指定基準値	
		土壌含有量基準	土壌溶出量基準
		土壌1kgにつきmg以下	検液1Lにつきmg以下
揮発性有機化合物	四塩化炭素	—	0.002
	1,2-ジクロロエタン	—	0.004
	1,1-ジクロロエチレン	—	0.02
	シス-1,2-ジクロロエチレン	—	0.04
	1,3-ジクロロプロペン	—	0.002
	ジクロロメタン	—	0.02
	テトラクロロエチレン	—	0.01
	1,1,1-トリクロロエタン	—	1
	1,1,2-トリクロロエタン	—	0.006
	トリクロロエチレン	—	0.03
	ベンゼン	—	0.01
重金属等	カドミウム及びその化合物	150	0.01
	六価クロム化合物	250	0.05
	シアン化合物	50(遊離シアンとして)	検出されないこと
	水銀及びその化合物	15	0.0005
	うちアルキル水銀	—	検出されないこと
	セレン及びその化合物	150	0.01
	鉛及びその化合物	150	0.01

	砒素及びその化合物	150	0.01
	ふっ素及びその化合物	4,000	0.8
	ほう素及びその化合物	4,000	1
農薬等	シマジン	—	0.003
	チウラム	—	0.006
	チオベンカルブ	—	0.02
	ポリ塩化ビフェニル	—	検出されないこと
	有機りん化合物	—	検出されないこと

参考) 土壌汚染の特定有害物質は水質汚濁防止法と関連があり、水濁法からアンモニアを除いた物質を対象としている。基準値は環境基準の「人の健康の保護に関する基準」と同等である。

3.2.4 騒音・振動・地盤沈下関係法規制

　騒音は身近に存在する公害で、全国の地方公共団体が受理した平成19年の苦情は1万6千件を超えている。苦情件数を都道府県で見ると、東京都の3,183件が最も多く、次いで大阪府1,718件、愛知県1,576件、埼玉県1,289件、神奈川県1,283件の順となっており、この5都府県における合計件数が全国の騒音苦情件数の過半数(55.1%)を占めている。騒音は工場の場合では、プレス作業、送風機等の特定施設が規制対象となっている。また、建設作業での杭打ち等を規制対象としている。工場等については規制が厳しく長年の政策から対応が進んでいるものの、近年は業務用室外機や燃焼装置等による低周波音・振動等の問題がある。商業騒音としては24時間営業の小売店等の進出による深夜時間帯の騒音が顕著である。それ以外では都道府県知事が定める指定地域において自動車騒音が限度値を超え、周辺の生活環境が著しく損なわれると認められる場合には、市町村長が都道府県公安委員会に道路交通規制等の措置をとるように要請することができる。交通騒音のうち航空機については、例えば「公共用飛行場周辺における航空機騒音による障害の防止等に関する法律」や鉄道では、法律の規制ではないが「在来鉄道の新設又は大規模改良に際しての騒音指針」の通達により、「新幹線鉄道騒音対策要綱」等により騒音対策が行われている。最近では、それ以外の都市生活における住宅での生活音では欠陥マンション等による他世帯からの音の伝播、空調室外機の騒音が多く、電車内でのヘッドフォンの音漏れ等近隣騒音と呼ばれるもの等多様である。騒音・振動は受け手側の主観的な判断があるため、どこからが公害でどこまでが受忍範囲なのか見極めが難しい問題である。騒音のもたらす影響としては、睡眠妨害(眠れない)、心理影響(うるさい、気になる)、活動妨害(読書・勉強、作業の邪魔)、聴覚障害(難聴)、身体被害(頭痛・めまい)、物的被害(瓦の

ずれ・壁のひび割れ)、社会影響(地価下落)等の多様なものがある。

振動については、全国の地方公共団体が受理した振動に係る苦情の件数は平成19年度(2007)で3,384件であった。建苦情件数を発生源別にみると、建設作業が2,092件(約61.8％)で最も多く、次いで工場・事業場751件(約22.2％)、道路交通266件(約7.9％)、鉄道54件(約1.6％)の順となっている。建設現場、工場から発生する問題が多く、機械プレスや圧縮機等著しい振動を発生する施設であって政令で定める設備を設置する工場等が規制対象となっている。

建設作業では杭打ち機等による建設工事として行われる作業を規制対象としている。道路交通振動の規制では、市町村長は振動の測定を行った場合において、指定地域内における道路交通振動が限度を超えており、道路周辺の生活環境が著しく損なわれていると認める時は、道路管理者に当該道路の修繕等の措置を要請し、または都道府県公安委員会に対し、道路交通法の規定による措置を要請することとなっている。ちなみに全国の地方公共団体に寄せられた騒音に対する苦情は平成21年度で約15,000件、振動に対する苦情は2,500件と減少傾向にあるがきわて多い公害といえる。

地盤沈下は地下水の過剰採取により地下水位が低下し、粘土層間の間隙水が排水されることによる収縮が原因で発生する。いったん沈下した地盤はほとんど元に戻らないため、建造物の損壊や洪水時の浸水増大等の被害をもたらす。

地下水は良質かつ恒温の水資源であり、生活用水、工業用水、農業用水等として安価かつ容易に採取できるため利用されてきた。ピーク時には深井戸さく井技術の発達もあり水需要は増大したが、激しい地盤沈下例もあったため、昭和37年に地下水の取水制限が行われ、長期的に地盤沈下は沈静化に向かっている。

ピーク時に比べて改善傾向が見られるが、湾岸部の埋立てによる上載荷重の増加が原因で発生する地盤沈下現象や、温浴施設・マンション施設が大深度の地下水を汲み上げることにより新たな地盤沈下も懸念されている。

現在は、地盤沈下の防止のため、工業用水法及びビル用水法に基づき、地下水の採取の規制が行われている。都道府県の一部が地域指定されているが、地方公共団体の条例等に基づく規制のほか、使用合理化等の行政指導を行うことにより地下水採取の減少を図っている。

3.2.4.1 騒音規制法
目　的

事業場等における事業活動、建設工事に伴って発生する相当範囲にわたる騒音について必要な規制を行うとともに、自動車騒音に係る許容限度を定めること等によ

り、生活環境を保全し、国民の健康の保護に資することを目的とする。

適用と内容

指定地域：知事が関係市町村の意見を聞き、指定地域を定める。知事は指定地域を定める時は、環境大臣が定める基準の範囲において、当該地域ついて、区分に対応する時間および区域の区分ごとの基準を定めなければならない(法4)。

指定地域内の①特定施設を設置する工場または事業場、および②特定建設作業に伴う騒音を法適用対象である(法3)。

国の基準(特定工場において発生する騒音の基準)(dB)(環境省告示132)

区域	昼間	朝・夕	夜間	該当地域
第1種	45～50	40～45	40～45	静穏の保持を必要とする区域
第2種	50～60	45～50	40～50	住居の用に供される区域
第3種	60～65	55～65	50～55	住居・商業・工業に供される区域
第4種	65～70	60～70	55～65	主に工業等に供される区域

・特定施設(工場等で著しい騒音を発生する一定規模以上の施設)：①金属加工機械(圧延機械、製管機械、ベンディングマシン、液圧プレス、機械プレス、せん断機械、鍛造機、ワイヤーフォーミングマシン、ブラスト、タンブラー、切断機)、②空気圧縮機および送風機、③土石用または鉱物用の破砕機、摩砕機ふるいおよび分級機、④織機、⑤建設用資材製造機、⑥穀物用製粉機、⑦木材加工機、⑧抄紙機、⑨印刷機械、⑩合成樹脂用射出成形機、⑪鋳型造型機
・特定建設作業(法2)(建設工事で著しい騒音を発生する一定規模以上の作業)：①くい打機、②びょう打機、③さく岩機、④空気圧縮機を使用する作業、⑤コンクリートプラントまたはアスファルトプラントを設けて行う作業、⑥バックホウを使用する作業、⑦トラクターショベル、⑧ブルドーザー

国の基準(特定建設作業に伴って発生する振動に関する基準)：特定建設作業場の境界線において、85 dBを超えない。住宅地域、住居が相当数集合している地域および学校、病院、図書館等の敷地の約80 m以内は作業時間、作業日の制限がある。例えば、特定建設作業では夜間・深夜(19：00～7:00)作業の制限や日曜・休日作業をしないこと等である(令3、環境庁告示16号)。

(参考)
航空機騒音と鉄道騒音については、音源対策、障害防止対策、土地利用対策等と一緒に総合対策を行うべきとであるという観点から、この法律の規制対象とはなっていない。

留意点

　この法律はすべての地域に適用されるのではなく、①住居が集合している地域、病院や学校の周辺地域、②その他騒音を防止することにより住民の生活環境を保全する必要があると認められる地域(図書館、老人ホーム、保育所等)等で、周辺住民への影響が少ない所は必ずしも規制はされない。

　順守義務はあるが、水質、大気規制の場合と異なり、規制基準違反に対する直罰制はないが、周辺住民からの苦情等が発生した場合には、地方自治体から企業等への改善勧告等の可能性がある。

・特定工場で、一定規模以上の施設(機械プレスで加圧能力が 980 kN 以上、鍛造機で落下部分の重量が 1 トン以上のハンマー)、かつ常時使用従業員が <u>21 名以上</u>の時、公害防止管理者等の選任と届出が必要である(公害防止組織整備法 3 ～ 5)。

　騒音は感覚公害の一つで、最も苦情が多い公害である。たとえ法的基準以下であっても、周辺との共生上の問題となるため、未然予防が大切である。

・法的には事業者の測定義務はなく、市町村長が測定することになっているが、順守するためには順守状況を確認する必要があり、そのために事業者による測定も必要である。

その他(責務)

市町村へ事前確認・届出書
特定建設作業・適用指定地域(知事へ 7 日前までに)届出
規制基準遵守、<u>建設作業敷地境界にて 85 dB 以下</u>

(参考)
特定施設(施行令別表第 1)

1.　金属加工機	3.　土石用又は鉱物用破砕機、磨砕機、ふるい及び分級機(7.5 kW 以上)
イ)　圧延機械(22.5 kW 以上)	
ロ)　製管機械	4.　織機(原動機を用いるもの)
ハ)　ベンディングマシン(37.5 kw 以上)	5.　建設用資材製造機械(コンクリート、アスファルトプラント)
ニ)　液圧プレス	
ホ)　機械プレス(294 kN 以上)	6.　穀物用製粉機(7.5 kW 以上)
ヘ)　せん断機(3.75 kW 以上)	7.　木材加工機[ドラムバーカー、チッパー 2.25 kW 以上、砕木機、帯のこ盤(製材 15 kW 以上、木工 2.25 kW 以上)、丸のこ盤、かんな盤]
ト)　鍛造機	
チ)　ワイヤーフォーミングマシン	
リ)　ブラスト(密閉式を除く)	8.　抄紙機
ヌ)　タンブラー	9.　印刷機械
ル)　切断機(砥石を用いるもの)	10.　合成樹脂用射出成形機
2.　空気圧縮機及び送風機(7.5 kW 以上)	11.　鋳型造型機

特定建設作業(環境庁告示 16 号)

		規制基準
騒音の大きさ		特定建設作業の場所の敷地の境界線において、85 dB を超える大きさのものでないこと。
作業ができない時間	1 号区域	午後 7 時～午前 7 時
	2 号区域	午後 10 時～午前 6 時
1 日の作業時間	1 号区域	10 時間以内
	2 号区域	14 時間以内
同一場所における作業時間		連続して 6 日以内
日曜・休日における作業		禁　　止

・地域の区分
　1 号区域：指定区域のうち都道府県知事が指定した次の区域
　　①良好な住居の環境を保全するため、静寂の保持を必要とする区域
　　②住居の用に供されているため、静寂の保持を必要とする区域
　　③住居の用に合わせて商業、工業等の用に供されている区域で、相当数の住居が集合しているため、騒音の発生を防止する必要がある区域
　　④学校、病院等の周囲おおむね 80m 以内の区域
　2 号区域：指定地域のうち上記以外の区域

3.2.4.2　振動規制法
目　　的

　事業場における事業活動、建設工事に伴って発生する相当範囲にわたる振動について必要な規制を行うとともに、道路交通振動に係る許容限度を定めること等により、生活環境を保全し、国民の健康の保護に資することを目的とする。

適用と内容

　知事が関係市町村の意見を聞き、指定地域を定める(法 3)。指定地域内の①特定施設を設置する工場または事業場、および②特定建設作業に伴う振動が適用対象である。

・特定施設(工場で著しい振動を発生する一定規模の施設 10 種類)(法 2、令 1)：①金属加工機械(液圧プレス、機械プレス、せん断機、鍛造機、ワイヤーフォーミングマシン)、②圧縮機、③土石用または鉱物用の破砕機、摩砕機、ふるいおよび分級機、④織機、⑤コンクリートブロックマシン、⑥木工加工機(ドラムバーカー、チッパー)、⑦印刷機械、⑧ゴム練用または合成樹脂練用のロール機、⑨合成樹脂用射出成形機、⑩鋳型造型機

国の基準(特定工場において発生する騒音の基準)(則12、別表第2)

区域	昼間	夜間	該当地域
第1種	60～65 dB	55～60 dB	特に静穏を必要とする区域および住居の用に供されているため静穏の保持を必要とする区域
第2種	65～70 dB	60～65 dB	住居、商業、工業の用に供されている区域、主として工業等の用に供されている区域(住民の生活環境保全)

・昼間とは午前5:00～8:00から午後7:00～10:00まで、夜間とは午後7:00～10:00から翌日の午前5:00～8:00までとする。

・特定建設作業(法2、令2)：①くい打機くい抜機、またはくい打抜作業、②鋼球を使用し建築物等を破壊する作業、③舗装破砕機を使用する作業、④ブレーカーを使用する作業(手持式を除く)

　国の基準(特定建設作業に伴って発生する振動に関する基準)：特定建設作業場の境界線において、75 dBを超えない(則11、別表1)。

　住宅地域、住居が相当数集合している地域および学校、病院、図書館等の敷地の約80 m以内は、作業時間(10 h以内)、作業日(日曜日およびその他休日の制限や夜間・深夜作業の制限がある(則別表1)。

留意点

　指定地域内に特定工場等を設置している者は、当該特定工場等に係る規制基準を順守しなければならない。

　特定工場で、一定規模以上の施設(液圧プレスで加圧能力が2,941 kN以上、機械プレスで加圧能力が980 kN以上、鍛造機で落下部分の重量が1トン以上のハンマー)、かつ常時使用従業員が21名以上の時、公害防止管理者等の選任と届出が必要である(公害防止組織整備法3～10)。

　順守義務はあるが、水質、大気規制と違って規制基準違反に達して直罰制はない。騒音規制法と同様に、周辺住民への影響がないところでは規制対象とはならない。

　感覚公害の一つであり、一度苦情が発生すると周辺との共生上、問題となるため、未然防止が重要となる。

・法的には事業者の測定義務はなく、市町村長が測定することになっているが、順守するためには順守状況を確認する必要があり、そのために事業者による測定も必要である。

その他(責務)

　特定建設作業・適用地域では、市町村へ7日前までに事前確認・届出が必要(法14)。

規制基準順守、建設作業敷地境界にて 75 dB 以下。

(参考)
特定施設(施行令別表第 1)

1. 金属加工機	4. 織機(原動機を用いるもの)
イ) 圧延機械(22.5 kW 以上)	5. 建設用資材製造機械
ロ) 製管機械	イ) コンクリートプラント
ハ) ベンディングマシン(3.75 kW 以上)	ロ) アスファルトプラント
ニ) 液圧プレス	6. 穀物用製粉機(7.5 kW 以上)
ホ) 機械プレス(294 kN 以上)	7. 木材加工機械
ヘ) せん断機(3.75 kW 以上)	イ) ドラムバーカー
ト) 鍛造機	ロ) チッパー
チ) ワイヤーフォーミングマシン(37.5 kW 以上)	ハ) 砕木機
リ) ブラスト	ニ) 帯のこ盤
ヌ) スタンブラー	ホ) 丸のこ盤
ル) 切断機	ヘ) かんな盤
2. 空気圧縮機及び送風機(7.5 kW 以上)	8. 抄紙機
3. 土石用又は鉱物用破砕機、摩砕機、ふるい及び分級機(7.5 kW 以上)	9. 印刷機械
	10. 合成樹脂用射出成形機
	11. 鋳型造型機

特定建設作業(施行令別表第 2)

建設工事で著しい振動を発生する政令で定めた 8 種の一定規模以上のもの:①くい打機を使用する作業、②びょう打機を使用する作業、③さく岩機を使用する作業、④空気圧縮機を使用する作業、⑤コンクリートプラントまたはアスファルトプラント、⑥バックホウ(80 kW)を使用する作業、⑦トラクターショベル(70 kW)を使用する作業、⑧ブルドーザ(40 kW 以上)を使用する作業

特定建設作業に伴って発生する振動の規制に関する基準(則別表 1)

項 目		規制基準
振動の大きさ		特定建設作業の場所の敷地の境界線において、75 dB を超える大きさのものでないこと。
作業ができない時間	1号区域	午後 7 時~午前 7 時
	2号区域	午後 10 時~午前 6 時
1 日の作業時間	1号区域	10 時間以内
	2号区域	14 時間以内
同一場所における作業時間		連続して 6 日以内
日曜・休日における作業		禁 止

・地域の区分
　1号区域:指定区域のうち都道府県知事が指定した次の区域
　　①良好な住居の環境を保全するため、静寂の保持を必要とする区域
　　②住居の用に供されているため、静寂の保持を必要とする区域

③住居の用に合わせて商業、工業等の用に供されている区域で、相当数の住居が集合しているため、騒音の発生を防止する必要がある区域

④学校、病院等の周囲おおむね80m以内の区域

2号区域：指定地域のうち上記以外の区域

3.2.4.3　工業用水法

目　的

特定の地域おいて、工業用水の合理的な供給を確保するとともに地下水の水源の確保を図り、もってその地域における工業の健全な発達と地盤の沈下の防止に資することを目的とする。

適用と内容

指定地域内の井戸により地下水を採取して、これを工業（製造業、電気供給業、ガス供給業および熱供給業）の用に供しようとする場合に、この法律の適用を受ける（法2、3）。

温泉用の井戸については、温泉法で規制される。

指定地域：地下水の採取により塩水や汚水等が地下の水源に混入、または地盤沈下している地域（工業用水法・施行令の第1条別記の川崎市、四日市市、尼崎市、西宮市、伊丹市、大阪市、大阪府、名古屋市、南相馬市、愛知県、横浜市、東京都、埼玉県、千葉県、宮城県等）で、地下水の合理的な利用確保の必要がある場合に政令で定める（法3、令1、則4）。

指定地域における工業の用に供する井戸の許可の「技術上の基準」があり、許可申請書（新設／変更時）を都道府県知事に届け出を行う（法7、則3、6）。

　　（参考）

　　井戸：動力を用いて地下水を採取するための施設であつて、揚水機の吐出口の断面積が6cm^2（吐出口が複数の場合は断面積のその合計）を超えるものをいう（法2）。

留意点

都道府県知事は、使用者に対して許可井戸の構造および使用状況に関し報告させることができる。設備管理手順書、操業手順書の整備、同時に許可井戸の設置場所、または使用者の工場に立入、検査をすることができる。

その他（責務）

都道府県政令等による規制の遵守。

3.2.4.4 ビル用水法(建築物用地下水の採取の規制に関する法律)

目　的

　特定の地域内において建築物用地下水の採取について地盤の沈下の防止のため必要な規制を行うことにより、国民の生命及び財産の保護を図り、もって公共の福祉に寄与することを目的とする。

　　(参考)

　　　建築物用地下水：冷房設備、水洗便所、暖房設備、自動車の洗車設備、公衆浴場で浴室床面積合計が 150 m² 超のものに利用する地下水をいう(法2、令1)。

適用と内容

　指定地域内(埼玉県・千葉県・東京都・大阪府の一部地域が対象)の揚水設備により建築物用地下水(冷暖房、水洗便所、洗車設備、公衆浴場の用)を採取しようとする場合に、この法律の適用を受ける(法3①、令2)。

　地下水許可(新設/変更時)申請書(揚水設備の構造図、揚水設備の設置場所を示す図面、他の水源への代替が困難であることを示す書類)を都道府県知事へ届出し、技術的基準に適合していれば許可される(法4、則1、2)。

都道府県知事による水の採取制限等の必要措置、報告、立入検査の権限がある。

留 意 点

　吐出口断面積(複数の場合は断面積の合計)が 6 cm²(1インチ管)を超える揚水設備は許可制であり、採取許可申請が必要である。条例による上乗せ基準があるので確認が必要である(法4、則1)。

その他(責務)

　許可時および廃止時の届出義務。

3.3　製造等の規制

3.3.1　有害物質関係法規制

　化学物質による環境問題の解決に当たっては、今までは製造、使用、廃棄のそれぞれの段階で解決するという手法が政策の中心であった。規制は製造段階の規制(入口規制)と排出段階での規制(出口規制)に大別することができ、製造段階の規制としては、医薬品、農薬、食品添加物、一般工業品に対する薬事法、農薬取締法、食品衛生法、化学物質審査規制法がある。排出段階の規制としては、大気、水、廃棄物として

の排出という環境媒体ごとに大気汚染防止法や水質汚濁防止法、廃掃法等がある。

しかし、これらの手法は、各省庁の所管に応じ、物質のライフスタイルの各段階や、物質が影響を及ぼす環境媒体別に行われるもので、現代生活に密着不可分な多種多様な化学物質による環境問題の解決手法としては限界がある。

現在、国内で原材料や製品等として流通している化学物質は数万種類に上ると言われており、製造業をはじめ、建設業、農業等のあらゆる事業活動において広く利用されている。化学物質は危険、有害である反面、各種の高分子製品、医薬品、農薬等の化学製品へ姿を変えて人類の生活になくてはならないものになっている。生活の中では化学物質の有用性に支えられている面が多いが、一方、使用し廃棄するまでの過程で健康や生態系に環境リスクを与える場合がある。1996年(平成8)に出版されたシーア・コルボーン他による「Our Stolen Future(奪われし未来)」は当時の米国副大統領アル・ゴアが序文を寄せたことで話題を呼んだ著作である。本書は、膨大な科学データを一つ一つ丹念に検証し、野生生物の減少をもたらした最大の原因は外因性内分泌撹乱化学物質(いわゆる環境ホルモン)が後発的な生殖機能障害をもたらしたという仮説を提唱した。さらにそれが野生生物のみならず、人にも男子の精子数の減少等の生殖機能障害を引き起こしている可能性にも言及し、一大センセーションを引き起こした警告の書である。本書で指摘されたいくつかの化学物質について、内分泌撹乱機能を有する、いわゆる環境ホルモン物質であることは証明されているが、すべての物質については確認されているわけでなく、現実にどのような環境影響を引き起こしたかについては、現在も科学的な論争が行われている。

こうしたことから、現在では、被害が発生してからでなく、被害が発生する可能性をどう予防するかというリスク管理の視点が化学物質管理でも検討されることとなった。予防原則とは、科学的解明が完全になされていないとの理由で、環境汚染の防止を先延ばしにしてはならないという考え方である。

日本では、2006年(平成18)4月に「第三次環境基本計画」が閣議決定された。ここでは、化学物質の環境リスクの低減に関する施策として、①化学物質の有害性、曝露に関する情報を収集し、科学的なリスクの評価を推進、②化学物質のライフサイクルにわたる環境リスクの低減や予防的な取組方法の観点に立った効果的で効率的なリスク管理、③リスクコミュニケーションの推進による環境リスクに関する情報への国民にの理解と信頼の向上、④国際的な協調のもとでの国際的な責務の履行と我が国の経験を活かした積極的な貢献、という基本的な考え方に基づいている。

化学物質の取扱いにおける従業員や環境汚染の防止のためには、化学物質管理の基本は、明確にその階層構造を意識して包括的かつ体系的な自主管理を行うことにある。

そして、化学物質の使用中止またはより有害性の低い化学物質や発散しにくい状態への代替は、最も重要で最初に検討すべき階層と見なされている。

化学物質管理の中止または代替は、
① 代替の推進検討についての事業場の意思決定
② 全体的な化学物質の取扱い状況の調査
③ 代替の対象候補の選定と優先順位付け
④ 代替等の実施についての情報(国内外の法規則、代替候補等)収集
⑤ 代替による影響(健康リスク、事業活動)の検討
⑥ 代替ができない場合の曝露抑制対策の検討
⑦ 代替の決定と実施
⑧ 実施結果の評価と記録
⑨ 実施結果の見直し(一定期間ごとの実施結果の評価、代替等の再検討)のステップ

順で実施することが、良好な結果を得るために重要であるとされている。

3.3.1.1 化審法(化学物質の審査及び製造等の規制に関する法律)

目　的

人の健康を損なうおそれ、または動植物の生息もしくは生育に支障を及ぼすおそれがある 化学物質 による環境汚染を防止するため、新規の化学物質の製造または輸入に際し、事前にその化学物質の性状に関して審査する制度を設けるとともに、その有する性状等に応じ、化学物質の製造、輸入、使用等について必要な規制を行うことを目的とする。

(参考)
化学物質：元素または化合物に化学反応を起こさせることにより得られる化合物(放射性物質および次に掲げる物を除く)をいう。

適用と内容

法の適用は、①新規化学物質を製造し、または輸入しようとする者、②一般化学物質、③優先評価化学物質、④監視化学物質、⑤ 第1種特定化学物質 、⑥ 第2種特定化学物質 を製造し、または輸入しようとする者、あるいは⑦ 優先化学物質 、 監視化学物質 、第1種特定化学物質、第2種特定化学物質を業として取り扱う事業者を対象とする。

新規化学物質製造・輸入等への届出(環境省令、経済産業省令、厚生労働省令)、1トン以上の一般化学物質、優先化学物質の製造・輸入、監視化学物質の製造・輸入、第1種、第2種特定化学物質の製造・輸入につての届出(経済産業省)(法3〜6、

令3、5)。

　届出後は、規制の対象となる化学物質であるか否かが判定(事前審査)されるまでは原則として、その新規化学物質の製造・輸入はすることができない(法6)。

　届出については重量(1トン以下)制限以外にも、外国で「規制対象外」物質との通知されたもの、試験研究用途、環境汚染が生じないとして政令で定められた場合(閉鎖系用途、中間物等)の場合には届出は不要である(法3～5、令3)。

　同時に試験研究用の化学物質は、届出対象外、混合物において個々の化学物質における混合物中の重量割合が10%未満の化学物質は届出対象外、自社内で全量消費する化学物質の製造については届出対象外である。

・第1種特定化学物質の例外用途の指定(エッセンシャルユース)として製品の製造に不可欠な場合、技術上の基準および表示義務を満たすことで、例外的に使用を認めるものとして、PFOSについて3用途(①半導体用のレジストの製造、②圧電フィルタ用または高周波に用いる化合物半導体用のエッチング剤の製造、③業務用写真フィルムの製造)を指定している(法25～27、令8)。

　　(参考)
　　第1種特定化学物質：自然的作用による化学的変化を生じにくいものであり、かつ生物の体内に蓄積されやすいものである。継続的に摂取される場合には、人の健康を損なうおそれがあるものであること。継続的に摂取される場合には、高次捕食動物の生息または生育に支障を及ぼすおそれがあるものである(法2、②、令1)。
　　第2種特定化学物質：相当広範な地域の環境において当該化学物質が相当程度残留しているか、または近くその状況に至ることが確実であると見込まれることにより、人の健康に係る被害または生活環境動植物の生息もしくは生育に係る被害を生ずるおそれがあると認められる化学物質で、政令で定めるものをいう(法2、③、令1)。
　　監視化学物質：環境の汚染が生じるおそれがあると見込まれるため、該当するかどうかを判定する必要があると認めるに至つた時は、当該監視化学物質の製造または輸入の事業を営む者に対し、厚生労働省令、経済産業省令、環境省令で定める有害性の調査を行い、その結果を報告すべきことを指示することができるものをいう(法2、④)。
　　優先化学物質：その化学物質に関して得られている知見から見て、有害性要件が明らかであると認められず、その知見およびその製造、輸入等の状況から見て、環境残留性があり、人の健康または生活環境動植物の生息もしくは生育に係る被害を生ずるおそれがないと判断できないため、その評価を優先的に行う必要があると認められる化学物質として厚生労働大臣、経済産業大臣および環境大臣が指定するものを

いう(法2、⑤)。

留意点

　化学物質の管理については、急性毒性、長期毒性、生体毒性等により、本法と同等以上の厳しい規制である毒物及び劇物取締法、覚せい剤取締法、麻薬及び向精神薬取締法、放射線障害防止法、また特定用途に応じた他の規制として食品衛生法、農薬取締法、肥料取締法、飼料安全法、薬事法により規制を受ける。また、労働安全衛生法、農薬取締法、薬事法、有害家庭用品規制法、建築基準法等の規制を受け、排出・ストック汚染については大気汚染防止法、水質汚濁防止法、土壌汚染対策法、廃棄物処理法等により規制を受ける。

・混合物の場合には、個々の化学物質における重量割合が10％以上に限る。また、自社内で全量消費する化学物質の製造については届出対象から除外される。

　　　(参考)

　　　　詳細を知りたい場合には、下記が参考になる。

　　　　・化審法データベース(J-CHECK):http://www.safe.nite.go.jp/kasinn/db/dbtop.html
　　　　・中小企業のための製品含有物質管理実践マニュアル(入門編)：http://www2.chuokai.or.jp/hotinfo/chemical-manual20120814.pdf

その他(責務)

　使用化学物質についてMSDS(SDS)の入手等必要な情報収集を行って、取扱、廃棄、事故時の対処法等を理解し、運用することが求められる。人体に影響を及ぼす物質の代替開発と利用。

　　　(参考)

　　MSDS：Material Safety Data Sheet。化学物質等安全データシートのことで、化学物質や化学物質が含まれる原材料等を安全に取り扱うために必要な情報を記載したもの。2006(平成18)年12月からは、GHSに従って危険有害性が一目でわかるピクトグラム(包装ラベルに示すものと同じもの)を記載することが求められるようになった。

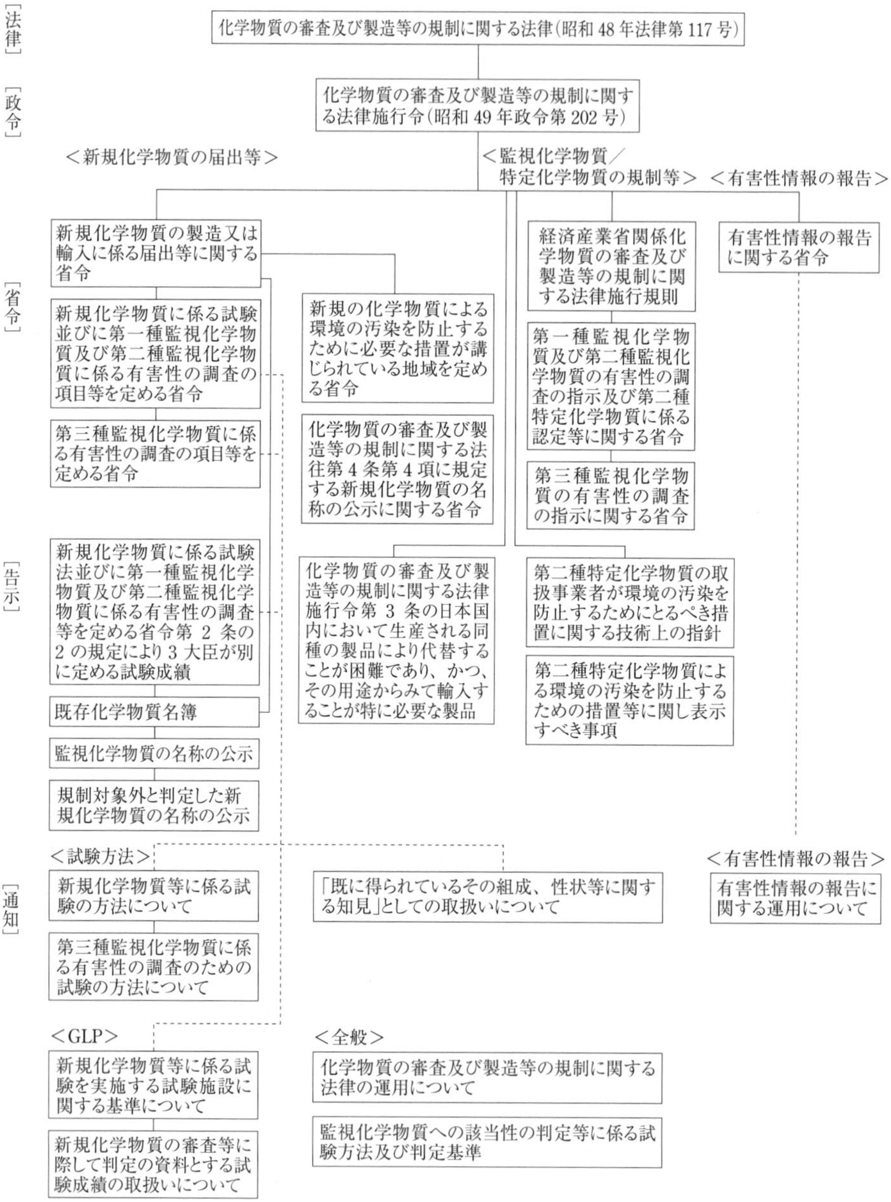

3.3 製造等の規制

[法律] 化学物質の審査及び製造等の規制に関する法律(昭和48年法律第117号)

[政令] 化学物質の審査及び製造等の規制に関する法律施行令(昭和49年政令第202号)

＜新規化学物質の届出等＞

＜監視化学物質／特定化学物質の規制等＞

＜有害性情報の報告＞

[省令]
- 新規化学物質の製造又は輸入に係る届出等に関する省令
- 新規化学物質に係る試験並びに第一種監視化学物質及び第二種監視化学物質に係る有害性の調査の項目等を定める省令
- 第三種監視化学物質に係る有害性の調査の項目等を定める省令
- 新規の化学物質による環境の汚染を防止するために必要な措置が講じられている地域を定める省令
- 化学物質の審査及び製造等の規制に関する法律第4条第4項に規定する新規化学物質の名称の公示に関する省令
- 経済産業省関係化学物質の審査及び製造等の規制に関する法律施行規則
- 第一種監視化学物質及び第二種監視化学物質の有害性の調査の指示及び第二種特定化学物質に係る認定等に関する省令
- 第三種監視化学物質の有害性の調査の指示に関する省令
- 有害性情報の報告に関する省令

[告示]
- 新規化学物質に係る試験法並びに第一種監視化学物質及び第二種監視化学物質に係る有害性の調査等を定める省令第2条の2の規定により3大臣が別に定める試験成績
- 既存化学物質名簿
- 監視化学物質の名称の公示
- 規制対象外と判定した新規化学物質の名称の公示
- 化学物質の審査及び製造等の規制に関する法律施行令第3条の日本国内において生産される同種の製品により代替することが困難であり、かつ、その用途からみて輸入することが特に必要な製品
- 第二種特定化学物質の取扱事業者が環境の汚染を防止するためにとるべき措置に関する技術上の指針
- 第二種特定化学物質による環境の汚染を防止するための措置等に関し表示すべき事項

[通知]

＜試験方法＞
- 新規化学物質等に係る試験の方法について
- 第三種監視化学物質に係る有害性の調査のための試験の方法について

「既に得られているその組成、性状等に関する知見」としての取扱いについて

＜有害性情報の報告＞
- 有害性情報の報告に関する運用について

＜GLP＞
- 新規化学物質等に係る試験を実施する試験施設に関する基準について
- 新規化学物質の審査等に際して判定の資料とする試験成績の取扱いについて

＜全般＞
- 化学物質の審査及び製造等の規制に関する法律の運用について
- 監視化学物質への該当性の判定等に係る試験方法及び判定基準

図-3.1 化審法体系図

□ リスクの高い化学物質による環境汚染の防止を目的
□ 化学物質に関するリスク評価とリスク管理の2本柱

1. リスク評価
・新規化学物質の製造・輸入に際し、①環境中での難分解性、②生物への蓄積性、③人や動植物への毒性の届出を事業者に義務付け、国が審査。
・難分解性・高蓄積性・長期毒性のある物質は第1種特定化学物質に指定。
・難分解性・高蓄積性・毒性不明の既存化学物質は監視化学物質に指定。
・その他の一般化学物質等（上記に該当しない既存化学物質及び審査済みの新規化学物質）については、製造・輸入量や毒性情報等を基にスクリーニング評価を行い、リスクがないとはいえない物質は優先評価化学物質に指定。

2. リスク管理
・リスク評価等の結果、指定された特定化学物質について、性状に応じた製造・輸入・使用に関する規制により管理。

区分	措置
監視化学物質 (38物質)	・製造・輸入の実績の届出 ・有害性調査の指示等を行い、長期毒性が認められれば第1種特定化学物質に指定
優先評価化学物質 (95物質)	・製造・輸入の実績の届出 ・リスク評価を行い、リスクが認められれば、第2種特定化学物質に指定

区分	規制
第1種特定化学物質 (PCB等28物質)	・原則、製造・輸入、使用の事実上の禁止 ・限定的に使用を認める用途について、取扱いに係る技術基準の遵守
第2種特定化学物質 (トリクロロエチレン等23物質)	・製造・輸入の予定及び実績の届出 ・（必要に応じ）製造・輸入量の制限 ・取扱いに係る技術指針の遵守

注：各物質の数は平成24年3月末現在
資料：厚生労働省、経済産業省、環境省

図-3.2 化審法のポイント[環境白書（平成24年版）]

3.3.1.2 PRTR法（化管法）（特定化学物質の環境への排出量の把握及び管理の改善の促進に関する法律）

目　的

特定化学物質の環境への排出量等の把握に関する措置ならびに事業者による特定の化学物質の性状および取扱いに関する情報の提供に関する措置を講ずることにより、事業者による化学物質の自主的な管理の改善を促し、環境の保全上の支障を未然に防止する。

適用と内容

指定化学物質取扱事業者は、第1種指定化学物質、第2種指定化学物質が人の

健康を損なうおそれがあること等を認識し、製造、使用その他の取扱に係る管理を行うように努めること(法4)。

　法の適用条件は、①第1種指定化学物質を年間1トン以上、濃度1%以上の製造または取扱い、②従業員数が21人以上の政令で定める事業者(24業種*)および③特定第1種指定化学物質の濃度0.1%以上の物質、年間0.5トン以上を製造または取り扱う事業者を対象(法2、⑤、令3〜5)とし、事業所ごとの、前年度の排出量と移動量に関する事項を、毎年度(届出期間4月1日〜6月30日)までに事業所所在地の行政機関へ届出および指定化学物質を他の事業者へ譲渡または提供する時はMSDSの交付が義務付けられている(法14)。

　　*　特定用途を規制する他法律によって化学物質による人の健康および生活環境、動植物に係る被害への規制措置を講じることができる場合には除外される。例えば、①食品衛生法の食品、添加物、容器包装、洗剤、②農薬取締法の農薬、肥料取締法の普通肥料、飼料安全法の飼料、飼料添加物、⑤薬事法の医薬品、医薬部外品、化粧品、医療機器等である。

　(参考)

第1種指定化学物質(462物質)：①人の健康を損なうおそれまたは動植物の生息または生育に支障を及ぼすおそれがあるもの、②自然的作用による化学変化により容易に生成する化学物質が①に該当するもの、③オゾン層を破壊し、太陽紫外放射の地表に到達する量を増加させることにより人の健康を損なうおそれがあるもの、のいずれかに該当し、かつ④その有する物理的化学的性状、その製造、使用または生成の状況等から見て、相当広範な地域の環境において当該物質が継続して存すると認められる化学物質として政令(法2、②)で定めるものとされている。排出量の届出およびMSDSの交付が必要である(法5、14)。

第2種指定化学物質(100物質)：MSDS交付が義務付けられているが、<u>PRTR届出の対象ではない</u>。その物理的化学的性状から見て、その製造量または使用量の増加等により、相当広範な地域の環境において当該物質が継続して存することとなることが見込まれる化学物資として、政令で定めるもの(法2、令2)。

留意点

　第1種指定化学物質(ベンゼン、トルエン、ダイオキシン類、トリクロロエチレン、CFC、カドミウムその他化学物質)の排出量および移動量の届出(都道府県知事を経由して国へ届出)を要する。

　排出量の届出違反、報告徴収違反に罰則がある(法24)。

　特定化学物質を他の事業者へ譲渡または提供する時は、相手方に対して物質の性

状または取扱いに関する情報(MSDS)を相手方が承諾した方法で提供すること(法14、①)。JIS Z 7253「GHSに基づく化学品の危険有害性情報の伝達方法―ラベル、作業場内の表示及び安全データシート(SDS)」制定により対応努力義務が課された(法4)。

PRTR該当事業者には移動量等の届出義務があるが、これらは「PRTR排出量等算出マニュアル」(経済産業省、環境省)等により、手順を確認することができる。第1種指定化学物質以外の指定化学物質については、MSDS(SDS)の提供等を義務付けている(法14、①)。

下記で該当物質一覧を確認できる。

(独)製品評価技術基盤機構(NITE):
化学物質排出把握管理促進法……届出書の処理等
NITE-化学物質管理分野化学物質排出把握管理促進法-第一種指定化学物質一覧表
NITE-化学物質管理分野化学物質排出把握管理促進法-第二種指定化学物質一覧表

また、個別物質の該当の有無は、NPO法人有害化学物質削減ネットワークの「PRTR届出データの検索表示」(http://prtr.toxwatch.net/)で確認できる。

その他(責務)

該当事業者は、指定化学物質排出量および移動量の書面、磁気ディスクあるいは電子情報による年間(4月から翌年3月までの間)の移動量等の届出(毎年6月末期限)を都道府県知事に行う。

政令で定める対象業種(24業種*)(施行令3)
金属鉱業、原油及び天然ガス鉱業、製造業、電気業、ガス業、熱供給業、下水道業、鉄道業、倉庫業(農作物の保管又は貯蔵タンクにより気体もしくは液体を貯蔵するものに限る)、石油卸売業、鉄スクラップ業(自動車用エアコンディショナーに封入された物質を回収し、又は自動車の車体に装着された自動車用エアコンディショナーを取り外すものに限る)、自動車卸売業(自動車用エアコンディショナーに封入された物質を回収するものに限る)、燃料小売業、洗濯業、写真業、自動車整備業、機械修理業、商品検査業、計量証明業(一般計量証明業を除く)、一般廃棄物処理業(ごみ処分業に限る)、産業廃棄物処分業(特別管理産業廃棄物処分業を含む)、医療業、高等教育機関(付属施設を含み、人文科学のみに係るものを除く)、自然科学研究所
第1種指定化学物質は、特定業種かつ政令で定める要件に該当する場合には、排出量の把握、届出の責務がある。第2種指定化学物質については、MSDS(SDS)の情報提供および自主的管理の改善、環境保全上の支障を予防することとしている。
MSDS(SDS)については、JIS Z 7253[2012(平成24)年3月]に準拠し、記述内容が標準化され、適合するように記載することが努力義務となった。純物質については2012年6月から、混合物については2015(平成27)年4月から施行される。

・MSDSの基本構成

MSDSの情報伝達として、GHS(The Globally Harmonized System of Classification and Labelling of

Chemicals: 化学品の分類および表示に関する世界調和システム)との整合を図り、JIS Z 7253により行うよう省令で規定している。純物質は2012年6月から混合物は2015年4月から適用となる。MSDSの基本構成としては、1. 化学物質等および会社情報／2. 危険有害性の要約／3. 組成、成分情報／4. 応急措置／5. 火災時の措置／6. 漏出時の措置／7. 取扱いおよび保管上の注意／8. 曝露防止および保護措置／9. 物理的および化学的性質／10. 安定性および反応性／11. 有害性情報／12. 環境影響情報／13. 廃棄上の注意／14. 輸送上の注意／15. 適用法令／16. その他の情報、である。

　PRTRの対象化学物質は、第1種指定化学物質で462物質、第2種指定化学物質で100物質の合計562物質である。ほとんどは1%以上(特定第1種指定化学物質の0.1%以上を除く)を含む場合に対象となる(令4)。化学物質によっては、毒劇法、労働安全衛生法の有機則、特化則、消防法および大気、水質、土壌汚染等の複数の法規制対象になるものがあり、その場合には個別の法規制での要求事項を順守する必要がある。例えば、第1種指定化学物質の462のうち160種以上の物質は他法と重複している。

3.3.1.3 劇毒物取締法
目 的

　毒物および劇物について、保険衛生上の見地から必要な取締りを行うことを目的とする。

適用と内容

　法の適用は、毒物および劇物の①製造業、②輸入業、③販売業、④特定毒物研究者および使用者、⑤麻酔性等および引火性等の毒物および劇物の所持者、⑥上記以外の業務上の取扱者が対象である。

　対象物質は、毒物(水銀、フッ化水素、セレン、ヒ素、シアン化水素、シアン化ナトリウム、四アルキル鉛等28物質)および劇物(アンモニア、水酸化ナトリウム、水酸化カリウム、発煙硫酸、過酸化水素、硝酸、硫酸104物質)、特定毒物(10物質)である(法2)。

　政令で定める事業(電気メッキ事業、金属熱処理事業、大型自動車に搭載して行う毒物及び劇物の運送事業、しろありの防除駆除事業等)を行う者で、業務上シアン化ナトリウムまたは政令で定めるその他の毒物・劇物を取り扱う者は、事業所ごとに専任の毒物劇物取扱責任者(有資格者)を置き、保健衛生上の危害の防止に当たらせ、都道府県知事に届け出なければならない(法7)。

　毒物・劇物の盗難、紛失防止(鍵をかける、柵を設ける等の一般の人が近づけない措置)、製造・取扱所外に飛散、漏れ、流出等の措置、飲食物の容器として通常使用される物の使用禁止、容器に「医薬用外」、毒物は赤字に白で「毒物」、劇物は白地に赤で「劇物」の文字で表示すること(法11～12)。

　貯蔵・保管場所の表示には医薬用外劇毒物あるいは医薬用外劇物の表示をし、白黒表示でも良い。

事故時・保険衛生上の危害が生じるおそれのある時は、保健所、警察署、消防署に届け出るとともに応急措置を講ずる。盗難または紛失した時、直ちに警察署に届出(法22、⑤、法16の2)。

　(参考)
　　毒物：毒劇法別表1に掲げるもので、医薬品および医薬部外品以外をいう。判定基準を大人で換算すると、例えば、誤飲した場合の致死量が2g程度以下のもの。GHSにおける急性毒性区分1または2に相当する。
　　劇物：毒劇法別表2に掲げるもので、医薬品および医薬部外品以外をいう。判定基準を大人で換算すると、例えば、誤飲した場合の致死量が2～20g程度のもの。あるいは刺激性が著しく大きいもの。GHSにおける急性毒性区分3、皮膚腐食性区分1、眼傷害性区分1に相当する。
　　GHS：Globally Harmonized System of Classification and Labelling of Chemicals の略。化学品の分類および表示に関する世界調和システム。化学品の危険性(危険有害性)に関する国際的な危険有害性分類基準と表示方法(ラベルとMSDS)に関するシステムである。
　　毒物劇物取扱責任者：毒劇物について総括的に管理・監督する者。毒物または劇物を直接に取り扱う製造所、営業所または店舗ごとに、専任の毒物劇物取扱責任者を置き、毒物または劇物による保健衛生上の危害の防止に当たらせなければならない。

留意点

　毒劇物の使用については一定の記録(毒物・劇物管理簿、点検表、応急措置手順等)を残すこと(法11、①)。

　貯蔵その他の取扱いについて技術基準が重要で、貯蔵する場所には鍵をかける設備があること。ただし、その場所が性質上鍵をかけることができないものである時には、その周囲に堅固な柵が設けてあること。

　毒劇物は、その他のものと区分して貯蔵できるものであること。

　毒劇物が飛散し、漏れ、しみ出しもしくは流出、または地下にしみ込むおそれのない構造、容器等であること(法11)。

　毒劇物の必要な取締りを行うため、禁止規定、毒劇物表示規定等の違反には罰則がある。

　屋外タンク(貯蔵設備)に関する構造、設備等の基準に合致、タンク充てん量の検知装置、タンク配管の伸縮を吸収し得る措置、見えやすい箇所に毒物または劇物の名称表示、バルブ開閉方向の明示、配管流れ方向の明示、タンク、配管、バルブおよび設備は1日1回以上の点検をすることが求められている。

運搬については、容器の基準、積載方法、同乗者、標識、保護具等の基準に従う必要がある(令 40 の 5、6、則 13 の 2 ～ 7)。

> (参考)
> 　毒劇法には消防法の危険物と異なり、指定数量の考え方はない。したがって、少量(小分けした場合)であっても、「医薬用外毒物あるいは劇物」の表示が必要で、施錠管理や使用記録等の管理を要する。
> 　届出の必要のない業務上取扱者としては、農家の人が農薬を取り扱う場合、病害虫を駆除するために該当する薬品を取り扱う場合、実験のため学校等で毒劇物を試薬として取扱う場合等がある。

・毒劇法別表第 1 で毒物、別表第 2 で劇物、別表第 3 で特定毒物(非常に毒性の強い農薬物質)が参照できる。

その他(責務)

毒劇物による災害防止、MSDS の配布と周知。JIS Z 7253「GHS に基づく化学品の危険有害性情報の伝達方法―ラベル、作業場内の表示及び安全データシート(SDS)」制定(2012.3)により対応努力義務が課された。

・取り扱う薬品に対して、その性質や特性、危険性や有害性、取扱方法等十分な知識と理解が必要である。
・廃棄方法については政令で定める技術上の基準に従わなければ廃棄してはならない。

3.3.1.4　ダイオキシン類対策特別措置法

目　的

ダイオキシン類が人の生命および健康に重大な影響を与えるおそれがある物質であることに鑑み、ダイオキシン類による環境の汚染の防止およびその除去等をするため、ダイオキシン類に関する施策の基本とすべき基準を定めるとともに必要な規制、汚染土壌に係る措置等を定めることにより、国民の健康の保護を図る。

> (参考)
> 　**ダイオキシン類**：ポリ塩化ジベンゾ-パラ-ジオキシン(PCDD)とポリ塩化ジベンゾフラン(PCDF)に加え、同様の毒性を示すコプラナーポリ塩化ビフェニル(コプラナー PCB)と定義している。生殖、脳、免疫系等に対して生じ得る影響が懸念されており、研究が進められているが、日本において日常の生活の中で摂取する量では、急性毒性や発がんのリスクが生じるレベルではないと考えられている。なお、これらの物質は炭素、水素、塩素を含むものが燃焼する工程等で意図せざるものとして

生成される(法2)。

適用と内容

　事業者は、その事業活動を行うに当たっては、これに伴って発生するダイオキシン類による環境の汚染の防止またはその除去等をするために必要な措置を講ずるとともに、国または地方公共団体が実施するダイオキシン類による環境の汚染の防止またはその除去等に関する施策に協力しなければならない(法4)。

　法の適用は、特定施設(法2、令1)(一定規模以上の大気特定施設で、例えば、廃棄物焼却炉等および工場等に設置される施設のうち、ダイオキシン類を発生し、大気中に排出、または汚水もしくは廃液を排出する施設の施行令別表で定める)を設置する工場または事業場である。

　ダイオキシン類：①ポリ塩化ジベンゾ-パラ-ジオキシン(PCDD)、②ポリ塩化ジベンゾフラン(PCDF)、③コポラナ-ポリ塩化ビフェニル(コプラナーPCB)の3物質群を対象とする。

　特定施設を設置・変更しようとする者は、都道府県知事に届け出なければならない(特定施設の種類、構造、使用方法、ガス、汚水等の処理方法)(法12〜14)。

　排出者は、大気基準適用施設の排出口から排出基準に適合しない排出ガス又は水質基準適用事業所の排出口から排出基準に適合しない排出水を排出してはならない(法20、①)。

　適用施設の設置者は毎年1回以上、ダイオキシン類の汚染の状況を測定し、測定結果は都道府県知事に報告する(法28)、都道府県知事は、必要な時、期限を定めて施設の改善等を命じることができる(法22)。

　事業活動に伴って発生するダイオキシン類による汚染の防止に努めること(法4)。

・環境基準(大気汚染、水質汚濁、土壌等に係る環境基準を定める)(環境庁告示第68号、別表)。大気：0.6 pg-TEQ/m³ 以下、水質：1 pg-TEQ/L 以下、水底の低質：150 pg-TEQ/L 以下、土壌：1,000 pg-TEQ/m³ 以下。

・大気排出基準(附則、別表第2)。焼結鉱製造用電気炉、廃棄物焼却炉(4トン/h以上)等：1 ng-TEQ/m³N 以下、製鋼用電気炉、アルミニウム合金製造施設、廃棄物焼却炉(2〜4トン/h)等：5 ng-TEQ/m³N 以下、亜鉛回収施設、廃棄物焼却炉(2トン/h未満)等：10 ng-TEQ/m³N 以下。

・水質排出基準(附則、別表第3)。硫酸パルプの漂白施設、廃棄物焼却炉の廃ガス洗浄施設、湿式集じん施設等：20 pg-TEQ/L 以下。

　　(参考)

　　TEQ：Toxic Equivalency Quantity の略。毒性等量のことで、2,3,7,8-TCDD(2,3,7-テ

トラクロロジベンゾ-1,4-ジオキシン)の毒性を1とした係数［毒性等価係数 TEF (Toxicity Equivalency Factors)］を実測濃度に掛けた数値の合計をいう。

注：n(nano、ナノ)は 10^{-9} で、ng は 10^{-9}g、p(pico、ピコ)は 10^{-12} で、pg は 10^{-12}g のことである。

留意点

　①<u>大気基準適用施設</u>(鉄鋼業焼結施設、亜鉛回収施設、アルミ合金製造施設、廃棄物焼却炉等)または②<u>水質基準適用施設</u>(硫酸パルプまたは亜硫酸パルプ製造用のうち塩素系漂白施設、アルミナ洗浄施設、亜鉛回収施設等)の設置者は毎年1回以上、ダイオキシン類の汚染の状況を規則2条に定める方法により測定しなければならない。廃棄物焼却炉では、併せてばいじん、焼却灰その他燃えガラにつき測定し、測定結果は知事に報告し、知事がとりまとめて公表するものとする(法28、令4)。

その他(責務)

　特定施設を設置している者は、事故が発生し大量にダイオキシン類が排出された時は、直ちに応急措置をとり、速やかに復旧に努め、直ちに知事に報告すること(法23、①、②)。

　特定施設を有する工場では、公害防止管理者(ダイオキシン類関係)および従業員21名以上の時には公害防止統括者を選任し、届出の義務がある(公害防止組織整備法3～5)。

3.3.2　エネルギー関係法規制

　1970年代初めまでの高度成長期には、日本のエネルギー消費は国内総生産(GDP)よりも高い伸び率で増加した。しかし、1973年(昭和48)の第1次石油危機、1979年(昭和54)の第2次石油危機によって原油価格の高騰や石油の供給が不安定になるという問題が生じた。これを受けて、石油依存度の低減を図りエネルギー供給を安定化させるため、石油に代わるエネルギーとして原子力、天然ガス、石炭等の導入を促進させてきた。2011年(平成23)3月に発生した東日本大震災は国内観測史上最大クラスの地震で、大規模な津波を伴って未曾有の大災害を引き起こした。この東日本大震災により電力、都市ガス、石油、LPガス等のエネルギー施設にも大きな被害がもたらされた。特に電力の面では、東京電力福島第一原子力発電所の事故や火力発電所の被災による停止等のため、一時は被災地のみならず、全国規模での電力需給対策が必要となった。東京電力管内では、電力供給不足対策として、計画停電(輪番停電)の実施を余儀なくされた。同時に福島第一原子力発電所は施設・設備の深刻な被害を受け、

大規模な放射能漏れ事故を起こし、放射能物質の外部放出により現在でも周辺住民は避難生活を余儀なくされている。

　これにより、原子力発電所の安全性に対する国民の信頼性は大きく損なわれ、その安全性に対する懸念から全国各地の原子力発電所が停止されている。総合資源エネルギー調査会の基本問題委員会では2011年12月に「新しいエネルギー基本計画策定に向けた論点整理」によって、①需要家の行動様式や社会インフラの変革を視野に入れ省エネルギー・節電対策を抜本的に強化すること、②再生可能エネルギーの開発利用を最大限加速化させること、③天然ガスシフトをはじめ、環境負荷に最大限配慮しながら化石燃料を有効活用すること、④原子力発電の依存度をできる限り低減させること、の4つをエネルギーミックスの基本的方向として挙げている。エネルギー供給源の方策としては再生可能エネルギーがあるが、それらは太陽光、風力、地熱、バイオマス、中小水力等で導入が進められている。それぞれの特徴について解説する。

a. **太陽光発電**　　太陽電池を利用して太陽光を直接電気に変換する発電方式である(図-3.3)。太陽電池は半導体の一種で、光を当てると電気を起こす特性を利用している。光エネルギーを電気に変換する変換効率は、現在の太陽電池では10〜20%程度である。シリコン系の太陽電池は、結晶系と薄膜系に分けられる。多結晶シリコン太陽電池は安価で製造が容易なため、現在、最も多く普及している。日本における太陽光発電の導入可能量については、NEDO、産業技術研究所、環境省等で様々な試算が行われている。導入可能量は、前提条件等によりバラツキが見られるが、2009年時点で、日本の電力会社の発電容量20万3,964 MWに対し、太陽光発電所のポテンシャルは約14%程度であり、今後の導入拡大が期待されている。日本では概ね太平洋側の特に関東以南において日照環境が良いとされている。

b. **風力発電**　　風の運動エネルギーで風車を回し、回転エネルギーで発電機を回し

図-3.3　メガソーラー例(太陽光発電所、川崎市・浮島)

て電気エネルギーに変換するものである(**図-3.4**)。その際、風の運動エネルギーの約40％を電気エネルギーに変換できる。

風車は定格出力により、マイクロ風車(1 kw 未満)、小型風車(1〜50 kw 未満)、中型風車(50〜1,000 kw 未満)、大型風車(1,000 kw 以上)に分けられ、風車の形式、作動原理により種々のものがある。現在の中・大型風車では、水平軸で揚力型の3枚翼プロペラ式が主流である(**図-3.5**)。

図-3.4 風力発電所(愛知県、田原臨界風力発電所)

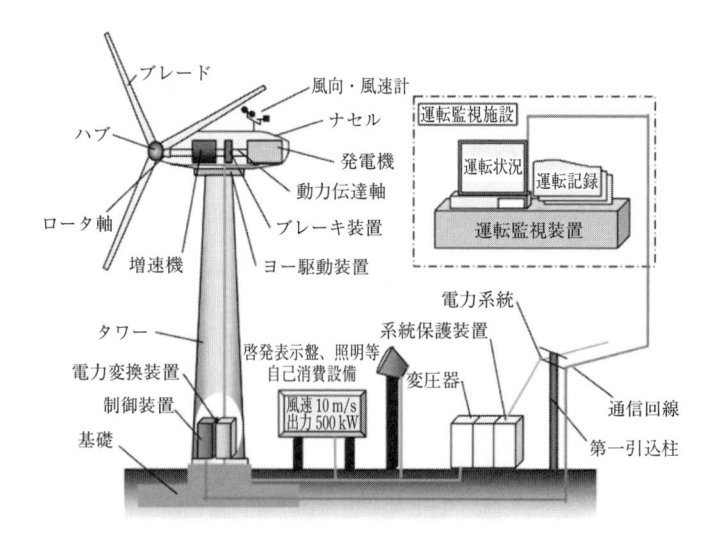

図-3.5 プロペラ式風力発電システム構成例(「NEDO 再生可能エネルギー技術白書」より)

風力発電の経済性を向上させるためには、風況(平均風速、瞬間風速、風向や風速の出現状況等)の良い場所が必要であり、その目安の一つとして、年間風速が7 m/s以上であることが挙げられている。日本では陸上では恵まれた環境は少なく、洋上の風況が優れている。

図-3.6　地熱発電所(八丈島フラッシュ方式)

c. **地熱発電**　火山や温泉等の地域の地下数km～数十kmにあるマグマ溜まりは、約1,000℃の高温で周囲の岩石を熱しているが、その熱によって高温、高圧の地熱貯留槽が形成されている。この地熱貯留層まで生成井と呼ばれる井戸を掘って熱水や蒸気を汲み出し、蒸気タービンを回し発電するものである(**図-3.6**)。

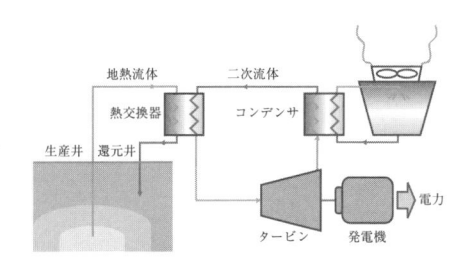

図-3.7　地熱発電(バイナリー式)概念図

地熱発電は、天候に左右されることなく、安定した電力供給が可能な再生可能エネルギーであり、設備利用率も高い(70％程度)特長がある。現在、実用化されている地熱発電方式は、広く用いられているフラッシュ方式と比較的最近実用化されたバイナリー方式(**図-3.7**)がある。日本では、新エネルギーとして指定されている地熱発電はバイナリー方式に限定されている。バイナリー方式では、フラッシュ方式では利用できない低温の熱水や蒸気を活用することができるため、世界的にも需要が高まっている方式である。

日本は世界有数の火山国であり、世界最大級の地熱資源量を有している。しかし、

図-3.8 小水力発電例（長野県、波田水車）

地熱発電所を建設するのに適した地域の多くが国立公園内にあること、温泉泉源の枯渇懸念で反対もあること、建設のための初期コストが高額であること等が制約になり、なお普及には時間を要する段階にある。

d. **中小水力発電**　水力発電の中でも一般的に水を貯めることなくそのまま利用する方式で、中小規模のものをいう（図-3.8）。新エネルギー法で新エネルギーとして指定されているのは、水路式で出力 1,000 kW 以下の水力発電で、RPS（Renewables Portfolio Standard）法の対象となっている。河川維持用水、農業用水、工業用水道等の未利用落差を活用したきわめて小規模な水力発電ではあるが、普及の阻害要因となってきたのには、水利権等に関する手続きの煩雑がある。徐々に緩和されてきているが、小水力発電を十分に促進するには至っていない。水利権に係る手続きが厳格であるのには歴史的経緯があり、緩和した場合の影響について十分に検証される必要がある。しかし、今日の日本の電力をめぐる状況を考慮すれば、小水力発電普及の具体的な便益と費用等の問題点を早急に検討し、これまで行われてきた水利利用手続き等の様々な規制に関して改めて見直すことが求められている。発電のためには、運用やメンテナンス人員が必要であるが、中小火力発電は大規模水力発電に比べて単位出力当たりの人員が多くなると推定される。メンテナンスフリーの追及、操作性の向上や特定技能を持つ資格者を不要とし、地域社会で運用できるシステムを構築することはランニングコスト低減のための解決策の一つである。

e. **バイオマス発電**　利用拡大には、食料との競合、生物多様性、経済性、供給安

図-3.9　NEDO・中外炉の森林バイオマスガス化発電実証試験設備

定性等の多様な課題を克服しながら、段階的に進めることが大切である。バイオマスエネルギーの全体に共通するものでは、バイオマス原料の確保や安定供給、収集・運搬のコスト低減、エネルギー変換効率の向上や低コスト化等が挙げられている。その他、波力発電や海洋温度差発電等のいまだ実用化されていないものも少なくないが、バイオマス発電は、現在、実証プラントが設置され、技術開発が進められている（図-3.9）。

　1970年代までの高度経済成長期において、日本のエネルギー消費は国内総生産よりも高い伸び率で増加した。2度のオイルショックが発生し、エネルギー消費の動向は産業部門では省エネへの取組みが進み、経済成長をしながらも、エネルギー消費をある程度抑制することに貢献している。しかし、民生部門（業務部門、家庭部門）や運輸部門ではエネルギー消費量は増加している。省エネ法は、大型需要家に向けた向けた法規制ではあるが、小規模需要家である一般事業者や一般消費者に対しても広く努力義務として対象としている。東日本大震災以降の原子力発電所稼働の見通しが立たない中で、再生可能エネルギーによる電力需要の増強が図られつつある。しかし、エネルギーの中心は石油、石炭、天然ガス等の化石エネルギーに依存しているため、地球温暖化対策として温室効果ガス（二酸化炭素を含む）の排出抑制に対する見通しは十分でなく、日本の中長期温室効果ガス削減計画は白紙の状態になっている。

　再生可能エネルギー特別措置法に関連するエネルギー源の概要を述べたが、今後エネルギー源として定着し、普及までには開発や経済性合理性に多くの課題を有している。エネルギーの議論では、ヨーロッパを引合いに出した議論も多くなされているが、

国、地域による再生可能エネルギーのポテンシャルや産業構造の差異等の考慮すべき要素も多い。エネルギー政策の基本は、エネルギー・セキュリティ、経済成長、地球温暖化対策の3つのバランスをとりながら、具体的に進めることが大切とされている。日本のエネルギーの現状は混乱の中にあり、余力のないエネルギー事情、エネルギーコストの上昇局面にあることから、従来に増して省エネ法の意義は高いと考えられる。地球温暖化法については、2011年に関連する国連COP17(南アフリカ、ダーバン)においてポスト京都議定書が議論されていたが、未確定要素が多いため日本はこの第2約束期間に参加しないことを表明した。

日本の場合には、火力発電の稼働増加により化石燃料を使用するため、電力消費量は減ってもCO_2の排出量は増加する状況にある。現在は削減目標を示せない状況にあり、各国が自主的な目標達成を目指すことを日本は主張している。

3.3.2.1 省エネ法(エネルギー等の使用の合理化に関する法律)
目　的

　エネルギーをめぐる経済的社会的環境に応じた燃料資源の有効な利用の確保に資するため、工場等、輸送、建築物および機械器具等のエネルギー使用の合理化に関する必要な措置等を講ずることにより国民の健全な発展に寄与することを目的とする。

適用と内容

　すべての事業者は、エネルギー使用の合理化に努めなければならない(法4)。下記特定事業者は、届出および省エネルギー計画の作成や定期報告を義務付ける(法14、15)。

　①特定事業者：年間のエネルギー使用量(原油換算)が1,500 kL以上である事業者、②第1種エネルギー管理指定工場：エネルギー使用量(原油換算)が3,000 kL以上の工場等、③第2種エネルギー管理指定工場：年ルギー使用量(原油換算)が1,500 kL以上3,000 kL未満、④特定連鎖化事業者(フランチャイズチェーン)：年間のエネルギー使用量(原油換算)で1,500 kL以上、⑤特定貨物輸送事業者：鉄道300両、事業用貨物自動車200台、自家用貨物自動車200台、船舶2万総トン以上の保有事業者、⑥特定荷主：貨物輸送量3,000万トンキロ/年間以上の委託者、⑦特定旅客輸送事業者：鉄道300両、事業用貨物自動車200台、自家用貨物自動車200台、船舶2万総トン以上の保有事業者、⑧特定航空輸送業者：輸送能力9,000トン以上、⑨第1種特定建築主：2,000 m^{2}以上の外気と接する屋根等の修繕および全体の1/2以上の修繕、模様替、空調機等の設置、回収等：熱源機器の定格出力300 kW以上等、

⑩第2種特定建築主等：床面積 300 m² 以上の新築、改築、増築、⑪<u>特定機器製造事業者</u>等：政令で定める機械器具の製造または輸入業者、⑫エネルギー供給業者、エネルギー消費機器小売業者(努力義務)を対象とする。

(参考)

<u>特定建築主</u>、<u>特定事業者</u>は<u>エネルギー管理統括者を選任し、エネルギー管理企画推進者(エネルギー管理講習修了者またはエネルギー管理士)を選任し、経済産業大臣に届出すること</u>(法7の2、3)。また、<u>第1種エネルギー管理指定工場ごとにネルギー管理者(エネルギー管理士)の選任と届出が必要である</u>(法13、則11～13)。

特定事業者は、エネルギー合理化目標達成のための省エネルギーに係る設備投資等についての計画を記した中長期計画を作成(エネルギー管理士資格を持つ者を参画させる)し、主務大臣に提出すること(法14)。

特定事業者は3年ごとに指定講習機関(財団法人省エネルギーセンター)等が行う講習会を受けさせること(法18、則11、12)。

<u>特定事業者は、毎年度(前年度の4月1日～3月31日)、工場等におけるエネルギーの使用量、使用状況、設備の設置、改廃状況等省令で定める事項を7月末日までに主務大臣に提出すること(法15)。事業者全体で原単位年平均1%以上低減する(努力目標)</u>。

第1種特定建築物(床面積 2,000 m² 以上)の新築・増改築および大規模修繕をしようとする者は、それぞれの措置内容(熱損失防止、エネルギー効率的利用等)を所管行政庁に届る。第2種特定建築物(床面積 300 m²～2,000 m² 未満)の場合にも上記を準用する。

ただし、定期届出に関しては住宅の場合には適用しない。

・<u>特定機器製造事業者</u>および<u>輸入事業者</u>：特に性能の向上が必要な機械器具を特定し、エネルギー消費性能の判断基準を特定機器ごとに定め、公表する<u>トップランナー方式</u>の機器では、製造または輸入事業者は性能向上に努め(法78)、エネルギー消費効率、省エネ基準達成率に関する表示を行うこと(法80、81)(次表参照)。

特定連鎖化事業者(法19)：①定型的な約款による契約に基づき、特定の商標、商号その他の表示を使用させ、商品の販売または役務の提供に関する方法を指定し、かつ、継続的に経営に関する指導を行う事業であつて、②当該約款に、当該事業に加盟する者(以下「加盟者」という)が設置している工場等におけるエネルギーの使用の条件に関する事項であつて、経済産業省令で定めるものに係る定めがあるものを行う者をいう。例として、小売店舗、ホテル、病院、コンビニエンスストア、ファー

ストフード、ファミリーレストラン、フィトネスクラブ、オフィス・事務所等がある。

トップランナー方式：トップランナーとは、自動車や電気・ガス石油機器(家電・OA機器等)の機器に対して、現在商品化されている製品のうちエネルギー消費効率の最も優れている機器性能を勘案した基準(トップランナー基準)を定め、それらの製造事業者に対して当該基準を達成するようにエネルギー消費効率の向上を義務付け、エネルギー消費量の抑制を図ろうとするものである。

留意点

エネルギーを使用する者に対する努力規定は、<u>工場または事業場</u>、建築物、機械器具に係るエネルギー使用事業者だけでなく、一般の事業者はもちろんのこと、一般消費者等も対象に含まれる。

特定事業者以外であっても準用することが望まれている(法4)。

省エネ法での工場または事業場は一括して工場という。工場には病院、学校、ホテル等も含まれる。

その他(責務)

電気、都市ガス、LPGガス、ガソリン、上記エネルギー使用量原油換算1,500 kL以上で該当。

エネルギー使用状況届出書(7月末まで)、定期報告書、中長期計画書(11月末まで)。

(参考)
特定機器(法78、令21)(トップランナー方式と省エネラベリング)
1. トップランナー基準対象機器
①乗用自動車(ガソリン、ディーゼル)、②エアコンディショナー、③蛍光灯器具、④テレビジョン受信機(液晶TV、プラズマTVを含む)、⑤複写機、⑥電子計算機、⑦磁気ディスク装置、⑧貨物自動車(ガソリン、ディーゼル)、⑨ビデオテープレコーダー、⑩電気冷蔵庫、⑪電気冷凍庫、⑫ストーブ、⑬ガス調理機器、⑭ガス温水機器、⑮石油温水機器、⑯電気便座、⑰自動販売機、⑱変圧器、⑲ジャー炊飯器、⑳電子レンジ、㉑DVDレコーダー、㉒ルーティング機器、㉓スイッチング機器、㉔複合機、㉕プリンター、㉖電気温水機器
2. 省エネラベリング機器
①エアコンディショナー、②蛍光灯器具、③テレビジョン受信機(液晶TV、プラズマTVを含む)、④電気冷蔵庫、⑤電気冷蔵庫、⑥ストーブ、⑦ガス調理機器、⑧ガス温水機器、⑨石油温水機器、⑩電気便座、⑪電気計算機、⑫磁気ディスク装置、⑬変圧器、⑭ビデオテープレコーダー、⑮ジャー炊飯器、⑯電子レンジ、⑰スイッチング機器、⑱ルーティング機器

3.3.2.2 再生可能エネルギー特別措置法(電気事業者による再生可能エネルギー電気の調達に関する特別措置法)

目 的

エネルギー源としての再生可能エネルギー源を利用することが、内外の経済的社会的環境に応じたエネルギーの安定的かつ適切な供給の確保およびエネルギーの供給に係る環境への負荷の低減を図るうえで重要となっていることに鑑み、電気事業者による再生可能エネルギー電気の調達に関し、その価格、期間等について特別の措置を講ずることにより、電気についてエネルギー源としての再生可能エネルギー源の利用を促進し、もって我が国の国際競争力の強化および我が国産業の振興、地域の活性化その他国民経済の健全な発展に寄与することを目的とする(2011年8月成立)。

(参考)

再生可能エネルギー源：再生可能エネルギー源とは、太陽光、風力、水力、地熱、バイオマス(動植物に由来する有機物であってエネルギー源として利用することができるもの)をいう。原油、石油ガス、可燃性天然ガスおよび石炭ならびにこれらから製造される製品を除く(法2)。

適用と内容

太陽光、風力、バイオマス、地熱、中小水力(3万kW未満)による電気を一定期間、固定価格で買い取るよう電力会社に義務付ける制度である。

電気事業者は、特定供給者から、当該再生可能エネルギー電気について特定契約(当該特定供給者に係る認定発電設備に係る調達期間を超えない範囲内の期間にわたり、特定供給者が電気事業者に対し再生可能エネルギー電気を供給することを約し、電気事業者が当該認定発電設備に係る調達価格により再生可能エネルギー電気を調達することを約する契約をいう)の申込みがあった時は、その内容が当該電気事業者の利益を不当に害するおそれがある時その他の経済産業省令で定める正当な理由がある場合を除き、特定契約の締結を拒んではならない(法4、則6)。

新規参入を増やし、現状では国内総発電量の1%にとどまる再生エネルギーの導入促進につなげる。

一方で、買取り費用は電力会社の電気料金に転嫁され、消費者の負担増を招く側面もある。期間や買取り価格についてはエネルギーごとに定められた。

留意点

再生可能エネルギーによる発電事業は、主に①企画・立案、②立地調査、③資源量調査、④基本設計、⑤実施設計、⑥各種許認可申請・取得、⑦発注、⑧建設工事、

⑨試運転、⑩事業開始という流れで進められる。電気事業法上の手続きと電力会社との協議を行い、系統連係に向けた準備が必要である（法6）。太陽光発電の場合は用地取得や転用手続き、風力発電の場合には売電先の確保、適地確保、小水力発電の場合には水利権の調整、バイオマス発電の場合には資源調達先確保や産業廃棄物処理に係る手続き、地熱発電の場合には官公庁・自治体、地元との調整や環境影響評価等が挙げられる。開発上の留意点を理解したうえで、開発に取り組む必要がある。

その他（責務）

電気事業者へ買い取り制度（FiT）が義務付けられているが、「電気の円滑な供給に支障が生じるおそれがある時」を例外としている。電力の変動量を一定に抑えるため、他の電源との調整等によって変動を「ならす」必要がある。

> （参考）
> FiT：Feed-in Tariff の略。固定価格買取り制度のことで、主に再生可能エネルギー（もしくは、日本における新エネルギー）の普及拡大と価格低減の目的で用いられる。設備導入時に一定期間の助成水準が法的に保証されるほか、生産コストの変化や技術の発達段階に応じて助成水準を柔軟に調節できる制度である。

3.3.2.3　地球温暖化対策法（地球温暖化対策の推進に関する法律）

目　的

地球温暖化が地球全体の環境に深刻な影響を及ぼすものであり、気候系に対して危険な人為的干渉を及ぼすこととならない水準において大気中の温室効果ガスの濃度を安定化させ地球温暖化を防止することが人類共通の課題であり、すべての者が自主的かつ積極的にこの課題に取組むことが重要であることに鑑み、地球温暖化に関し、京都議定書目標達成計画を策定するとともに、社会経済活動その他の活動による温室効果ガスの排出の抑制等を促進するための措置等を講ずること等により、地球温暖化対策の推進を図り、もって現在および将来の国民の健康で文化的な生活の確保に寄与するとともに人類の福祉に貢献することを目的とする。

> （参考）
> 地球温暖化：人の活動に伴って発生する温室効果ガスが大気中の温室効果ガス濃度を増加させることにより、地球全体として地表および大気の温度が追加的に上昇する現象をいう（法2）。
> 温室効果ガス：具体的な規制対象とされる温室効果ガスは二酸化炭素（CO_2)、一酸化二窒素（N_2O)、メタン（CH_4)、ハイドロフルオロカーボン（HFC)、パーフルオロ

カーボン(PFC)、六フッ化硫黄(SF_6)の6物質である(法2、令1、2)。

適用と内容

　事業者は、その事業活動に関し、温室効果ガスの排出の抑制等のための措置を講ずるように努めるとともに、国および地方公共団体が実施する温室効果ガスの排出の抑制等のための施策に協力しなければならない(法5)。

　法律の適用は、①すべての事業者における原油換算エネルギー使用量の合計量が1,500 kL/年以上の特定排出者および特定事業所(連鎖化事業者を含む)。②常用従業者が21名以上、かつエネルギー起源以外からの温室効果ガスの種類ごとの排出量がCO_2換算で3,000トン/年以上の特定排出者が対象となる。

　上記、特定排出者および特定事業所は、毎年度排出した温室効果ガス排出量に関し、事業所管大臣に報告する(毎年6月末まで)(法21の2、令5)。

　特定排出者は、事業に用いる設備について、温室効果ガスの排出抑制等の技術進歩その他の状況に応じ、設備の選択等排出量を少なくするように努めなければならない(法20の5)。

　また、特定排出者は、国民が日常生活で利用する製品または役務の製造、輸入、販売、提供を行う際に、利用に伴う温室効果ガスの排出が少ないものの製造等を行うとともに、利用に伴う排出に関する正確、適切な情報の提供に努めなければならない(法21の11)。

　　(参考)

　　原油換算エネルギー使用量：燃料、熱、電気ごとの年間使用量を集計し、使用量に燃料、熱および電気の換算係数を乗じて、各々の熱量[GJ(ギガジュール)]を求め、1年度間の合計使用熱量(GJ)に、0.0258[原油換算係数(kL/GJ)]を乗じて、1年度間のエネルギー使用量(原油換算値)を求めることができる。

　　1年度間のエネルギー使用量1,500 kLの目安として、事業所の立地条件(所在地等)や施設の構成(例えば、ホテルの場合ではシティホテルとビジネスホテル、病院では総合病院と療養病院)等によってエネルギーの使用量は異なるが、一般的な目安として例示すると、下記が該当する。

　　小売店舗(延べ床面積)約3万m^2程度、オフィス・事務所(電力使用量)約600万kWh/年程度、ホテル(客室数)300〜400室程度、病院(病床数)500〜600床程度、コンビニエンスストア(店舗数)30〜40店舗程度、ファーストフード店(店舗数)25店舗程度、ファミリーレストラン(店舗数)15店舗程度、フィットネスクラブ(店舗数)8店舗程度、である。

　　・関連する算定割当量の管理法人、口座開設を受けようとする法人も法の適用対象

　　　　に含まれる(法32)。
- **連鎖化事業者**：定型的な約款による契約に基づき、特定の商標、商号その他の表示を使用させ、商品の販売、役務の提供に関する方法を指定し、継続的に経営指導を行う事業にあって、当該約款に、当該事業に加盟する者(加盟者という)が設置している事業所における温室効果ガスの排出に関する事項であって主務省令で定める者(フランチャイズチェーン)をいう。
- **温室効果ガス排出量**：温室効果ガスである物質ごとに政令で定める方法により算定される当該物質の排出量に当該物質の地球温暖化係数(GWP：Global Warming Potential)を乗じて得た量の合計量をいう。温対法施行令では、各温室効果ガスの地球温暖化係数[()内]は、CO_2(1)、N_2O(310)、HFC(11,700)、PFC(6,500)、SF_6(23,900)等としている(令4)。
- **エネルギー起源以外**：燃料の燃焼に伴って発生・排出する二酸化炭素(エネルギー起源CO_2)の他に、廃棄物の焼却・埋立処分に伴って発生する二酸化炭素、メタン、一酸化二窒素、下水処理施設やし尿処理施設における排水処理に伴って発生するメタン、一酸化二窒素、水田から排出されるメタンや各種代替フロン類等があり、エネルギー起源以外の要因を非エネルギー起源と表現している。

留意点

　特定排出者から、省エネ法の規定による報告があった時は、二酸化炭素の排出量に係る事項に関する部分は、エネルギー起源CO_2の排出についての報告と見なされる。

　温室効果ガスの排出抑制に資する設備の使用や製造、輸入、販売に当たって排出量の少ない製造に努める(法5)。

　本法は京都議定書の目標達成計画の一環として交付された。

　規制的なものではなく。責務規定(努力義務)となっている。

その他(責務)

　温室効果ガス抑制措置、自治体施策への協力。
- 東京都や埼玉県では環境確保条例に基づき、独自に==キャップ&トレード==方式の排出量取引制度をスタートさせるなど、自治体が温暖化対策を強化している。
  - (参考)
    - **キャップ&トレード**：排出枠(温室効果ガスを排出することのできる上限量)の交付総量を設定し、個々の事業者に排出枠を割り当てる制度。同時に、各主体間での排出枠の取引等を通じて、自らの排出量と同量の排出枠を確保することにより、削減義務を達成したと見なす制度。

(参考)

電気の使用に伴う CO_2 の算定に当たり、国が公表する電気事業者ごとの排出係数を用いて算出する。同表中の算出係数を用いて算出できない場合は代替値として 0.00055 を用いる。

・購入電気の CO_2 排出量(トン-CO_2) = 電気使用量(kWh) × 排出係数(トン-CO_2/kWh) = 電気使用量(千kWh) × 排出係数(千トン-CO_2/千kWh)

・購入電気の原油換算エネルギー使用量(kL) = 電気使用量(千kWh) × エネルギー換算係数(9.97 GJ/千kWh) × 原油換算係数(0.0258 kL/GJ)で求められる。

例えば、年間 600 万 kWh の電気使用量(昼間)である場合には、

CO_2 排出量 = 6,000 千 kWh × 0.00055(千トン-CO_2/千kWh) ≒ 3 千トン-CO_2/年

原油換算エネルギー使用量 = 6,000 千 kWh × 9.97 GJ/千kWh × 0.0258 kL/GJ ≒ 1,500 kL/年

したがって、年間 6,000 千 kWh の電気使用量がある場合には、原油換算で年間 1,500 kL になり、CO_2 換算でも 3,000 トン-CO_2 になるため、地球温暖化あるいは省エネルギー法の該当組織になることが理解できる。

燃料、他ガスについても同様に確認することができる。

・温室効果ガス排出量 = 活動量 × 排出係数

活動量：生産量、使用量、焼却量等、排出活動の規模を表す指標

排出係数：活動量当たりの排出係数(電気事業者別排出係数を除く)

温室効果ガス排出量算定・報告マニュアル(http://ghg-santeikohyo.env.go.jp/calc)を参照すれば、算定方法および排出係数の一覧を確認できる。

3.3.3 防災・作業環境・組織体制整備関係法規制

化学工場における爆発等が最近でも頻繁に発生している。このような爆発火災事故が起きると、建物、機械設備等の固定資産の喪失や破損、原料、製品、仕掛品等の棚卸資産の毀損、残存物の撤去費用、使用者に人的被害が発生した場合の労働災害補償、近隣に被害が及んだ場合の阻害賠償や見舞金、生産停止に伴う売上高減少、製品の供給継続のための代替品調達、その他の風評被害、マーケットシェアの喪失等、企業の経営に与える損失は計り知れない。さらに、周辺住民への燃焼ガス飛散による環境影響等は甚大である。

これらは、熟練技術者の大量退職による技術伝承の不足、設備管理・保全業務のアウトソーシング化、生産ラインの省力化や高度なシステム化、設備の経年劣化による老朽化、メンテナンスコストの削減等が原因とされることが多い。

消防法は、1948 年(昭和 23)の戦後間もなく、消防行政の基準法として制定され、その後、1960 年(昭和 35)に危険物の規制体系が整備、1971 年(昭和 46)に危険物の製造所等の技術上の基準が強化された。その後、多くの改正で保安対策の充実が図られ、1988 年(昭和 63)に国連勧告を取り入れて危険物の分類、危険物の定義明確化、製造所等の許可取消し、危険物保安監督者等の解任命令を定め、ほぼ現在の消防法が定め

られた。目的は、火災を予防し、警戒、鎮圧し国民の生命、身体、財産を火災より保護すると共に、火災または地震等の災害による被害の軽減を目的とし消防用設備等の設置、維持を定め、消防設備士等の設置、変更、整備、点検に当たらせるように定めている法律である。

高圧ガス保安法は、1997年(平成9)4月に高圧ガス取締法から技術進歩への適切な対応、国際整合性の推進(圧力単位をSI単位系へ統一)のため改正された。高圧ガスによる災害を防止するため、高圧ガスの製造、貯蔵、販売、移動その他取扱い、消費、そして容器の製造、取扱い等を広範囲に規制しており、高圧ガスを取り扱う場合、種々の規制を受ける。

労働基準法は、労働災害の防止のための危害防止基準の確立、責任体制の明確化、自主的活動の促進の措置を講ずるなど、その防止に関する計画的な対策を推進することにより職場における労働者の安全と健康を確保し、快適な職場環境の形成と促進を目的とする法律である。

労働者の安全と衛生については、かつては労働基準法に規定があったが、これらの規定を分離独立させ、1972年(昭和47)6月に労働安全衛生法が作られた。したがって、本法と労働基準法とは一体としての関係にある。事業者は、単にこの法律で定める労働災害の防止のための最低基準を守るだけでなく、快適な職場環境の実現と労働条件の改善を通じて職場における労働者の安全と健康を確保するようにしなければならない。労働安全衛生法の要求事項は多くある。例えば、①事業者は、国が実施する労働災害の防止に関する施策に協力するようにしなければならない、②機械、器具その他の設備を設計、製造、もしくは輸入する者、原材料を製造、もしくは輸入する者、または建設物を建設、もしくは設計する者は、これらの物の設計、製造、輸入または建設に際しては、これらの物が使用されることによる労働災害の発生の防止に資するように努めなければならない、③建設工事の注文者等で仕事を他人に請負わせる者は、施工方法、工期等について、安全で衛生的な作業の遂行を損なうおそれのある条件を附さないように配慮しなければならない、などがある。事業者のみならず、設計者や注文者等についても一定の責務を課している。さらに、④労働者は、労働災害を防止するため必要な事項を守るほか、事業者その他の関係者が実施する労働災害の防止に関する措置に協力するように努めなければならない、などがある。

公害防止に関する法律や環境に関する法律は、毎年のように改正され、新しい情報の入手は、工場や企業における公害防止管理者等(公害防止統括者、公害防止主任管理者)にとって不可欠なものである。

一方、環境データの改竄や法令違反等の不祥事も多く発生し、環境法令遵守の軽視

が見られる。特定工場における公害防止組織の整備に関する法律に基づき、特定工場に公害防止に関する専門的知識を有する人的組織の設置を義務付けるものである。公害防止組織は、基本的には、公害防止統括者、公害防止主任管理者、公害防止管理者の3つの職種で構成されるが、法施行令で定める規模により異なる。特に特定工場において、公害防止管理者は燃料や原材料の検査、騒音や振動の発生施設の配置の改善、排出水や地下浸透水の汚染状態の測定の実施、煤煙の量や特定粉塵の濃度の測定の実施、排出ガスや排出水に含まれるダイオキシン類の量の測定の実施等の業務を管理する者としての役割を担っている。

3.3.3.1 消防法
目　的

　火災を予防し、警戒しおよび鎮圧し、国民の生命、身体および財産を火災から保護するとともに、火災または地震等の災害による被害を軽減し、もって安寧秩序を保持し、社会公共の福祉の増進に資することを目的とする。

適用と内容

　法の適用は、①指定数量以上の危険物を貯蔵し、または取り扱う者(法10)、②消防法に規定する危険物を運搬する者(法16)、③消防活動阻害物質、指定可燃物を貯蔵し、または取り扱う者(法9の3)が対象で、④指定数量未満の危険物及び指定可燃物の貯蔵及び取扱いは市町村条例で適用を受ける(法9の4)。

　航空機、船舶、鉄道、および軌道車両自体による危険物の貯蔵、取扱い、運搬は消防法の適用を受けない(法16の9)。

　危険物の製造所、貯蔵所の所有者等は、危険物の製造所、貯蔵所を設置・変更しようとする時は、市町村長等の許可を受けなければならない。そして、完成検査を受け、製造所等の位置、構造および設備が政令で定める技術上の基準に適合していると認められた後でなければ使用してはならない(法11、法11の2〜5)。

　製造所、貯蔵所には危険物の類、品名、貯蔵最大数量、取扱最大数量、指定数量の倍数を表示する。屋内貯蔵所、地下貯蔵所等、危険物保安監督者を定めるものは氏名およびその職名を表示する。危険物の種類に応じて、表示は、白地の板(幅0.3 m、長さ0.6 m以上)に黒色の文字で見やすい箇所に表示する。危険物の種類に応じて禁水、火気注意、火気厳禁等の掲示を行う。

　製造所等において、貯蔵または取り扱う危険物の品名、数量または指定数量の倍数を変更しようとする者は、変更の10日前までに市町村長等に届け出なければならない(法11の4)。

同一事業所において政令で定める製造所等で、政令に定める数量以上の危険物を貯蔵し、または取り扱う者は、危険物保安統括管理者を定め、市町村長等へ届け出なければならない。また、当該事業所には自衛消防組織を置かなければならない(法14の4)。

　政令等で定める製造所等の所有者等は、危険物保安監督者(危険物取扱者の資格所有者で6か月以上の実務経験者)を選任し、市町村長等へ届け出なければならない。また、危険物施設保安員も定め、危険物取扱者(有資格者)以外の者は、甲種または乙種危険物取扱者が立ち会わなければ、危険物を取り扱つてはならない(法13)。

・危険物の運搬は、その容器、積載方法および運搬方法について政令で定める技術上の基準に従ってしなければならない。危険物の移送は、危険物取扱者(危険物取扱者免状を携帯)を乗車させて行わなければならない。

・指定数量1/10以上は混載禁止の類別制限がある。

消防法による危険物の分類と指定数量(法2、10、11の4、別表第1)

類別	性　質	指定数量	類別	性　質	指定数量
1類	1種酸化性固体	50 kg	4類	特殊引火物	50 L
	2種酸化性固体	300 kg		第1石油類(非水溶性)	200 L
	3種酸化性固体	1,000 kg		第1石油類(水溶性)	400 L
				アルコール類	400 L
				第2石油類(非水溶性)	1,000 L
				第2石油類(水溶性)	2,000 L
				第3石油類(非水溶性)	2,000 L
				第3石油類(水溶性)	4,000 L
				第4石油類	6,000 L
				動植物油	10,000 L
2類	硫化リン・赤リン・硫黄	100 kg	5類	1種自己反応物質	10 kg
	1種可燃性固体	100 kg		2種自己反応物質	100 kg
	鉄粉	500 kg			
	2種可燃性固体	500 kg			
	引火性固体	1,000 kg			
3類	K、Na、アルキルAl 黄リン	10 kg	6類	酸化性液体	300 kg
	1種自然発火／禁水物質	10 kg			
	2種自然発火／禁水物質	50 kg			
	3種自然発火／禁水物質	300 kg			

＊ 引火点 1石：21℃未満、2石：21℃以上70℃未満、3石：70℃以上200℃未満、4石：200℃以上250℃未満指定数量の1/5以上の危険物および指定可燃物の少量危険物の貯蔵取扱をする場合は、あらかじめ所轄消防長等への届出が必要。ただし、高圧ガス保安法で届出している場合は不要である。

指定可燃物(法9の3)

綿花類	200 kg	再生資源燃料	1,000 kg	可燃性液体類	2 m³
木毛およびかんな屑	400kg	可燃性固体等	3,000 kg	木材加工品及び木屑	10 m³
ぼろ及び紙くず類	1,000 kg	石炭・木炭類	10,000 kg	合成樹脂(発泡)	20 m³
				合成樹脂(その他)	3,000 kg

一定数量以上の消防活動阻害物質を貯蔵し、または取り扱う場合は、あらかじめ所轄消防長への届出が必要(法9の3)

圧縮アセチレンガス　　40 kg 無水硫酸　　200 kg 液化石油ガス　　300 kg 生石灰(CaO80%以上含有)　500 kg	HCN、NaCN、Hg、Se、As、HF、モノフルオール、酢酸　　30 kg NH_3、HCℓ、H_2SO_4、Br_2、I_2、クロロメチル、クロロホルム、クロルスルホン酸、ブロムメチル等　　200 kg

(参考)
指定数量：危険物についてその危険性を勘案して政令で定める数量をいう。指定数量の異なる危険物を同一場所で保管または取り扱う場合は、それぞれの危険物の数量を当該経験物の指定数量で除し、その商の和が1以上となる時、それらの危険物の量は指定数量と見なされる(法10)。
少量危険物：指定数量の1/5以上で指定数量未満の危険物をいう。
消防活動阻害物質：火災予防または消防活動に重大な支障を生ずるおそれのある物質で政令に定めるものをいう(法9の4)。

留意点
　危険物の規制は、危険物の貯蔵・取扱いの規制と運搬の規制に分かれている。貯蔵・取扱いの規制は、指定数量以上の危険物については消防法による規制で、指定数量未満の危険物や指定可燃物については市町村条例の火災予防条例による規制で行うものとされている。
　貯蔵所、取扱所等の作業は危険物取扱者が自ら行うか、取扱者の立会が必要である。危険物取扱者は都道府県知事あるいは市町村長等が行う危険物の取扱作業等の保安に関する保安講習を3年ごとに受講しなければならない(法13の23)。

危険物の運搬(タンクローリー)については、消防法上は危険物の貯蔵施設として捉えられ、危険物施設としての規制を受ける。危険物取扱者(危険物取扱者免状を携帯)が乗車しなくてはならない。

製造所等からの漏出、命令違反等に罰則がある。<u>危険物取扱者</u>は都道府県知事・市町村等が行う危険物の取扱作業等に関する<u>保安講習を 3 年ごとに受講</u>しなければならない(法 13 の 23)。

航空機、船舶、鉄道または軌道による危険物の貯蔵、取扱いまたは運搬には適用しない(法 16 の 9)。航空法、船舶法、鉄道営業法、軌道法の規定に従うためである。

その他(責務)

指定可燃物貯蔵取扱届出書、技術上の基準遵守(貯蔵・取扱い)。

少量危険物保管届出(指定可燃物の表示、境界の明示、流出防止措置)。

消火設備設置および維持管理。

消防法に定める危険物の代表例

類別	性質	品名例	指定数量
第一類	第 1 種酸化性固体	塩素酸ナトリウム、亜塩素酸ナトリウム、臭素酸ナトリウム、過酸化バリウム、硝酸アンモニウム、亜硝酸ナトリウム	50 kg
	第 2 種酸化性固体	亜硝酸ナトリウム、過マンガン酸ナトリウム トリクロロイソシアヌル酸、さらし粉	300 kg
	第 3 種酸化性固体	リン硝安カリ、硝酸鉄、硝酸アルミニウム ペルオキソ二硫化酸カリウム、亜塩素酸カリウム	1,000 kg
第二類	―	硫化りん、五硫化りん、七硫化りん、石りん、硫黄	100 kg
	―	鉄粉	500 kg
	第 1 種可燃性固体	アルミニウム(200 メッシュ以下)、亜鉛(200 メッシュ以下)、スタンプ粉マンガン(325 メッシュ以下)、マグネシウム(80～120 メッシュ)	100 kg
	第二種可燃性固体		500 kg
	引火性固体	固形アルコール、S-トリオキサン、ゴムのり 2－1 ジメチル－1－1 プロパノール	1,000 kg
第三類	―	カリウム、ナトリウム、アルキルアルミニウムアルキルリチウム	10 kg
	―	黄リン	20 kg
	第一種自然発火性物質及び禁水物質	リチウム(粉末)、リン化石灰(固状)、水素化ナトリウム	10 kg
	第二種自然発火性物質及び禁水物質	バリウム、カルシウム(粒状)、水素化リチウム 水素化カルシウム、トリクロロシラン	50 kg
	第三種自然発火性物質及び禁水物質	ホウ素酸化ナトリウム	300 kg

第四類	特殊引火物	ジエチルエーテル、二硫化炭素、アセトアルデヒド、酸化プロピレン、ペンタン	50 L
	第一石油類（非水溶性液体）	ガソリン、ベンゼン、トルエン、酢酸エチル、メチルエチルケトン、石油ベンジン、アクリロニトリル	200 L
	（水溶性液体）	アセトン、ピリジン、アセトニトリル、ジエチルアミン、アクロレン	400 L
	アルコール類	メチルアルコール、エチルアルコール、イソプロピルアルコール、プロピルアルコール	400 L
	第二石油類（非水溶性液体）	灯油、軽油、キシレン	1,000 L
	（水溶性液体）	ギ酸、酢酸、アクリル酸	2,000 L
	第三石油類（非水溶性液体）	重油、クレオソート油、アニリン、ニトロベンゼン、	2,000 L
	（水溶性液体）	グリセリン、エチレングリコール、酪酸	4,000 L
	第四石油類	ギヤー油、シリンダー油、タービン油、マシン油、セバチン酸ジオクチル、フタル酸ジオクチル	6,000 L
	動植物油類	ヤシ油、ゴマ油、アマニ油、オリーブ油、大豆油	10,000 L
第五類	第一種自己反応性物質	過酸化ベンゾイル、ニトログルセリン、ピクリン酸、硝酸メチル、ニトロセルロース、トリニトロトルエン、ジアゾニトロフェノール、硝酸エチル、ニトロメタン、メチルエチルケトンパーオキサイド	10 kg
	第二種自己反応性物質	硝酸ヒドラジン、硝酸グアニジン、アジ化ナトリウム、硫酸ヒドロキシルアミン、ジアゾニトロフェノール、塩酸ヒドロキシルアミン	100 kg
第六類	―	過塩素酸、過酸化水素、硝酸、発煙硝酸、三フッ化臭素、五フッ化臭素、フッ化塩素、五フッ化よう素	300 kg

（参考）
　酸化剤である第1類と第6類の化学物質は他の類の化学物質と同じ場所に保管しないこと。また第3類と5類の化学物質は、加熱、衝撃、摩擦等により爆発する可能性を秘めているため、取扱いに注意が必要である。
　収容人員が一定数以上の事業所等＊においては、消防計画を作成し、防火管理者の所轄消防署長に届出・作成義務がある。
・例：特養ホーム収容人員10名以上、店舗等収容人員30名以上、<u>事務所等収容人員50名以上</u>、学校、病院、百貨店、高層建築物、等
　自衛消防組織、避難通路、避難口、消防用設備の点検、通報連絡、防火管理者の選任・所轄消防署への届出、火災訓練、避難誘導等。
　消防設備・警報設備：外観点検および機能点検　6カ月ごと、総合試験1年ごと。

　防火管理者の責務は、<u>消防計画の作成</u>、火災・避難訓練の実施、消防用設備等の点検・整備、火気の使用または取扱いに関する監督、避難または防火管理上必要な構造(階段・通路等)および

設備(防火戸等)の維持管理、収容人員の管理、その他防火管理上必要な業務である。

　消防計画の作成：防火管理者は、管理権原者(建物の所有者・事業所の代表者等)の指示を受けて消防計画を作成して消防署長へ届出をしなければならない。この消防計画の記載内容については、消防法施行規則第3条において、概ねの記載事項について定められているが、具体的な記載内容は、事業所の規模、用途、業態によりそれぞれ異なる。消防計画を作成する場合には、形式にとらわれず作成した消防計画の主旨および内容について、誰にでも容易に理解できるように考慮した記載内容としなければならない。小規模な対象物の場合には、下記の項目を網羅することが必要である。

1. 設備・機器等の点検および担当者
2. 日常における火災予防上の遵守事項
3. 火災発生時の役割分担
4. 火災発生時の活動要領
5. 警戒宣言発令時の活動要領
6. 地震発生時の活動要領
7. 教育・訓練(地震対策を含む)

・消防法は、基本的事項を規定しており、技術基準や行政手続の細目等を政省令、市町村条例に委任している。市町村の火災予防条例等においては、消防法に基づく規定のみならず、上乗せ、横出し等を規定する場合がある。

(参考)
　同一の場所で2つ以上危険物を貯蔵し、または取り扱う場合は、貯蔵または取り扱うそれぞれの危険物の数量をそれぞれの危険物の指定数量で割り算した数値の合計がその場所で貯蔵し、または取り扱う危険物の指定数量になる。

　　(Aの取扱量／Aの指定数量)＋(Bの取扱量／Bの指定数量)＋(Cの取扱量／Cの指定数量)
　　＝指定数量の倍数

例えば、同一の貯蔵所で次の複数危険物を取り扱っている場合

　　エチルアルコール20 L：1本(指定数量：アルコール類400 L)、ガソリン20 L缶：5本(指定数量：第1石油類・非水溶性200 L)、灯油200 Lドラム缶：3本(指定数量：第2石油類・非水溶性1,000 L)を保管

　　(エチルアルコールの使用量／エチルアルコールの指定数量)＋(ガソリンの使用量／ガソリンの指定数量)＋(灯油の使用量／灯油の指定数量)＝20／(400)＋(20×5)／(200)＋(200×3)／1,000＝1.15

で指定数量の1を超えることから、消防法の規制の対象になる。

　消防法の規制対象である場合には、貯蔵所、取扱所の届出、火災予防のための予防規程の制定、施設の構造等の技術上の基準に従うこと、危険物の保安監督者の選任・届出、定期点検の実施、記録の保存等、一定の要件を満たす必要が生じる。

3.3.3.2　高圧ガス保安法

目　　的

　高圧ガスによる災害を防止するため、高圧ガスの製造、貯蔵、販売、移動その他の取扱いおよび消費者ならびに容器の製造および取扱いを規制するとともに、民間事業者、高圧ガス保安協会による高圧ガスの保安に関する自主的な活動を促進し、

もって公共の安全を確保することを目的とする。

(参考)

高圧ガス：①常温で1MPa以上の圧縮ガス、②常温で0.2MPa以上の圧縮アセチレンガス、③常温において0.2MPa以上の液化ガス、④35℃において圧力が0MPaを超える液化シアン化水素、液化ブロムメチル、液化酸化エチレンをいう。

適用と内容

法の適用は、高圧ガス、特定高圧ガス、特殊高圧ガス、第一種ガスであって、製造、輸入、貯蔵、販売、移動、消費、廃棄の各段階および容器の製造、取扱いを対象としている。製造者では製造量により、第1種製造者、第2種製造者、貯蔵者では貯蔵量により、第1種貯蔵所、第2種貯蔵所に分類している。

- 製造者の規制(第1種、第2種製造者)：知事への許可(法5)、施設の基準維持(法11、12)、定期保安検査・自主検査(1回／年)(法35、35の2)、危害予防規定(法26)、特定責任者の選任、保安教育等(法27、27の2)
- 貯蔵者の規制(第1種貯蔵所、第2種貯蔵所)：知事への届出(法16、17の2)、施設の基準維持(法18)、危害予防規定(法26)、保安責任者の選任、保安教育等(法27、27の2)
- 消費の規制(法定数量以上)：知事への届出、取扱主任者の選任、届出、定期自主検査、保安教育等

(参考)

特定高圧ガス：特殊高圧ガスおよび相当の量を貯蔵して消費する際に公共の安全を維持し、災害の発生を防止するための特別に注意を要するものとして、圧縮水素300 m^3 以上、圧縮天然ガス300 m^3 以上、液化酸素、液化アンモニア、液化石油ガス3トン以上、液化塩素1トン以上を対象としている(法24の2、令7、②)。

特殊高圧ガス：消費の際に災害の発生を防止するために特別の注意を要するものとして、モノシラン、ホスフィン、セレン化水素、モノゲルマン、ジシランの圧縮ガスおよび液化ガスを対象とし、数量に関係なく規制を受ける(令7)。

第一種ガス：窒素、ヘリウム、アルゴン等の不活性ガスを対象とする(令3)。

留意点

法定量未満の高圧ガスあるいはこれ以外のガスで可燃性ガス、毒性ガス、酸素および空気を消費するものは、一般高圧ガス保安規則第60条(充填容器の転倒防止、作業員の適切操作、ガス漏洩・爆発防止措置、バルブ損傷防止、異常有無の点検等)による基準で規制される。

その他(責務)

　高圧ガスによる災害防止を目的とする趣旨から、法定以下のガス取扱いについても、自主的な定期検査や保安教育等が望ましい。

3.3.3.3　労働安全衛生法
目　　的

　労働基準法と相まって、労働災害の防止のために公害防止基準の確立、責任体制の明確化、自主的活動の促進の措置等総合的な対策を推進することにより職場の労働者の安全と健康の確保と快適な職場環境の形成を促進することを目的とする。

適用と内容

　法の適用は、労働者が働く職場、作業に使用する機械、設備等、職場に存在する、または作業に使用する危険物や有害物に対してであり、規模の大小を問わないため該当あれば順守が必要となる。

- 事業者は労働安全衛生法で定める労働災害防止のための最低条件を守ることや快適な作業環境、労働条件の改善、国が実施する労働災害の防止に関する施策への協力、機械・器具使用による労働災害防止に資するように努める。建設工事の注文者等仕事を他人に請け負わせる者は、施工方法、工期等について、安全で衛生的な作業の遂行を損なうおそれのある条件を附さないように配慮しなければならない(法3)。
- 労働安全衛生法施行令の改正(平成18年9月)により石綿および0.1%を超えて含有するすべての物に製造、輸入、譲渡、提供、使用が全面禁止となった。黄リンマッチ、ベンジジン、ベンジジンを含有する製剤およびその他の労働者に重度の健康障害を生ずるものを製造し、輸入、譲渡、提供または使用についても、試験研究等の用途以外については規制された(令2)。
- 関連する法規制には以下がある。

　労働安全衛生規則、事務所衛生基準規則、有機則(有機溶剤中毒予防規則)、特化則(特定化学物質障害予防規則)、石綿則(石綿障害予防規則)、クレーン等安全規則、ボイラー及び圧力容器安全規則、高気圧作業安全規則、酸素欠乏症等防止規則、粉じん障害防止規則、電離放射線障害防止規則、鉛中毒予防規則、四アルキル鉛中毒予防規則、作業環境測定法

- 安全委員会：常時使用する労働者が50人以上の事業場で、次の業種：林業、鉱業、建設業、製造業の一部、運送業の一部、自動車整備業、機械修理業、清掃業等(法17、令8)。

- 衛生委員会：常時使用する労働者が50人以上の事業場（全業種）（法18、令9）。
- 安全委員会および衛生委員会の両方を設置しなければならない時は、それぞれの委員会の設置に代えて、安全衛生委員会を設置することができる。安全衛生委員会は1回／月の開催および議事録の作成、3年間の保管が必要である（法19、則23、①、④）。
- 安全衛生教育：雇入れ時および作業内容変更時の教育および危険有害業務従事者への教育、教育内容の記録と3年間の保存（法59、60、則36、38）。
- 健康診断：雇入れ時および定期健康診断（法66）。
- JIS Z 7253「GHSに基づく化学品の危険有害性情報の伝達方法―ラベル、作業場内の表示及び安全データシート（SDS）」制定により対応努力義務が課された（法57の2、法101）。

　　（参考）

鉛中毒予防規則：局所排気装置の設置および定期自主検査、鉛作業主任者選任、特殊健康診断の実施および労働基準監督署への結果報告。

有機溶剤中毒予防規則（有機則）：局所排気／全体換気装置および定期自主検査、有機溶剤作業主任者選任、作業環境測定、特殊健康診断の実施および労働基準監督署への結果報告。

特定化学物質等障害予防規則：特定化学作業主任者選任、局所排気装置の設置、洗浄設備、定期自主検査（1回／年）、特殊健康診断の実施および労働基準監督署への結果報告、作業環境測定（6ヶ月ごと）。

毒物及び劇物取締法：盗難防止措置、毒劇物取扱責任者の選任、貯蔵場所の表示、盗難紛失時の届出。

石綿障害予防規則：石綿等の除去作業、石綿作業主任者選任、作業計画、特別教育の実施、作業環境測定および評価、健康診断、保護具（防塵マスク、作業衣または保護衣）着用。

ボイラー及び圧力容器安全規則：所轄労働基準監督署へのボイラー設置届、ボイラー取扱作業主任者（ボイラー技士免許）選任、定期自主検査。（燃焼設備、自動制御装置、付属設備の損傷有無、漏れ等、1回／月）。

クレーン等安全規則：定期自主検（荷重試験等）1回／年、定期自主検査（巻き上げ防止装置、その他安全装置、過負荷警報装置、ブレーキおよびクラッチの異常有無、ワイヤロープおよびつりチェーンの異常有無等1回／月）。

酸素欠乏症等防止規則：酸素欠乏（空気中の酸素の濃度が18％未満）危険作業（ずい道ボーリング作業、ボイラー、タンク、反応塔、船倉等の内部作業等）酸素欠乏危険

作業主任者選任、保護具の使用(酸素呼吸器または送気マスク)、濃度測定(作業開始の都度)。

事務所衛生基準規則：一酸化炭素 10 ppm 以下、二酸化炭素 1,000 ppm 以下、空調のある場合：17～28℃、湿度 70% 以下、照明等：精密作業で 300 ルクス以上、普通作業で 150 ルクス以上、粗な作業で 70 ルクス以上等。

留意点

・多くの内容を含んでいるため、詳細の確認は「労働安全衛生法令要覧」等で確認を要する。作業主任者や技能講習、免許試験等について必要な作業を特定すること(法 14、令 6)。

・<u>必要資格</u>としては、例えばボイラー技士、ボイラー整備士、X 線作業主任者、γ線透過写真撮影作業主任者、クレーン運転士免許、デリック運転士免許、潜水士免許、プレス機械作業主任者、型わく支保工の組立作業主任者、有機溶剤作業主任者技能講習、ガス溶接技能講習、フォークリフト運転技能講習、車両系機械運転技能講習、高所作業車運転技能講習、玉掛技能講習等々がある。

<u>特別教育関係</u>としては、研削といし取替え、アーク溶接、小型ボイラー運転、産業用ロボット教示等作業、建設用リフト運転業務、酸素欠乏危険場所における作業、特定粉じん作業等がある。

・<u>作業主任者を選任すべき作業</u>(令 6)としては、ボイラー取扱作業、金属溶接作業、X 線作業、プレス機械作業、有機溶剤取扱等作業、特定化学物質等の取扱作業、石綿等に係る作業、型枠支保工の組立または解体の作業、ずい道等の掘削作業、コンクリート破砕作業、足場の組立作業、建築物等の鉄骨組立作業、等々がある。

・労働安全衛生法では、一部の危険・有害業務について、作業者の中から、それらを統括する立場の作業主任者を選任することを義務付けている。この場合、作業者なら特別教育すら不要だが作業主任者には技能講習以上を課すもの(第一種圧力容器、鉛、有機溶剤等)、作業者に特別教育以上を課し作業主任者には技能講習以上を課すもの(ボイラー、酸素欠乏・硫化水素等)、作業者に技能講習以上を課し作業主任者には免許を課すもの(ガス溶接)等々、業務の種別により必要とされる資格のレベルが異なる場合がある。詳細は個別の規則で確認が必要である。

・<u>定期自主検査(令 15)</u>を行うべき機械等としては、ボイラー、フォークリフト、つり上げ荷重が 3 トン以上のクレーン、プレス機械、局所排気装置、除じん装置、排ガス処理及び排液処理装置、活線作業用装置・器具、特定化学設備、等々がある。

・<u>作業環境測定を行うべき作業場</u>(令 21)としては、粉じん、暑熱、寒冷、多湿、

騒音発生の屋内作業場、中央管理方式空調の事務所、放射線業務、アスベスト、鉛、特定化学物質、有機溶剤、酸素欠乏場所等である。

その他（責務）
- 事業者に労働安全衛生法で定める労働災害防止のための最低条件を守る、快適な作業環境を実現する、労働条件を改善することなどを要求している（法3）。
  労働者は、労働災害を防止するため必要な事項を守るほか、事業者その他の関係者が実施する労働災害の防止に関する措置に協力するように努めなければならない（法5）。
- 事業者は、雇入れ時に安全又は衛生のための教育、作業変更時にも同様に教育を行うこと、危険または有害業務につかせる従事者には特別教育を行うこと（法59、60の2、令20）。
- 有機溶剤中毒予防規則：有機作業主任者の選任、作業環境測定（6ヶ月に1回）の実施、局所排気装置等の設置、定期自主検査、特殊健康診断（6ヶ月に1回）の実施および結果報告、保護具の着用等。
- 作業場の濃度測定結果の評価結果が第Ⅰ管理区分に区分された時、あるいは発散防止抑制措置を講じた場合に、所轄労働基準監督署長の許可を受けて、局所排気装置を設けないことができる。

　　（参考）
　　労働基準監督署：労働基準法に定められた監督行政機関として、最低労働基準の遵守について事業者等を監督することを主たる業務とする機関である。その他、労働災害防止の指導や、労働者災害補償保険の給付、労働保険（労働者災害補償保険および雇用保険の総称）の適用および労働保険料等の徴収、未払賃金の立替払事業に関する認定等を行っている

　　（参考）
- 総括安全管理者の選任については建設業、林業、鉱業、運送業、清掃業の場合には従業員100人以上、製造業、電気業、ガス業、熱供給業、水道業、通信業、各種商品卸売業、家具・建具・什器等卸売業及び小売業、各種商品小売業、燃料小売業、旅館業、ゴルフ場業、自動車整備業、機械修理業の場合には従業員300人以上、その他の業種の場合には従業員1,000人以上で選任を要する。

事業場で選任すべき管理者等

	事業場の労働者数	総括安全管理者	安全管理者	衛生管理者	産業医	安全衛生推進者
1	300人以上	○*	○	○	○	—
2	50人以上300人未満	—	○	○	○	—
3	10人以上50人未満	—	—	—	—	○

総括安全管理者の資格要件及び職務(法10、令2、則2)

当該事業場において、その事業の実施を実質的統括管理する権限および責任を有する者(工場長等)が資格要件であり、職務は安全管理者、衛生管理者等に指揮するとともに、次の業務を統括管理することとされている。

ア 労働者の危険または健康障害を防止するための措置に関すること。
イ 労働者の安全または衛生のための教育の実施に関すること。
ウ 健康診断の実施その他健康の保持増進のための措置に関すること。
エ 労働災害の原因の調査および再発防止対策に関すること。
オ その他労働災害を防止するため必要な業務。
・安全衛生に関する方針の表明に関すること。
・危険性または有害性等に調査およびその結果に基づき講ずる措置に関すること。
・安全衛生計画の作成、実施、評価および改善に関すること。

安全管理者の資格要件及び職務(法11、令3、則5)

(1) 厚生労働大臣の定める研修を修了した者で、次のいずれかに該当する者。
ア 大学の理科系の課程を卒業し、その後2年以上産業安全の実務を経験した者。
イ 高等学校等の理科系の課程を卒業し、その後4年以上産業安全の実務を経験した者。
ウ その他厚生労働大臣が定める者(理科系統以外の大学を卒業後4年以上、同高等学校を卒業後6年以上産業安全の実務を経験した者、7年以上産業安全の実務を経験した者等)

(2) 労働安全コンサルタント(法11、82、則3)

安全管理者の職務は主に次の業務を行うことになっている。
ア 建設物、設備、作業場所または作業方法に危険がある場合における応急措置または適当な防止の措置
イ 安全装置、保護具その他危険防止のための設備・器具の定期的点検
ウ 作業の安全についての教育およ及び訓練
エ 発生した災害原因の調査および対策の検討
オ 消防および避難の訓練
カ 作業主任者その他安全に関する補助者の監督
キ 安全に関する資料の作成、収集および重要事項の記録等。

衛生管理者の資格要件及び職務(法12、令4、則7〜11)

・衛生管理者免許試験(第1種・第2種)に合格した者
・医師、労働衛生コンサルタント、保健師、薬剤師等
・衛生工学衛生管理者
・大学または高等専門学校において、工学または理学に関する課程を修めて卒業した者等で、一定の講習を修了した者等

衛生管理者の職務は、主に次の業務を行ことになっている。
ア 健康に異常のある者の発見および措置
イ 作業環境の衛生上の調査
ウ 作業条件、施設等の衛生上の改善
エ 労働衛生保護具、救急用具等の点検および整備
オ 衛生教育、健康相談その他労働者の健康保持に必要な事項
カ 労働者の負傷および疾病、それによる死亡、欠勤および移動に関する統計の作成
キ 衛生日誌の記載等職務上の記録の整備等。

定期巡視：少なくとも毎週1回作業場を巡視し、設備、作業方法または衛生状態に有害のおそれがある時に、直ちに、労働者の健康障害を防止するため必要な措置を講じなければならない。

産業医の資格要件及び職務(法13、令5、則14、15)
医師であって、次のいずれかの要件を備えた者
 ア　厚生労働大臣の定める研修(日本医師会の産業医学基礎研修、産業医科大学の産業医学基本講座)の修了者
 イ　労働衛生コンサルタント試験に合格した者で、その試験区分が保健衛生である者
 ウ　大学において労働衛生に関する科目を担当する教授、助教授または常勤講師の経験のある者
 エ　平成10年9月末時点において、産業医としての経験が3年以上である者
(経過措置)
 産業医の職務は、主に次の事項を行うこととされている。
 ア　健康診断および面接指導等の実施並びにこれらの結果に基づく労働者の健康を保持するための措置に関すること
 イ　作業環境の維持管理に関すること
 ウ　作業の管理に関すること
 エ　労働者の健康管理に関すること
 オ　健康教育、健康相談その他労働者の健康の保持増進を図るための措置に関すること
 カ　衛生教育に関すること
 キ　労働者の健康障害の原因の調査および再発防止のための措置に関すること
 勧告等：労働者の健康を確保するため必要があると認める時は、事業者に対し、労働者の健康管理等について必要な勧告をすることができる。また、労働者の健康障害の防止に関して、総括安全衛生管理者に対する勧告または衛生管理者に対する指導、助言をすることができる。
 定期巡視：少なくとも毎月1回作業場を巡視し、作業方法または衛生状態に有害のおそれがある時に、直ちに、労働者の健康障害を防止するため必要な措置を講じなければならない。

安全衛生推進者の資格要件及び職務(法12の2、則12の2)
 安全衛生管理者は、以下の資格を有する者のうちから、原則としてその事業場に専属の者を選任しなければならない。ただし、労働安全コンサルタント・労働衛生コンサルタントから選任する場合は専属の者でなくてもよい。
 ア　大学又は高等専門学校卒業後に1年以上安全衛生の実務に従事している者
 イ　高等学校又は中等教育学校卒業後に3年以上安全衛生の実務に従事している者
 ウ　5年以上安全衛生の実務に従事している者
 エ　都道府県労働局長の登録を受けた者が行う講習を修了した者(安全衛生推進者養成講習・衛生推進者養成講習)
 オ　安全管理者および衛生管理者・労働安全コンサルタント・労働衛生コンサルタントの資格を有する者
 ＊　ア〜ウに該当する者は、既に資格要件を満たしているので、安全衛生推進者養成講習ではなく、「安全衛生推進者能力向上教育(初任時)」を受講すればよい。
 安全衛生推進者の職務として、総括安全衛生管理者が総括管理することとされている業務を担当させなければならない。具体的には以下のとおりである。
 ア　労働者の危険または健康障害を防止するための措置に関すること
 イ　労働者の安全または衛生のための教育の実施に関すること
 ウ　健康診断の実施その他健康の保持増進のための措置に関すること
 エ　労働災害の原因の調査および再発防止対策に関することである。

3.3.3.4 公害防止組織整備法(特定工場における公害防止組織の整備に関する法律)

目 的

　公害防止統括者等の制度を設けることにより、特定工場における公害防止組織の整備を図り、もって公害の防止に資することを目的とする。

適用と内容

　特定工場における公害防止組織の設置の義務付けられている工場で、下表の4業種のいずれかに属し、かつ下表の施設のいずれかを設置している工場が対象である(法2、令1)。

業　種	施　設
製造業	ばい煙発生施設
電気供給業	特定粉じん施設
ガス供給業	一般粉じん施設
熱供給業	汚水排出施設
	騒音発生施設
	振動発生施設
	ダイオキシン類発生施設

・公害防止組織は、「一定規模以上の特定工場」と「その他の特定工場」に大別され、次の3つの職種で構成される。

　① 公害防止統括者(法3)：工場の公害防止に関する業務を統括・管理する役割を担う。

　　工場長等の職責にある方が適任で、資格は不要である。

　② 公害防止主任管理者(法5、令9、則8の2)：公害防止統括者を補佐し、公害防止管理者を指揮する役割を担う。

　　部長また課長にある方が想定されており、資格を必要とする。

　③ 公害防止管理者(法4)：公害発生施設又は公害防止施設の運転、維持、管理、燃料、原材料の検査等を行う役割を担う。施設の直接の責任者が想定されており、資格を必要とする。

・一定規模以上とは、大気関係の場合では、有害物質発生施設で、ばい煙発生量が4万 m^3/h 以上の工場、水質関係では有害物質排出施設で、排出水量1日当たり平均1万 $m^3/$日以上等をいう。

・公害防止管理者は公害発生施設ごとに選任しなければならない。公害防止管理者の選任・退任した場合、所在地の都道府県知事に30日以内に届出が必要である(法4)。

公害防止管理者の種類

大気関係公害防止管理者

有資格者の種類	大気関係有害物質発生施設(注)		大気関係有害物質発生施設以外	
	排出ガス4万m³以上	排出ガス4万m³未満	排出ガス4万m³以上	排出ガス4万m³未満
大気関係第1種	○	○	○	○
大気関係第2種	×	○	×	○
大気関係第3種	×	×	○	○
大気関係第4種	×	×	×	×

注) カドミウム・その他化合物、塩素・塩化水素、ふっ素、ふっか化水素・ふっ化ケイ素、鉛化合物を含むばい

＊必要資格の種類は試験科目数の差異で第1種は6科目〜第4種は4科目

水質関係公害防止管理者

有資格者の種類	大気関係有害物質発生施設(注)		大気関係有害物質発生施設以外	
	排出水量1万m³/日以上	排出ガス1万m³/日未満 又は特定地下浸透水を浸透させている場合	排出水量1万m³/日以上	排出ガス1万m³/日未満
大気関係第1種	○	○	○	○
大気関係第2種	×	○	×	○
大気関係第3種	×	×	○	○
大気関係第4種	×	×	×	×

注) 特定工場における公害防止組織の整備に関する法律施行令別表第1を参照

＊必要資格の種類は試験科目数の差異で第1種は5科目〜第4種は3科目

その他公害防止管理者

公害防止管理者の区分	有資格者の種類	公害発生施設の区分
騒音関係公害防止管理者	騒音関係有資格者	①機械プレス(呼び加圧能力980 kN以上に限る) ②鍛造機(落下部分の重量1トン以上のハンターに限る)
特定粉じん(石錦)関係公害防止管理者	気関係第1〜4有資格者 特定扮じん関係有資格者	大気汚染防止法施行令別表第2の2に掲げる施設
一般粉じん(石綿以外)関係公害防止管理者	大気関係第1〜4有資格者 特定紛じん関係有資格者 一般紛じん関係有資格者	大気汚染防止法施行令別表第2に掲げる施設

振動関係公害防止管理者	振動関係有資格者	①液圧プレス(呼び加圧能力294 kN以上に限る) ②機械プレス(呼び加圧能力2941 kN以上に限る) ③鍛造機(落下部分の重量1トン以上のハンマーに限る)
ダイオキシン類関係公害防止管理者	ダイオキシン類関係有資格者	ダイオキシン類対策特別措置法施行令別表第1第1号～第4号及び別表第2第1号～第14号

留意点

　公害防止主任管理者は、一定規模以上の特定工場に選任が義務付けられており該当しなければ適用対象外である。

　また、常時使用する従業員数が20人以下の特定工場では公害防止統括者は不要である(法3)。

　該当設備がなく特定工場でなければ適用対象外である。

その他(責務)

　公害防止管理者は、公害発生施設または公害防止施設の運転、維持、管理、燃料、原材料の検査等を行う役割を担う。施設の直接の責任者が想定されており、資格を必要とする。

3.4 廃棄・リサイクル等の規制

3.4.1 廃棄物関係法規制

　廃棄物とは、一般には"ごみ"といわれているもので、法律上は「不要物」と定義されている。不要物の該当は、その性状、排出状況、取扱い形態、取引価値の有無、事業者の意思等を総合的に勘案して決められる。廃棄物に該当した場合には、その種類が規定され廃棄物を発生させた事業者が処理責任を負う「産業廃棄物」と自治体が処理責任を負う「一般廃棄物」に分類される。廃棄物は不適正に処理されると、深刻な環境汚染を生じさせることから収集運搬、中間処理、最終処理に対する許可制度を導入している。処理業者が適正な処理能力を有し、許可要件違反があれば罰則を受ける。

　経済成長や国民生活の向上に伴い廃棄物が大量に排出される一方で、廃棄物の排出

抑制、減量そして再利用が十分に進んでいない状況にあるためである。他方、廃棄物を適正に処理するために必要な最終処分場等の廃棄物処理施設については、近年の廃棄物処理に対する住民の不安や不信感の高まりを背景として、その確保が非常に困難になっている。

産業廃棄物の最終処分場の残余年数は最終処分量の減少等により、やや改善傾向にあるが、相変わらず厳しい状況にある。他方、一般廃棄物、産業廃棄物を問わず不法投棄等の不適正処理が後を絶たず、その解決が早急に求められている。このような傾向が続けば、将来、廃棄物の適正処理のみならず、国民生活や経済活動に支障をきたすのが必然である。

こうした状態を踏まえて、平成12年(2000)6月の廃棄物の処理及び清掃に関する法律(廃棄物処理法)の大改正により、産業廃棄物の排出事業者に対する処理責任の強化等が行われた。また、平成15年(2003)から平成17年(2005)にかけて連続して法改正を行い、不法投棄防止対策や産業廃棄物処理業者に対する規制強化の一方で、リサイクル等の促進のための制度や優良な産業廃棄物処理業者の評価制度の創設等が行われた。さらに、平成18年(2006)2月には、今後、大量に発生すると考えられるアスベスト廃棄物の無害化処理促進のための法改正、平成19年(2007)10月には廃棄物の区分の政令等の改正が行われた。産業廃棄物の排出者である事業者には廃棄物の削減を含め、率先して循環型社会システムの形成に参加することが求められている。廃棄物処理法は昭和45年(1970)の公布以来、既に46回の改正が行われており、改正頻度が高い法規制の一つである。

3.4.1.1 循環型社会形成推進基本法
目　　的

環境基本法の基本理念にのっとり、循環型社会の形成について基本原則を定め、国、地方公共団体、事業者、および国民の責務を明らかにするとともに、循環型社会形成推進基本計画の策定、その他循環型社会の形成に関する施策の基本となる事項を定めることにより、循環型社会の形成に関する施策を総合的かつ計画的に推進し、もって現在および将来の国民の健康で文化的な生活の確保に寄与することを目的とする。

　　　(参考)
　　　循環型社会：製品等が廃棄物となることが抑制され、製品等が循環型資源となった場合は適正な循環的利用が促進され、循環的利用が行われない循環資源については適正な処分が確保され、これにより天然資源の消費を抑制し、環境への負荷をできる

限り低減される社会をいう(法2)。

適用と内容

　循環型社会の形成は、これに関する行動がその技術的および経済的な可能性を踏まえつつ自主的かつ積極的に行われるようになることによって、環境への負荷の少ない健全な経済の発展を図りながら、持続的に発展することができる社会の実現が推進されることを旨として、行われなければならない(法3)。

　国、地方公共団体、事業者、国民を対象とする。

　廃棄物の減量やリサイクルの促進によって、循環型社会の形成を促進するため、①発生抑制(Reduce)⇒②再使用(Reuse)⇒③リサイクル(Recycle)の3Rの優先順位に従って行う。また、再利用、再生利用できないものは、④熱回収⇒⑤適正処分(埋立て等)を行うことが法制化された(法7)。

　　(参考)
　　再使用：循環資源を製品としてそのまま使用すること。循環資源の全部または一部を部品その他製品の一部として使用すること。
　　再生利用：循環資源の全部または一部を原材料として利用すること。
　　熱回収：循環資源であって燃焼に利用できるもの、またはその可能性のあるものを熱の取得に利用すること(法2)。

留意点

　事業者は基本原則にのっとり事業活動を行う責務が定められた。

　循環資源を自らの責任で適正に処分(排出者責任)、および製品、容器等の設計の工夫、引取り、適正な循環的利用(拡大生産者責任)。具体的には各種リサイクル法等の個別法で規制される(法11)。

　有価、無価を問わず廃棄物等のうち、「有用なもの」を循環資源と位置付け、その利用を促進するというねらいを込めている。

　　(参考)
　　排出者責任：廃棄物等を排出する者が、その廃棄物等のリサイクルや適正な処理について責任を負うべきであるという考え方である。
　　拡大生産者責任：製品の生産者等が、生産した製品が使用され、廃棄された後においても、その製品のリサイクルや適正な処分についても一定の責任を負うべきであるという考え方である。

その他(責務)

　原材料等が事業活動からの廃棄物となることを抑制し、循環資源となったものは自ら循環的な利用を行う。利用できないものは自らの責任で適正に処分をすること

(法11)。事業活動に際しては、再生品を使用すること等により循環型社会の形成に自ら努めるとともに、国または地方公共団体が実施する循環型社会の形成に関する施策に協力すること(法11、⑤)。

　法体系に属する個別法で具体的な要求事項が規定されている。

3.4.1.2　廃棄物処理法(廃掃法)(廃棄物の処理及び清掃に関する法律)

目　的

　廃棄物の排出を抑制し、廃棄物の適正な分別、保管、収集、運搬、再生、処分等の処理をし、また生活環境を清潔にすることにより、生活環境の保全および公衆衛生の向上を図ることを目的とする。

　　　(参考)

　　　　廃棄物：ごみ、粗大ごみ、燃え殻、汚泥、ふん尿、廃油、廃酸、廃アルカリ、動物の死体その他の汚物または不要物であつて、固形状または液状のもの(放射性物質およびこれによつて汚染された物を除く)をいう(法2)。

適用と内容

　事業活動に伴って生じた廃棄物を自らの責任において適正に処理すること。廃棄物の再生利用等により減量化に努めるとともに、物の製造、販売等に際して再棄物となった場合の処理の困難性について評価し、開発すること、適正処理方法について情報を提供すること等により製品等が廃棄物となった場合において、その適正処理が困難になることがないようにすること。国および地方公共団体の施策に協力すること(法3)。

廃棄物の種類
・一般廃棄物：産業廃棄物以外のものをいう(事務所、商店からの紙屑、木屑等の雑ごみ、従業員食堂、飲食店の残飯、卸小売業の野菜、魚介屑等)。
・産業廃棄物：事業活動に伴って生じる廃棄物のうち、法で定めた6種類と政令で定められた14種類の合計20種類の廃棄物および国外で発生し輸入された廃棄物をいう。
・特別管理産業廃棄物：一般廃棄物および産業廃棄物のうち、爆発性、毒性、感染性、その他人の健康または生活環境に係る被害発生の可能性があり、政令で定めるものをいう(法2)。

産業廃棄物(法2、令2)。
　下記の20種類をいう。
①燃え殻：事業活動に伴って生じた燃え殻、焼却灰等

②汚泥：排水処理汚泥、建設廃汚泥
③廃油：廃潤滑油、廃切削油、廃溶剤等
④廃酸：酸性の廃液、写真定着廃液等
⑤廃アルカリ：アルカリ性の廃液、写真現像廃液等
⑥廃プラスチック類：廃発泡スチロール、合成樹脂屑、シュレッダーダスト等
⑦ゴム屑：天然ゴム、スクラップ、シュレッダーダスト等
⑧金属屑：金属切削屑、シュレッダーダスト等
⑨ガラス／陶磁器屑：空きビン、陶磁器屑、シュレッダーダスト等
⑩鉱さい：製鉄所の炉の残さい等
⑪がれき類：工作物の新築、改築または除去に伴うコンクリート破片等
⑫ばいじん：ばい煙発生施設、焼却施設の集塵施設ダスト
⑬*紙屑：紙、板紙の屑等(紙加工製造業、新聞業、出版業、製本業、製紙業、パルプ製造業、出版印刷業)、新築、増改築等に伴う紙屑(建設業)
⑭*木屑：新築、増改築に伴う木屑、おが屑、パーク類(建設業、木材または木製品製造業、パルプ製造業、輸入木材卸売業)
⑮*繊維屑：木綿、羊毛等の天然繊維屑[繊維工業(縫製は除く)]、新築、増築に伴う畳等[建設業(新築、改築、除去)]
⑯*動植物残さ、のりかす、醸造カス等：食料品、医薬品、製造業に係る固形状不要物
⑰*動物性固形不要物：と畜場等から発生した動物に係る固形状不要物で不可食部分の不要物(と畜業)
⑱*動物の死体：牛、豚、羊、鶏等の死体(畜産農業)
⑲*動物のふん尿：牛、豚、羊、鶏等のふん尿(畜産農業)
⑳中間処理物：①〜⑲までのものを処分するために処理したもの(コンクリート固型化物等)
㉑輸入された廃棄物：航行および携帯廃棄物を除くもの

    * ⑬〜⑲については(　)内の業種指定があることに留意する。事業活動に伴う廃棄物の場合は産業廃棄物であるが、これらの業種以外では産業廃棄物ではなく、一般廃棄物となる。例えば、「紙屑」は業種の限定があり、これに含まれない一般のオフィスから排出されるものは産業廃棄物ではない。

特別管理産業廃棄物(令2の4)。

 下記の5種類をいう。
①燃えやすい廃油：揮発油、灯油、軽油類：引火点70℃未満

②廃酸：水素イオン濃度(pH)2以下のもの
③廃アルカリ：水素イオン濃度(pH)12.5以上のもの
④感染性廃棄物：病院、診療所等から排出される感染性のある産業廃棄物、例えば、血液の付着した注射針等廃棄物
⑤特定有害産業廃棄物：廃PCB等、PCB汚染物、PCB処理物、指定下水汚泥(下水道法施行令に指定および基準以上)、鉱さい(有害物質であるHg、Cd、Pb、Cr^{+6}、Asを基準以上含むもの)、廃石綿(石綿除去事業、特定粉じん発生施設からの廃石綿)

　　＊　特定有害産業廃棄物は含有試験または溶出試験による基準が各々定められている(廃棄物処理法施行規則第1条の2)。

産業廃棄物の保管基準(法12の2、則8)
・産業廃棄物が飛散、流出、地下浸透しないようにする。
・悪臭、騒音又は振動等により生活環境の保全に支障のないようにする。
・<u>保管場所に周囲に囲いを設け、見やすい個所に掲示板を設ける(掲示板の大きさは縦および横60cm以上で廃棄物の種類、保管場所の管理者の名称と連絡先、最大積み上げ高さを表示)</u>
・保管に伴い汚水が生ずるおそれがある場合、排水溝その他設備を設け、底面を不浸透性の材料で覆う。
・<u>保管・積替施設にはねずみが生息し、蚊、はえ等の害虫が発生しないようにする。</u>
・特別管理産業廃棄物の保管は、他のものが混入しないような仕切りを設ける、容器に入れ密閉するなど付加的な措置を加える(則8の13)。
・特別管理産業廃棄物を生ずる事業者は、当該事業場ごとに、特別管理産業廃棄物の処理に関する業務を適切に行わせるため、特別管理産業廃棄物管理責任者(講習受講者)を置かなければならない(法12の2、⑧)。
・<u>事業者は、産業廃棄物を他人に委託する場合には、運搬、処分は許可を受けた者に委託する。</u>委託契約は書面により行い、委託契約書には委託する産業廃棄物の種類および数量、運搬先所在地、処分先所在地、処分方法、施設の処理能力、委託契約の有効期間、産業廃棄物処理業許可に係る事業範囲等を含んでいること。
・<u>収集運搬の委託は収集運搬業の許可を持つものと、中間処理(再生を含む)または最終処分の委託は処分業の許可を持つ者と、それぞれ2者間で契約する</u>(法12の2、令6の2)。
・運搬または処分の再委託を書面により承諾した場合は、書面の写しをその契約の終了の日から5年間保存する。

- 産業廃棄物を生じる事業者は、引渡と同時に運搬を受託した者に対し産業廃棄物の種類ごと、運搬先ごと、管理票(マニフェスト)に産廃の種類、数量、受託者氏名または名称、最終処分場等を記載し、交付する。管理票(マニフェスト)交付日から90日以内にB$_2$・D票の送付が、180日以内にE票の送付がない時、状況を把握し、30日以内に知事に報告する。管理票(A)および写し(B$_2$、D、E)は5年間保存をする(法12の3、⑨、則8の21)。
* 前年度1年間(4月〜3月まで)において交付した管理票に関して、毎年6月30日までに、産業廃棄物管理票交付等状況報告書を所定の様式により都道府県知事に提出する(法12の3、⑦、則8の27)。管理票に代わって電子情報端末から入力ができ、処理業者が電子情報処理組織使用事業者の場合は、管理票交付状況等の報告をせずに済む(法12の5)。
* 多量の産業廃棄物(1,000トン/年以上)を生じる事業者は、産業廃棄物減量化計画を6月30日までに知事に提出し、翌年6月30日までに実施状況を報告すること(特管産廃物では50トン/年以上)(法12、令6の3、則8の17の3)。
* 建設廃棄物の保管：事業者は建設工事に伴う産業廃棄物を生じる事業所の外で、300 m^2 以上の場所に保管を行おうとする時は、あらかじめ知事に届出ること(法12の3、則8の2の2)。
* 建設工事(解体工事を含む)が数次の請負により行われる場合、生ずる廃棄物の処理についての法適用は元請業者を事業者とする(法21の3)。
* 事業者は、その産業廃棄物の運搬または処分を委託する場合には、それぞれ以下の者に委託すること(法12の5)。
  (1) 運搬の委託
    1) 産業廃棄物収集運搬業者(産業廃棄物収集運搬業者として都道府県知事の許可を受けた者)
    2) 以下の者
      イ．市町村または都道府県
      ロ．専ら再生利用を目的とする産業廃棄物収集・運搬業者
      ハ．産業廃棄物収集運搬業の許可を要しない者として環境省令で定められた者
      ニ．産業廃棄物の再生利用の特例について環境大臣の認定を受けた者
      産業廃棄物の収集または運搬に当たっては、運搬車車体の両側に産業廃棄物運搬車である表示と書面を備え付けること(則7の2の2)。
  (2) 処分の委託
    1) 産業廃棄物処分業者(産業廃棄物処分業者として都道府県知事の許可を受

けた者）
　　2) 以下の者
　　　イ．市町村または都道府県
　　　ロ．専ら再生利用を目的とする産業廃棄物処分業者
　　　ハ．産業廃棄物処分業の許可を要しない者として環境省令で定められた者
　　　ニ．産業廃棄物の再生利用の特例について環境大臣の認定を受けた者

産業廃棄物施設
・産業廃棄物施設の設置または規模の変更に当たっては、区域の都道府県知事の許可を得なければならない(法15)。
・産業廃棄物施設を設置している事業者は、事業所ごとに産業廃棄物処理責任者を置く(法12、⑧)。
・その事業者は技術上の業務を行わせるために技術管理者を置く(ただし、産業廃棄物の最終処分場は除く)(法21)。
・技術管理者は、法に規定する技術上の基準に係る違反が行われないように、施設を維持管理する事務に従事するほかの職員を監督する(法21、②)。
・定期検査制度：廃棄物処理施設の設置者は、一定期間(5年3ヶ月以内)ごとに都道府県知事の定期検査を受ける(法15の2の2、則12の5の3)。
・維持管理状況の公表：上記廃棄物処理施設の設置者は、処理施設の維持管理計画、維持管理状況をインターネット等により公表すること(法15の2の3)。
・帳簿の備付けと保存(法12の2、①～⑨)：帳簿を備付け、5年間保存すること。　原則5年ごとに許可の更新を受けること。一定の評価基準を満たす収集運搬および処理業者で優良産廃処理業者認定制度に基づき、優良と認定された事業者は更新期間を延伸(例えば7年)する(則10の4の2)。
・報告の徴収：知事または市町村長は、事業者、一般廃棄物もしくは産業廃棄物またはこれらで疑いのある物の収集、運搬または処分を業とする者、廃棄物処理施設設置者に対し、必要な報告を求めることができる(法18)
・立入検査：知事または市町村長は疑いのある事業者および収集・運搬・処分を業とする者の土地に立ち入り、帳簿書類その他の物件を検査させ、廃棄物もしくは廃棄物のある物を無償で収去させることができる(法19)。
・改善命令：知事または市町村長は、処理基準に合致しない保管、収集、運搬、処分を行った者に対して、期間を定めて当該廃棄物の方法の変更その他必要な措置を命ずることができる(法19の3)。
・措置命令：一般廃棄物の処理基準に適合しない収集、運搬または処分および産業

廃棄物または(特管)産業廃棄物保管基準に適合しない保管、収集、運搬または処分が行われ、生活環境保全上支障が生じ、または生ずるおそれがある時は、知事は必要な限度において期限を定め、その支障の除去または発生防止のために必要な措置を講じることを命ずることができる(法19の4)。

廃棄物処理法は基準類が用意されており、産業廃棄物処理基準、特別管理産業廃棄物処理基準、産業廃棄物及び特別管理産業廃棄物保管基準、委託基準等でさらに詳細を知ることができる。

　　(参考)

　　優良産廃処理業者認定制度：都道府県知事等が、①事業内容、処理施設の能力と処理実績その他についての情報公開、②行政処分を5年以上受けていないこと、③ISO14001またはエコアクション21の認証取得等の評価基準に適合する業者に対して、許可手続きの簡素化等の優遇措置を与える制度。

　　技術管理者：産業廃棄物処理施設(政令で定める産業廃棄物の最終処分場を除く)の設置者は、その廃棄物処理施設の維持管理に関する技術上の業務を担当させるため、技術管理者を置かなければならない。一定の資格要件を満たす者あるいは公益財団法人・日本産業廃棄物処理振興センターの講習会終了認定者は一定の知識および技能を有する者として認定される。

留意点

事業者は、運搬または処分を委託する場合には、当該産業廃棄物の処理の状況に関する確認を行い、産業廃棄物の発生から最終処分終了まで、適正処理が行われるように必要な措置を講ずるように努めること(現地確認の努力義務)(法12、⑦)。

総合的な対策として、①廃棄物の減量化、リサイクル化の推進、②廃棄物に関する信頼性、安全性の向上、③不法投棄対策、④産業廃棄物における公共関与の推進、⑤排出事業者の責任強化、⑥適正処理の推進を意図している。

・排出事業者責任として、企業は産業廃棄物処理業者の現地確認を義務付ける条例を多くの自治体(例えば、岩手県、宮城県、静岡県、石川県、愛知県、香川県、福岡県、名古屋市、豊田市、豊橋市等々)で適用しており、自治体条例の確認が必要である。

・排出事業者が自らの判断により優良産業廃棄物処理業者を選択できるが、その場合上記の現地確認を免責とする場合が多い(自治体条例を確認のこと)。

・専ら物(古紙、古繊維、金属屑、空き瓶)を再生利用業者(廃品回収業)に引き渡す場合にはマニフェスト交付は必要でない。しかし、廃棄物の処理基準や委託基準の順守が求められ、古物商許可証(公安委員会)等の確認、委託契約は必要である

(則 16 の 2、3)。

- 産業廃棄物をリサイクル品として排出する場合には、最終的にリサイクル品として利用されるとしても、排出時にはマニフェストの交付が必要である。
- 不法な処分が行われ生活環境の保全上の支障を生じまたはおそれがある時には処分業者に対してその支障の除去等(原状回復)の措置が命じられる。処分者等のみで原状回復が困難かつ排出者が適切な措置を怠った時には排出者にその支障の除去等の措置が命じられる(排出者責任の原則)。
- 都道府県・政令市によって、産業廃棄物処理業の許可または産業廃棄物処理施設の設置許可を取り消された事業者に関する情報を検索することができる(環境省ホームページ)。

その他(責務)

一般廃棄物の適正な廃棄処理、産業廃棄物の保管場所表示(縦横 60 cm)、保管基準の遵守、運搬・処分業者との委託契約及び契約書の内容確認、収集運搬・処分業者の許可証の内容確認、再生利用可能な分別の徹底、廃棄量の削減に努める。

マニフェスト交付・回収、マニフェスト保管(5 年間)、マニフェスト交付状況報告(6 月末期限)。

ゼロエミッションを目指す。

(参考)

平成 20 年度における全国の産業廃棄物の総排出量は約 4 億 366 万トンとなっている。そのうち再生利用量が約 2 億 1,651 万トン(全体の 54％)、中間処理による減量化量が約 1 億 7,045 万トン(42％)、最終処分量が約 1,670 万トン(4％)となっている。再生利用量は、直接再生利用される量と中間処理された後に発生する処理残さのうち、再生利用される量を足し合わせた量になる。また、

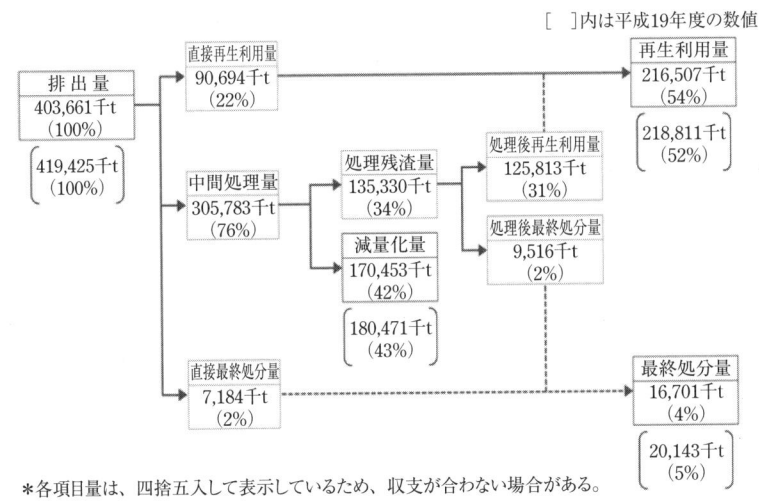

[ ]内は平成19年度の数値

```
排出量              直接再生利用量              再生利用量
403,661千t   →    90,694千t          →      216,507千t
(100%)             (22%)                     (54%)
[419,425千t]                                 [218,811千t]
[(100%)]                                     [(52%)]

                   中間処理量        処理残渣量      処理後再生利用量
              →   305,783千t   →   135,330千t  →   125,813千t
                   (76%)            (34%)           (31%)
                                    減量化量       処理後最終処分量
                                →  170,453千t      9,516千t
                                    (42%)           (2%)
                                    180,471千t
                                    (43%)

                   直接最終処分量                   最終処分量
              →   7,184千t           ┄┄┄→      16,701千t
                   (2%)                            (4%)
                                                   [20,143千t]
                                                   [(5%)]
```

＊各項目量は、四捨五入して表示しているため、収支が合わない場合がある。

図-3.10 産業廃棄物の処理の流れ(平成 20 年度)[環境白書(平成 23 年版)]

最終処分量は、直接最終処分される量と中間処理後の処理残さのうち、処分される量を合わせた量になる。

(参考)
1) 廃棄物分類

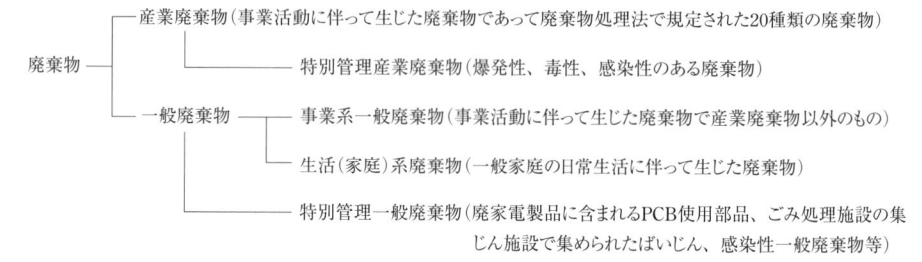

```
廃棄物 ─┬─ 産業廃棄物(事業活動に伴って生じた廃棄物であって廃棄物処理法で規定された20種類の廃棄物)
        │        └─ 特別管理産業廃棄物(爆発性、毒性、感染性のある廃棄物)
        └─ 一般廃棄物 ─┬─ 事業系一般廃棄物(事業活動に伴って生じた廃棄物で産業廃棄物以外のもの)
                       ├─ 生活(家庭)系廃棄物(一般家庭の日常生活に伴って生じた廃棄物)
                       └─ 特別管理一般廃棄物(廃家電製品に含まれるPCB使用部品、ごみ処理施設の集
                          じん施設で集められたばいじん、感染性一般廃棄物等)
```

図-3.11　廃棄物の分類

2) マニフェスト

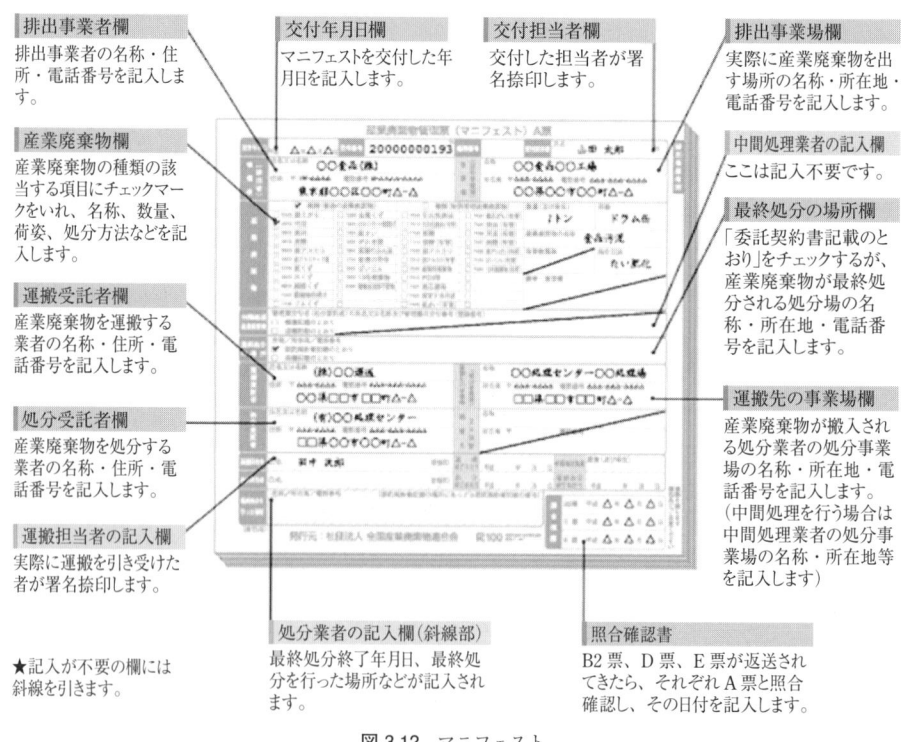

排出事業者欄
排出事業者の名称・住所・電話番号を記入します。

産業廃棄物欄
産業廃棄物の種類の該当する項目にチェックマークをいれ、名称、数量、荷姿、処分方法などを記入します。

運搬受託者欄
産業廃棄物を運搬する業者の名称・住所・電話番号を記入します。

処分受託者欄
産業廃棄物を処分する業者の名称・住所・電話番号を記入します。

運搬担当者の記入欄
実際に運搬を引き受けた者が署名捺印します。

★記入が不要の欄には斜線を引きます。

交付年月日欄
マニフェストを交付した年月日を記入します。

交付担当者欄
交付した担当者が署名捺印します。

処分業者の記入欄(斜線部)
最終処分終了年月日、最終処分を行った場所などが記入されます。

排出事業場欄
実際に産業廃棄物を出す場所の名称・所在地・電話番号を記入します。

中間処理業者の記入欄
ここは記入不要です。

最終処分の場所欄
「委託契約書記載のとおり」をチェックするが、産業廃棄物が最終処分される処分場の名称・所在地・電話番号を記入します。

運搬先の事業場欄
産業廃棄物が搬入される処分業者の処分事業場の名称・所在地・電話番号を記入します。(中間処理を行う場合は中間処理業者の処分事業場の名称・所在地等を記入します)

照合確認書
B2票、D票、E票が返送されてきたら、それぞれA票と照合確認し、その日付を記入します。

図-3.12　マニフェスト

3) マニフェストのフロー

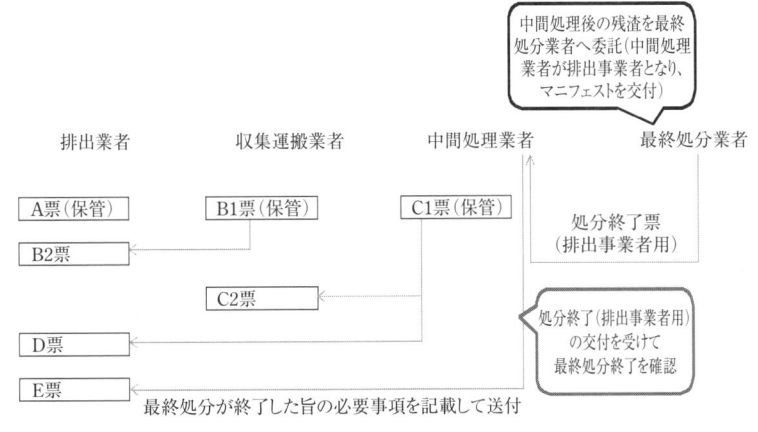

図-3.13 マニフェストのフロー

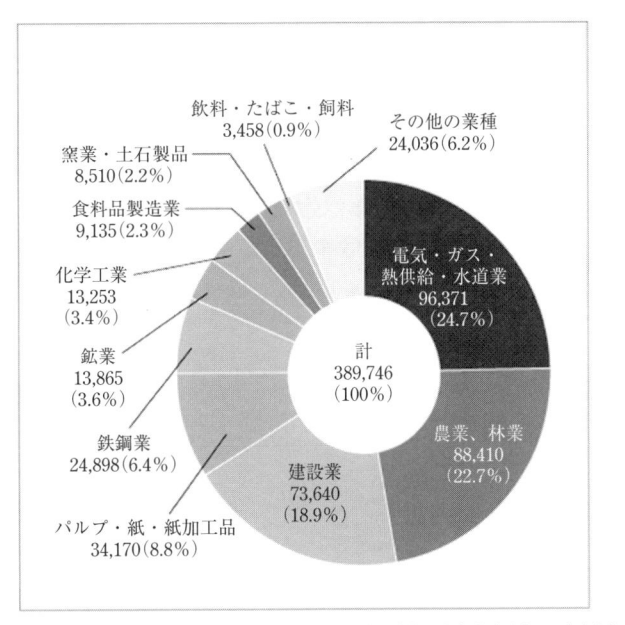

（フロー図中のラベル）
排出業者　収集運搬業者　中間処理業者　最終処分業者
A票（保管）　B1票（保管）　C1票（保管）
B2票
C2票
D票
E票
処分終了票（排出事業者用）
中間処理後の残渣を最終処分業者へ委託（中間処理業者が排出事業者となり、マニフェストを交付）
処分終了（排出事業者用）の交付を受けて最終処分終了を確認
最終処分が終了した旨の必要事項を記載して送付

図-3.14 産業廃棄物の業種別排出量（平成21年度）［環境白書（平成24年版）］

計 389,746（100％）

- 飲料・たばこ・飼料　3,458（0.9％）
- その他の業種　24,036（6.2％）
- 窯業・土石製品　8,510（2.2％）
- 食料品製造業　9,135（2.3％）
- 化学工業　13,253（3.4％）
- 鉱業　13,865（3.6％）
- 鉄鋼業　24,898（6.4％）
- パルプ・紙・紙加工品　34,170（8.8％）
- 建設業　73,640（18.9％）
- 農業、林業　88,410（22.7％）
- 電気・ガス・熱供給・水道業　96,371（24.7％）

3.4.1.3 PCB 廃棄物特措法(ポリ塩化ビフェニル廃棄物の適正な処理に関する特別措置法)

目 的

PCBが難分解性の性状を有し、人の健康および生活環境に係る被害を生ずるおそれがある毒性物質で、1974年には化審法によってPCBの製造、使用が禁止された。日本おいては長期にわたって処分されていない状況にあることに鑑み、PCB廃棄物の保管、処分等について必要な規制を行うとともに、処理のために必要な体制を速やかに整備することにより、その確実かつ適正な処理を推進する。

(参考)

PCB:polychlorinated biphenyl。ポリ塩化ビフェニル。ポリ塩化ビフェニル、またはポリクロロビフェニル(polychlorobiphenyl)は、ビフェニルの水素原子が塩素原子で置換された化合物の総称で、一般式 $C_{12}H_{(10-n)}Cl_n(1 \leq n \leq 10)$ で表される。生体に対する毒性が高く、脂肪組織に蓄積しやすい。発ガン性があり、また皮膚障害、内臓障害、ホルモン異常を引き起こすことがわかっている。

適用と内容

・事業者は、PCB廃棄物を自らの責任において確実かつ適正に処理しなければならない(法3)。
・PCBを製造した者およびPCBが使用されている製品を製造した者は、PCB廃棄物の確実かつ適正な処理が円滑に推進されるよう、国および地方公共団体が実施する施策に協力しなければならない(法4)。
・事業活動に伴うPCB廃棄物を保管する事業者(高圧トランス、コンデンサー類)。毎年度、都道府県へ保管量等を毎年6月末日までに届出なければならない(法8、則4)。

留 意 点

・事業者は、PCBを自らの責任において確実かつ適正に処理すること。PCBの保管・処理については、廃棄物処理法も特別管理産業廃棄物の保管基準による。
・何人もPCB廃棄物を譲り渡し、譲り受けをしてはならない(法11)。譲渡し等の違反については罰則規定がある(法24〜27)。
・政令で定める期間[法の施行日(平成13年7月)から起算して15年以内(平成28年7月)]までに、PCB廃棄物を自ら処分、または委託[日本環境安全事業㈱]しなければならないとされていたが、施行令一部改正(施行令298号、平成24年12月)が行われ、微量PCB汚染廃電気機器等の処理に時間を要することが判明し、期限までの処理が困難であることから、処理体制の充実等の処理促進策に取り組

み、平成 38 年度(平成 39 年 3 月まで)に処理期限が延長された(令 3)。

その他(責務)
　1989 年以前に製造された変圧器等の絶縁油に微量 PCB が含まれる可能性がある。適正保管義務と所轄の経済産業局長への届出を毎年 6 月に実施のこと。

3.4.1.4　放射線物質汚染対処特措法(平成 23 年 3 月 11 日に発生した東北地方太平洋沖地震に伴う原子力発電所の事故により放出された放射性物質による環境の汚染への対処に関する特別措置法)

目　的
　平成 23 年 3 月 11 日に発生した東北地方太平洋沖地震に伴う原子力発電所の事故により当該原子力発電所から放出された放射性物質による環境の汚染が生じていることに鑑み、事故由来放射性物質による環境汚染への対処に関し、国、地方公共団体、原子力事業者および国民の責務を明らかにするとともに、国、地方公共団体、原子力事業者等が講ずべき措置について定めること等により、事故由来放射性物質による環境の汚染が人の健康または生活環境に及ぼす影響を速やかに低減することを目的としている。

適用と内容
・国は、これまで原子力政策を推進してきたことに伴う社会的な責任を負っていることに鑑み、事故由来放射性物質による環境の汚染への対処に関し、必要な措置を講ずるものとする(法 3)。
・地方公共団体は、事故由来放射性物質による環境の汚染への対処に関し、国の施策への協力を通じて、当該地域の自然的社会的条件に応じ、適切な役割を果たすものとする(法 4)。
・関係原子力事業者は、事故由来放射性物質による環境の汚染への対処に関し、誠意をもって必要な措置を講ずるとともに、国または地方公共団体が実施する事故由来放射性物質による環境の汚染への対処に関する施策に協力しなければならない(法 5)。

特定廃棄物(法 17)
a)　環境大臣の指定した汚染廃棄物対策地域内の廃棄物(警戒区域・計画的避難区域内の廃棄物)(法 20)
b)　指定廃棄物(法 16 ～ 18)：調査義務対象施設・対象廃棄物(一定の施設から生じた特定の廃棄物、特定一般廃棄物焼却施設・特定産業廃棄物焼却施設から生じたばいじん・焼却灰・その他の燃え殻)において汚染状況の調査を行い、その調

査の結果、Cs(セシウム)134・137 の放射能濃度の合計が 8,000 Bq /kg を超える廃棄物(調査結果は環境大臣へ報告)(法 8、16)
・任意の調査結果において Cs134・137 の放射能濃度の合計が 8,000 Bq/kg を超える廃棄物(環境大臣へ申請)(法 18、則 14)

上記の a)、b)は国が処理。

　　　(参考)
　　　指定廃棄物：Cs134・137 の放射能濃度の合計が 8,000 Bq/kg を超える廃棄物を環境大臣が指定廃棄物として指定する。
　　　Bq：ベクレル(フランスの物理学者アントワーヌ・アンリ・ベクレルに因んだ単位)。この数字が大きいほど、たくさんの原子が壊れる、つまりより多くの放射線を出すことになる。土壌や食品の検査データでよく使われている。

留意点

水道施設から生じた脱水汚泥、乾燥汚泥、公共下水道・流域下水道終末処理場からの生じた汚泥のばいじん・焼却灰・その他の燃え殻、脱水汚泥、廃棄物の焼却施設から生じたばいじん、焼却灰・その他の燃え殻等。

その他(責務)

・汚染状況重点調査地域内の区域であって、法に基づく調査結果等から、事故由来放射性物質の汚染状態が環境省令で定める要件に該当しないと認めるものは、除染等に措置等の実施に関して定める計画。都道府県知事または市町村の長が策定する(法 36、①)。
・特定廃棄物の収集運搬基準(法 20、則 23)(容器収納、遮水シート、線量等量率制限)、保管基準(法 17、②、則 15)(容器収納、遮水シート設置等、立入禁止区域設定、空間線量の測定)、中間処理基準(バグフィルター等を備えた焼却、排ガスまたは排水中の放射性物質濃度測定、敷地境界の空間線量測定)、埋立基準(遮水型処分場、セメント固型化、不透水性土壌層の設置等、放射性物質の濃度限度設定等)が定められている。

3.4.1.5 東日本廃棄物処理特措法(東日本大震災により生じた災害廃棄物の処理に関する特別措置法)

目　的

東日本大震災により生じた災害廃棄物の処理が喫緊の課題となっていることに鑑み、国が被害を受けた市町村に代わって災害廃棄物を処理するための特例を定め、あわせて、国が講ずべきその他の措置について定めるものとする。

(参考)
　災害廃棄物：東日本大震災(平成23年3月11日に発生した東北地方太平洋沖地震及びこれに伴う原子力発電所の事故による災害をいう)により生じた廃棄物をいう(法2)。

適用と内容
　国は、災害廃棄物の処理が迅速かつ適切に行われるよう、主体的に、市町村及び都道府県に対し必要な支援を行うとともに、災害廃棄物の処理に関する基本的な方針、災害廃棄物の処理の内容及び実施時期等を明らかにした工程表を定め、これに基づき必要な措置を計画的かつ広域的に講ずる責務を有する(法3)。

1) 国の責務
①市町村及び都道府県に対し必要な支援を行う。
②災害廃棄物の処理に関する 基本的方針 、 工程表 を定め、これに基づき必要な措置を講ずる。

2) 災害廃棄物の処理に関する代行(法4)
　環境大臣は、震災により甚大な被害を受けた市町村長から要請があった場合、東日本震災復興対策本部の総合調整の下、関係行政機関の長と連携協力して、当該市町村に代わって災害廃棄物の処理を行うものとする。

3) 市町村負担の軽減(法5)
　国は、市町村が災害廃棄物の処理に当たって負担する費用について必要な財政上の措置を講ずる。

4) 措置を明文化(法3)
①災害廃棄物に係る仮置場及び最終処分場の早急な確保のための広域的な協力の要請等
②再生利用の推進等
③災害廃棄物処理に係る契約内容に関する統一的指針の設定等
④アスベストによる健康被害の防止等
⑤海に流出した災害廃棄物
⑥津波堆積物等の災害廃棄物に係る感染症・悪臭の発生の予防・防止のための必要な措置を講ずる。

(参考)
　基本的方針：災害廃棄物の処理推進体制、財政措置、処理方法、スケジュール等について、平成23年5月に「東日本大震災に係る災害廃棄物の処理指針(マスタープラン)」を定め、これを基本としている。

工程表：災害廃棄物に津波堆積物を加えた処理対象全体について、より具体的な処理方針の内容、中間段階の目標を設定し、目標期間内での処理を確実にするための計画として、平成24年8月に、「東日本大震災に係る災害廃棄物の処理工程表」が策定された。

留意点

国は、市町村の負担する費用について、国と地方を併せた東日本大震災からの復旧復興のための財源の確保に併せて、地方交付税の加算を行うこと等により確実に地方の復興財源の手当をし、当該費用の財源に充てるため起こした地方債を早期に償還できるようにする等その在り方について検討し、必要な措置を講ずる。

その他（責務）

事業者の責務としては、国、地方公共団体への協力である。

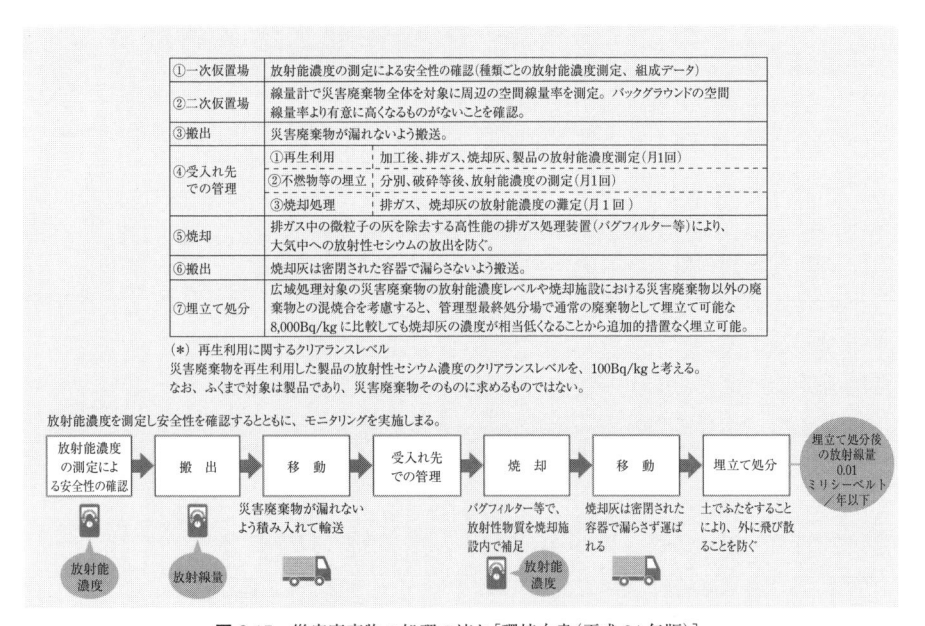

①一次仮置場	放射能濃度の測定による安全性の確認（種類ごとの放射能濃度測定、組成データ）
②二次仮置場	線量計で災害廃棄物全体を対象に周辺の空間線量率を測定。バックグラウンドの空間線量率より有意に高くなるものがないことを確認。
③搬出	災害廃棄物が漏れないよう搬送。
④受入れ先での管理	①再生利用　加工後、排ガス、焼却灰、製品の放射能濃度測定（月1回） ②不燃物等の埋立　分別、破砕等後、放射能濃度の測定（月1回） ③焼却処理　排ガス、焼却灰の放射能濃度の測定（月1回）
⑤焼却	排ガス中の微粒子の灰を除去する高性能の排ガス処理装置（バグフィルター等）により、大気中への放射性セシウムの放出を防ぐ。
⑥搬出	焼却灰は密閉された容器で漏らさないよう搬送。
⑦埋立て処分	広域処理対象の災害廃棄物の放射能濃度レベルや焼却施設における災害廃棄物以外の廃棄物との混焼合を考慮すると、管理型最終処分場で通常の廃棄物として埋立て可能な8,000Bq/kgに比較しても焼却灰の濃度が相当低くなることから追加的措置なく埋立て可能。

（＊）再生利用に関するクリアランスレベル
災害廃棄物を再生利用した製品の放射性セシウム濃度のクリアランスレベルを、100Bq/kgと考える。
なお、ふくまで対象は製品であり、災害廃棄物そのものに求めるものではない。

放射能濃度を測定し安全性を確認するとともに、モニタリングを実施しまる。

放射能濃度の測定による安全性の確認 → 搬出 → 移動 → 受入れ先での管理 → 焼却 → 移動 → 埋立て処分 → 埋立て処分後の放射線量 0.01 ミリシーベルト／年以下

図-3.15　災害廃棄物の処理の流れ［環境白書（平成24年版）］

3.4.2　リサイクル関係法規制

大量消費に伴う大量廃棄の社会経済システムを見直し、天然資源の消費量と廃棄物の排出量を削減していくことが地球の環境保全にとって重要な課題となっている。

最近では、社会全体で"廃棄"する社会から廃棄しない（リデュース：発生を抑制す

る)社会、さらに、資源を循環する「循環型社会」(リユース、リサイクル)への認識が高まっている。これは「拡大生産者責任」という概念に基づいており、事業者(メーカー)責任は、従来、消費段階までの責任とされていたものを、製品が廃棄される段階までの責任を持たせるというものである。今後は事業者(メーカー)責任として、リサイクルしやすいものを作る、より廃棄物になりにくいものを作るという姿勢が問われることになる。リサイクル化の実現は、廃棄物の減量化を図るとともに省資源化も可能となるため、地球の環境保全に与える負荷を軽減することができる。人類はゴミを貴重な資源として扱い、ゴミの減量化に努めることが必要である。そのためには、リサイクル化を促進し、物質循環型社会を築き上げていかなければならない。

一方で、リサイクル化を実施する際には、リサイクル化の可能な製品が、常に地球環境の保全にとって好ましいとは限らない点を考慮する必要がある。例えば、容器としてのびんの回収を考えると、回収からリサイクル工場へ搬入するまでにガソリンを消費する。さらに、家庭あるいは工場内でのびんの洗浄によりその内容物の排水によって水質汚濁を与える。このように製品のリサイクル化については、原料の採取時から製品化の過程と製品の使用時、廃棄処分するまでのすべてのフローチャートを考慮して、環境に与える負荷を総合的に評価するライフサイクルアセスメント(LCA)に基づいた最適なリサイクル化を実施する必要があると考えられる。

リサイクル法は、資源、廃棄物などの分別回収・再資源化・再利用について定めたもので、対象の種類ごとにいくつかの法律に分かれている。以下で述べる「包装容器リサイクル法」、「家電リサイクル法」、「自動車リサイクル法」はこういった概念を取り入れたものである。しかし、拡大生産者責任という概念の導入により、すべてが解決するわけではない。他方で、消費者がリサイクルしやすいもの、廃棄物になりにくいものを選択するという賢い消費者が環境に配慮した製品を選択し、購入することが拡大生産者責任を支える重要な要素となっている。

3.4.2.1　資源有効利用促進法(資源の有効な利用の促進に関する法律)
目　　的

　　資源が大量に使用されていることにより、使用済み物品等及び副産物が大量に発生し、その相当部分が廃棄されており、かつ、再生資源及び再生部品の相当部分が利用されずに廃棄されている状況に鑑み、資源の有効な利用の確保を図るとともに、廃棄物の発生の抑制及び環境の保全に資するため、使用済み物品等及び副産物の発生の抑制並びに再生資源及び再生部品の利用を促進することを目的とする。

適用と内容

工場及び建設工事の発注者は、その事業又はその建設工事の発注を行うに際して原材料等の使用の合理化を行うとともに、製品の高寿命化、再生資源及び再生部品を利用するよう努めなければならない(法4)。

・<u>特定省資源業種</u>(法2、⑦、令1)
  工場で副産物の発生抑制、リサイクルを求められる業種：製鉄・製鋼業(スラグ)、パルプ製造業・製紙業(スラッジ)、自動車製造業(金属くず、鋳物廃砂)等

・<u>特定再利用業種</u>(法2、⑧、令2)
  再生資源、再生部品の利用が求められる業種：①紙製造業(古紙)、②ガラス容器製造業(カレット)、③建設業(コンクリート塊、土砂等)、④硬質塩化ビニル製の管・管継手製造業(使用済管／継手)、⑤複写機製造業(使用済複写機)

・<u>指定省資源化製品</u>(法2、⑨、令3)
  使用済み製品の発生を抑制する設計、製造が求められる製品：自動車、家電製品、金属製家具、ガス・石油機器等

・<u>指定再利用促進製品</u>(法2、⑩、令4)
  リユース、リサイクルに配慮した設計、製造が求められる製品：自動車、家電製品(テレビ、エアコン、電気冷蔵庫、電子レンジ、衣類乾燥機)、パソコン、ぱちんこ台、金属製家具、ガス石油機器、システムキッチン、浴室ユニット等

・<u>指定表示製品</u>(法2、⑪、令5)
  分別回収のための表示が求められる製品：スチール製・アルミ製缶、ペットボトル、ニッケル・カドミウム電池、小型二次電池、塩ビ製建設資材(塩ビ製管、雨どい、窓枠、床材)、紙製容器包装、プラスチック製容器包装

・<u>指定再資源化製品</u>(法2、⑫、令6)
  使用済み製品の自主回収、再資源化が求められる製品：パソコン、小型二次電池

・<u>指定副産物</u>(電気業、建設業)(法2、⑬、令7)
  再資源化の目標・実施方法、再資源化の状況の公表等が求められる製品：石炭灰、土砂、コンクリート塊、アスファルト・コンクリート塊又は木材生産数量等の要件以上を満たす場合に該当する。

留意点

工場および事業場(建設工事を含む)の事業者又は建設工事の発注者は、原材料等の使用の合理化行うとともに、再生資源及び再生部品の利用に努める(法4)。製品を長期間使用、使用済み物品等を再生資源もしくは再生部品として利用、副産物を再生資源として利用するように努める。特定業種以外の事業者では、例えば使用済

パソコン、TV、電気冷蔵庫などの廃棄に際しては再生利用事業者と連携して、適正な循環型利用に努める

その他(責務)
長期使用、再生資源及び再製品の使用努力義務、適正処理
廃棄物の減量化、資源化及び適正処理

(参考)
生産数量等の要件は下表のとおりである。

特定資源業種(令1、別表1)

原材料等の種類	副産物の種類	業種	適用要件
鉄鉱石、石灰石、鉄くず又はコークス	スラグ	製鉄業及び製鋼・圧延業	粗鋼の生産量3千t/年以上
木材チップ、パルプ又は古紙	スラッジ	パルプ製造業、製紙業	パルプ又は紙の生産量6万t/年以上
鋳物砂、鉄鋼又は非鉄金属	金属くず又は鋳物廃砂	自動車製造業	自動車生産1万台/年以上
金属鉱物、非金属鉱物、石炭、原淮	スラッジ	無機化学工業製品製造業 有機化学工業製品製造業	生産量10万t/年以上
銅鉱石又はけい石	スラグ	銅精錬業	粗銅生産量7万t/年以上

特定再生利用業種(令2、別海2)

再生資源・再生部品の種類	業種	適用要件
古紙	紙製造業	生産量1万t/年以上
カレット	ガラス容器製造業	生産量2万t/年以上
土砂、コンクリート塊又はアスファルト	建設業	建設工事の施工金額50億円/年以上
使用済み硬質塩化ビニール管・管継手	硬質塩化ビニル製の管又は管継手製造業	生産量600t/年以上
使用済み複写機の駆動装置、露光装置その他の装置	複写機製造業	生産台数1千台/年以上

指定省資源化製品(令3、別表3)、

衣類乾燥機	1千台/年以上
ガス瞬間湯沸器、回胴式遊技機	5千台/年以上
自動車、パソコン、金属製収納家具、金属製棚金属製事務用机、石油ストーブ、グリル付ガスコンロ、電子レンジ、ガスバーナー付ふろがま、給湯機	1万台/年以上
金属製回転椅子	2万台/年以上
エアコン(ユニット形)、電気冷蔵庫、電気洗濯機	5万台/年以上

再生利用促進製品(令4、別表4)

浴室ユニット、電源装置、火災警報設備、電動機付自転車、電動式車いす、医薬品注入器、交換機、MCAシステム用通信装置、簡易無線用通信装置、アマチュア用無線装置、複写機、	1千台／年以上
コードレスホン	2千台／年以上
ファクシミリ装置、システムキッチン、回胴式遊技機、ガス瞬間隔沸器	5千台／年以上
電動工具、誘導灯、防犯警報装置、自動車、パソコン、プリンター、ヘッドホンステレオ、電子レンジ、衣類乾燥機、電気掃除機、電気かみそり、電気はぶらし、非常用照明器具、血圧計、携帯用データ収集装置、携帯電話用装置、ビデオカメラ、電気マッサージ器、収納家具、棚、事務用机、石油ストーブ、ガスこんろ、ガスバーナー付ふろがま、給湯機、家庭用電気治療器、家庭用電気泡発生器、電動式玩具	1万台／年以上
回転いす	2万台／年以上
電気冷蔵庫、電気洗濯機、テレビ受像機	5万台／年以上

指定表示製品とその指定業者(令5、別表5)

塩ビ製建設資材(塩化ビニル製建設資材の製造業者、自ら輸入した塩化ビニル製建設資材販売事業者)、内容積7L未満で酒類以外の飲料が充てんされた鋼製又はアルミニウム製の缶(缶を製造する事業者、自ら輸入したものを販売する事業者)、酒類の缶(缶を製造する事業者、自ら輸入したものを販売する事業者)、飲料、特定調味料、酒類のポリエチレンテレフタレート製容器(容器製造事業者、自ら輸入したものを販売する事業者)、特定容器包装(紙製、プラスチック製)(特定容器包装を製造する事業者、特定容器製造を発注する事業者、自ら輸入したものを販売する事業者)、密閉型鉛蓄電池・アルカリ蓄電池・リチウム蓄電池(これら蓄電池の製造事業者、自ら輸入販売する事業者)

指定再資源化製品(令6、別表6)

パーソナルコンピュータ(年度生産台数及び輸入の販売台数が1万台以上)、密閉型蓄電池(年度生産台数及び輸入台数が200万個以上

＊指定再資源化製品を部品として使用する製品(令19、別表8)

電源装置、火災警報設備、自転車(電動機付き)、電動式車いす、交換機、MCAシステム用通信装置、簡易無線用通信装置、アマチュア用無線機、医薬用注入器、	1千台以上
コードレスホン	2千台以上
ファクシミリ装置	5千台以上
電動工具、誘導灯、防犯警報装置、パーソナルコンピュータ、プリンター、携帯用データ収集装置、携帯電話用装置、ビデオカメラ、ヘッドホンステレオ、電気掃除機、電気かみそり(電池式)、電気歯ブラシ、非常用照明器具、血圧計、電気マッサージ器、家庭用電気治療器、電気気泡発生器(浴槽用)、電動式がん具(自動車型)	1万台以上

指定副産物(該当物とその年間生産量要件)(令7、別表7)

電気業	石炭灰	12,000万kwh(電力供給量)
建設業	土砂、コンクリート塊、アスファルト・コンクリート塊又は木材	50億円以上(施工金額)

3.4.2.2　家電リサイクル法(特定家電用機器再商品化法)

目　的

　特定家庭用機器の小売業者及び製造業者等による特定家庭用機器廃棄物の収集及び運搬並びに再商品化等に関し、これを適正かつ円滑に実施するための措置を講ずることにより、廃棄物の減量及び再生資源の十分な利用等を通じて、廃棄物の適正処理及び資源の有効な利用の確保を図り、もって生活環境の保全及び国民経済の健全な発展に寄与することを目的とする。

　　(参考)

　　再商品化等(法2、③)：(1)機械器具が廃棄物となったものから部品及び材料を分離し、自らこれを製品の部品又は原材料として利用する行為、(2)同じく、これを製品の部品又は原材料として利用する者に有償又は無償で譲渡し得る状態にする行為をいう。

　　　これらの再商品化に加えて熱回収を含む。

適用と内容
- 特定家庭用機器の製造等を業として行う者は、特定家庭用機器の耐久性の向上及び修理の実施体制の充実を図ること等により特定家庭用機器廃棄物の発生を抑制するよう努めるとともに、特定家庭用機器の設計及びその部品又は原材料の選択を工夫することにより特定家庭用機器廃棄物の再商品化等に要する費用を低減するよう努めなければならない(法4)。
- ブラウン管・液晶・プラズマ式TV、電気冷蔵庫及び電気冷凍庫、電気洗濯機・衣類乾燥機、ユニット型エアコンの①製造業者及び輸入者、輸入委託業者、②小売業者、特定家庭用機器廃棄物を排出する③事業者及び消費者、地方公共団体が対象である。
- 特定家庭用機器廃棄物を排出する事業者及び所費者は、特定家庭用機器をなるべく長期間使用し、排出を抑制し、その廃棄物を排出する場合は、収集・運搬する者又は再商品化等をする者に適切に引き渡し、料金の支払いに応じるなど措置に協力しなければならない(法6)。
- 地方公共団体は特定家庭用機器廃棄物の収集・運搬と再商品化を推進するように

必要な措置を講ずることに努めなければならない(法8)。
・小売業者は消費者に対して特定家庭用機器を長期間使用できるよう必要な情報を提供し、消費者による特定家庭用機器の適正な排出に協力するように努めなければならない(法9〜10)。
・特定家庭用機器の製造等を業として行う者(製造業者等)は特定機器の耐久性向上、修理体制の充実を図り、廃棄物の発生を抑制し、設計・部品・原材料の選択を工夫し、再商品化に対する費用を低減するように努めなければならない(法17〜18)。

留意点
廃家電を排出する事業者の引渡し、支払いの責務
再商品化等実施者は引き渡す際に管理票(家電リサイクル券:特定家庭用機器廃棄物管理票)を交付すること

その他(責務)
ＴＶ、エアコン、冷蔵庫・冷凍庫、洗濯機、液晶・プラズマＴＶ等特定家電の廃棄時リサイクル料負担、適正処理及び家電リサイクル券(排出者控)の保管(3年間)を行うこと。

3.4.2.3　容器包装リサイクル法(包装容器に係る分別収集及び再商品化の促進等に関する法律)

目　的

包装容器廃棄物の排出の抑制並びにその分別収集及びこれにより得られた分別基準適合物の再商品化を促進するための措置を講ずること等により、一般廃棄物の減量及び再生資源の十分な利用等を通じて、廃棄物の適正な処理及び資源の有効な利用の確保を図り、もって生活環境の保全及び国民経済の健全な発展に寄与することを目的とする。

(参考)
包装容器廃棄物:商品の容器及び包装であって当該商品が費消され、又は当該商品と分離された場合不要になるもの(法2)。
再商品化:次に掲げる行為をいう(法2)。
① 自ら分別基準適合物を製品の原材料として利用すること。
② 自ら燃料以外の用途で分別基準適合物を製品としてそのまま使用すること(リターナビルビン等)。
③ 分別基準適合物について、①の原材料として利用する者に有償又は無償で譲渡

し得る状態にすること。
　④　分別基準適合物について、①の製品としてそのまま使用する者に有償又は無償で譲渡し得る状態にすること。

再商品化事業者：再商品化事業者とは、再生処理事業者及び運搬事業者のことを指す。プラスチクス製容器包装に限定すると、プラスチック製容器包装を材料リサイクル（製品化、ペレット化、フレーク化、減容顆粒品化、フラフ化等）又は油化、ガス化、コークス炉化学原料化する事業者。あるいはプラスチック製容器包装をもとに高炉還元剤を製造する事業者等をいう。

サーマルリサイクル(熱回収)：廃棄物を単に焼却処理せず、焼却の際に発生する熱エネルギーを回収・利用することである。容器包装リサイクル法で認められた油化・ガス化の他、焼却熱利用、廃棄物発電、セメントキルン原燃料化、廃棄物固形燃料等がある。一般に、リユース、マテリアル・ケミカルリサイクルが困難となった廃棄物に対して行われる。

適用と内容

　①特定容器利用事業者(販売製品に容器を用いる事業者)、②特定容器製造事業者(容器の製造事業者)、③特定包装利用事業者(販売容器に包装を用いる事業者)、④指定法人(公益財団法人日本容器包装リサイクル協会)、市町村等が対象である(法2、⑪～⑬)。

　ただし、<u>一定の小規模事業者</u>として、卸売、小売、サービス業：従業員が5人以下、年間売上7千万円以下及びの他の業種：従業員20人以下かつ年間売上高2億4千万円以下の製造業等の小規模事業者は、<u>適用除外となる</u>(令2)。

　容器包装のうち飲料・酒類用スチール缶、アルミ缶、牛乳パック等の紙製飲料容器及び段ボール、PETボトルは市町村が分別収集した段階でリサイクル用として取引されるため適用外となる。

・事業者及び消費者は、繰り返して使用することが可能な容器包装の使用、容器包装の過剰な使用の抑制等の容器包装の使用の合理化により容器包装廃棄物の排出を抑制するよう努めるとともに、分別基準適合物の再商品化をして得られた物又はこれを使用した物の使用等により容器包装廃棄物の分別収集、分別基準適合物の再商品化等を促進するよう努めなければならない(法4)。

　また、消費者による廃棄時の分別排出を容易にするため、識別表示を容器包装に付けることを義務付けている(資源有効利用促進法、法2、令5、別表第5)。

　容器包装多量利用事業者(前年度の容器包装使用量が<u>50トン以上</u>の小売業)は排出抑制への取組状況を毎年度6月末までに、主務大臣に報告すること(法7の6、

・事業者及び消費者は、繰り返し使用可能な容器包装の使用や容器包装の過剰使用の抑制により、容器包装廃棄物の排出抑制に努めるとともに、再商品化して得られた物を使用し、容器包装廃棄物の分別収集、分別基準適合物の再商品化に努めなければならない(法11〜13)。

(参考)

識別表示：法に基づいて指定表示品と定められた容器包装に、プラスチック、紙、PET、スチール、アルミ等の材質を表示することをいう(資源有効利用促進法、法2、⑪、令5)。

留意点

再商品化の義務を果たさない事業者に対して罰則が強化(報告、命令違反20万円以下の罰金)された(法48)。

その他(責務)

事業者及び消費者は、繰り返し使用の可能な容器包装の使用、容器包装の過剰な使用の抑制等に努めるとともに、分別収集、分別基準適合物の再商品化等を促進するように努めること。

中小企業基本法で規定する小規模事業者は適用除外となるが、特定業者はリサイクル(再商品化)義務を負う。

3.4.2.4 食品リサイクル法(食品循環資源の再生利用等の促進に関する法律)

目 的

食品循環資源の再生利用及び熱回収並びに食品廃棄物の発生の抑制及び減量に関し基本的な事項を定め、食品関連事業者による食品循環資源の再生利用を促進するための措置を講じ、食品に係る資源の有効な利用の確保及び食品に係る廃棄物の排出の抑制を図る。

(参考)

食品廃棄物：食品が食用に供された後に、又は食用に供されずに廃棄されたもの、食品の製造・加工・調理の過程で副次的に得られた物品のうち食用に供せないものをいう(法2、②)。

適用と内容

①食品関連事業者(法2、④、令1)、②食品廃棄物多量発生事業者(食品廃棄物等の発生量が100トン/年以上の事業者)、③フランチャイズチェーン事業者(法9、①、令4)、④登録再生利用事業者(法9、②)が適用対象である。

・事業者及び消費者は、食品の購入又は調理の方法の改善により食品廃棄物等の発生の抑制に努めるとともに、食品循環資源の再生利用により得られた製品の利用により食品循環資源の再生利用を促進するよう努めなければならない(法4)。

食品廃棄物多量発生事業者は、毎年度、食品廃棄物の発生量及び再生利用等の状況に関し、6月末までに前年度(4/1～3/31)分について主務大臣に定期報告をすること(法9、①、令4)。

主務大臣は、再生利用等が、判断基準に照らして著しく不十分であると認めるときは、必要な措置をとるように勧告できる。その勧告に従わなかった時は、公表及び罰則規定がある(法27)。

登録再生利用事業者は、主務大臣に申請して、その登録を受けることができる。登録は5年ごとに更新し、廃棄物処理法・肥料取締法・飼料安全法の特例を受けることができる(法11、⑤)。

(参考)

食品関連事業者：食品の製造、加工、卸売業、小売業(食品メーカー、百貨店、スーパー、八百屋、魚屋等の事業者で動植物性の素材の残渣や廃棄食品が発生するもの)、飲食店業、沿海旅客海運業、内陸水運業、結婚式場、旅館業食堂、レストラン、ホテル、旅館、給食等の事業者(調理くず、食べ残しを含む調理済み食料等の残渣や廃棄物が発生するもの)をいう(法2、④、令1)。

登録再生利用事業者：自らまたは他人に委託して食品循環資源を肥料、飼料、炭化の過程を経て製造される燃料及び還元剤、油脂及び油脂製品、エタノール、メタンとして利用する事業者をいう。

留意点

食品循環資源の再生利用等：①発生抑制、②再生利用(食品循環資源の肥料、飼料、炭化の過程を経て燃料、油脂及び油脂製品、エタノール等として利用：業界全体として再生利用等実施率の目標値(主務大臣による基本方針)を2012年度までに、重量ベースで食品製造業は85％、食品卸売業は70％、食品小売業は45％、外食産業は40％としている)、③熱回収、④減量(食品循環資源を脱水、発酵、炭化)で再生利用に努める。

その他(責務)

食品関連事業者は、目標年度までに主務大臣が定める業種・業態ごとの食品廃棄物の基準発生原単位(食品廃棄物等の発生量/売上高、製造数量等)を下回るように食品廃棄物の発生抑制、再生利用に努めること(法7)。

目標達成手段(措置)として、①製造加工段階での原材料の使用の合理化、②流通

段階での品質管理の高度化、配送・保管方法の改善、③販売段階での売れ残り減少のための仕入れ・販売方法の工夫、④調理及び食事提供段階での、調理残さの減少のための調理方法の改善、食べ残し減少のためのメニューの工夫、⑤食品廃棄物の発生形態ごとの定期的な発生量計画、⑥変動状況の把握、計画的な食品廃棄物等の発生の抑制等に努める。

3.4.2.5 建設リサイクル法(建設工事に係る資材の再資源化等に関する法律)

目　　的

特定の建設資材について、その分別解体等及び再資源化等を促進するための措置を講ずるとともに、解体工事業者について登録制度を実施する等により、再生資源の十分な利用及び廃棄物の減量等を通じて、資源の有効な利用の確保及び廃棄物の適正な処理をすることを目的とする。

(参考)

分別解体等：建築物その他の工作物(「建築物等」)の全部又は一部を解体する建設工事(「解体工事」)、解体工事に伴う建設資材廃棄物を分別しつつ計画的に施工する行為、建築物等の新築その他の解体工事以外の建設工事、新築工事に伴う建設資材廃棄物をそ分別しつつ当該工事を施工する行為をいう(法2)。

適用と内容

・建設業を営む者は、建築物等の設計及びこれに用いる建設資材の選択、建設工事の施工方法等を工夫することにより、建設資材廃棄物の発生を抑制するとともに、分別解体等及び建設資材廃棄物の再資源化等に要する費用の低減、再利用に努めなければならない(法5)。

・発注者は、その注文する建設工事について、分別解体等及び建設資材廃棄物の再資源化等に要する費用の適正な負担、建設資材廃棄物の再資源化により得られた建設資材の使用等により、分別解体等及び建設資材廃棄物の再資源化等の促進に努めなければならない(法6)。

・特定建設資材(鉄筋コンクリート塊、アスファルト塊、廃木材、アスファルト・コンクリート塊等の建設資材廃棄物)の分別解体及び再資源化を促進すると共に解体工事業者の登録制度を実施する。対象建設工事の発注者又は自主施行者は着工7日前迄に都道府県知事に分別解体計画等を届出のこと(法10、令2)。

・対象建設工事は、①建築物の解体工事(床面積80 m^2 以上)、②建築物の新築又は増築工事(床面積が500 m^2 以上)、③修繕・模様替等工事(請負金額が1億円以上)、④建築物以外の工作物解体又は新築工事(請負代金が500万円以上)等の一定規模

以上の工事が対象である(令2、①～④)。

　対象建設工事の受注者、対象建設工事の元請業者、解体工事を営もうとする者が法の適用対象者である。

・解体工事業を営もうとする者は、当該区域を管轄する都道府県知事の登録を受ける(法21、①)。解体工事業者の登録は5年ごとに更新を受けなければ、効力を失う(法21、②、令2)。解体工事事業者は、解体工事の施工技術の確保に努める。解体工事業者は、工事現場における解体工事の施工技術上の管理を司る者は主務省令で定める基準に適合する者(技術管理者)を選任する(法31、令7)。解体工事を施工するときは、技術管理者に当該工事の施工に従事する他の者の監督をさせる。解体工事業者は、その営業所及び解体工事の現場ごとに、公衆の見やすい場所に、商号、名称又は氏名、登録番号その他主務省令で定める事項を記載した標識を掲示すること。解体工事業者は、その営業所ごとに帳簿を備え、その営業に関する事項の主務省令で定めるものを記載し、保存すること(法34、令9)。

留意点
　対象建設工事の元請業者は、再資源化(コンクリート→路盤材、骨材等、アスファルト・コンクリート→再生アスファルト、路盤材等、木材→木質ボード等、再資源化が困難な場合は焼却)が完了したときは、その旨を発注者に書面で報告すること。実施状況に関する記録を作成し、保存すること(法18)。

その他(責務)
　建設業者は設計及び資材の選択、施工方法の工夫により、廃棄物の発生を抑制するとともに、分解解体等及び廃棄物の再資源化に要する費用を低減する(法5)。
　解体対象工事については、再資源化等の実施・報告・記録、分別解体対象工事の基準遵守が必要となる。

3.4.2.6　自動車リサイクル法(使用済み自動車の再資源化等に関する法律)
目　的
　自動車製造業者等及び関連事業者による使用済み自動車の引取及び引渡並びに再資源化等を適正かつ円滑に実施するための措置を講ずることにより、使用済み自動車に係る廃棄物減量並びに再資源化及び再生資源及び再生部品の十分な利用等を通じて、使用済み自動車に係る廃棄物の適正な処理及び資源の有効な利用の確保等を図る。

適用と内容
　①自動車所有者、②引取業者(自動車販売、整備業)、③フロン類回収業者、④解

体業者、⑤破砕業者、⑥自動車製造業者(自動車製造業者、輸入業者)が適用対象者で、使用済み自動車からのフロン類、エアバッグ、シュレッダーダストが対象である。

・自動車製造業者等は自動車の長期間使用の促進、リサイクルを容易にし、費用を低減すること及び関連事業者に自動車の構造等の情報を適切に提供等、再資源等の実施に協力しなければならない(法3)。
・関連事業者は自動車リサイクル知識・能力を向上させ、リサイクル料金等を自動車所有者へ周知、引渡しが円滑に行われるように努めなければならない(法4)。
・フロン類回収業者は使用済み自動車を引き取り、フロン類を適正に回収し、自ら再利用する場合を除き当該フロン類を自動車製造業者等に引き渡すこと。フロン類を回収後、使用済み自動車を解体業者に引き渡すこと(法8〜14)。
・解体業者は使用済み自動車の解体に当たり、有用な部品を分離して再資源化を行い、エアバッグ類、シュレッダーダストを自動車製造業者等に引き渡すこと。解体が終了した使用済み自動車を破砕業者に引き渡すこと(法15〜16)。
・破砕業者は解体自動車の破砕、圧縮等に当たり、有用な金属を分離して再資源化を行い、自動車破砕残さを自動車製造業者等に引き渡すこと(法17〜18)。
・自動車所有者は自動車の長期間使用、リサイクルに配慮した自動車の購入、修理での使用済み自動車の再資源化により得られた物等の使用など、使用済み自動車の再資源化等の促進に努める(法5)。

廃車時のリサイクル料負担・適正処理、リサイクル券又は引取証明書、解体業者、破砕業者
特定再資源化物品(自動車破砕残さ及び指定回収物品)、特定再資源化物品等(特定再資源化物品及びフロン類)

留意点

　中古車として売った場合は、リサイクル券を次の所有者に渡すと共にリサイクル料金を受け取る。廃車の場合は、引取業者から引取証明書を受け取る。

その他(責務)

　<u>自動車所有者は、新車購入時にリサイクル料金及び情報／資金管理料金として支払いリサイクル券(預託証明書)を受け取ること。</u>
　制度施行時に使用中の自動車は最初の車検時までにリサイクル料金を支払うこと

3.4.2.7 グリーン購入法(国等による環境物品等の調達の推進等に関する法律)

目　的

　国、独立行政法人及び地方公共団体による環境物品等の調達の推進、情報の提供その他必要な事項を定めることにより、環境への負荷の少ない持続的発展が可能な社会の構築を図り、もって現在及び将来の国民の健康で文化的な生活の確保に寄与する。

　　　(参考)
　　　環境物品等：環境への負荷を低減する原材料又は物品を使用している製品、排出される温室効果ガスが少ない製品、使用後の廃棄物発生が少ない製品及び環境負荷低減につながる役務をいう(法2)。

適用と内容

　法の適用条件は、①国及び政令で定める独立行政法人及び②特殊法人、地方公共団体は、毎年度、環境物品等の調達の推進を図るための調達方針を作成するように努める。その調達方針で調達目標を定め調達を行うとする努力義務規定である。③民間事業者及び国民は責務規定のみである。

- 国及び独立行政法人等は、物品及び役務の調達に当たっては、環境物品等への需要の転換を促進するため、予算の適正な使用に留意しつつ、環境物品等を選択するよう努めなければならない(法3)。
- 事業者及び国民は、物品を購入し、若しくは借り受け、又は役務の提供を受ける場合には、できる限り環境物品等を選択するよう努めるものとする(法5)。
- 特定調達品目(法6、②)：紙類(再生紙)、オフィス家具類(いす、机、シュレッダー等)、OA機器(コピー機、プリンター、コンピュータ等)、家電製品、エアコン、照明、自動車(低公害車)、消化器、制服、作業服、防災備蓄用品、公共工事(再生資材、建設機械等)、設備(太陽光発電等)、役務(省エネ診断他)
- 特定調達品目以外の自主調達：エコマーク・グリーンマーク認定製品等、間伐材使用家具等

留意点

　自治体や国の各機関では調達方針あるいは調達実績報告などが求められるが、事業者(企業)及び消費者に対しては自主的努力義務である。

その他(責務)

　事業者及び国民は、できるかぎり環境物品等を選択するよう努めるものとする(法5)。再生品・エコマーク又は同等製品の優先的購入、新規購入時の省エネ特性に優れた機器購入等である。

3.5 土地利用等に係る個別法

3.5.1 土地利用・自然保護関係法規制

　国土利用計画(全国計画及び都道府県計画)を基本として策定される土地利用基本計画は、総合的かつ計画的な土地利用を図るうえでの基本となる計画であり、「都市計画法」、「農業振興地域の整備に関する法律」等の個別規制法に基づく諸計画に対する上位計画として、行政内部の総合調整機能を果たす。

　都市に産業が集積し、都市人口が増加するにつれて、都市環境の整備と改善が課題となってきた。都市インフラの整備や宅地開発等のため自然が減少し、地面の大部分がコンクリートやアスファルトに覆われてしまい、都市から潤いが失われることが問題であると認識されるようになった。事業活動と環境保全の統合を目指すのが環境影響評価法であり、工場立地法、都市計画法、大店立地法は同様な主旨を持つ環境法規制である。良好な環境を保全するためには、環境が損なわれてから対策を始めるのでは取り返しのつかないことがあることから、環境破壊を未然に防止することが必要である。したがって、環境に重大な影響を及ぼしうる事業については、その影響をあらかじめ調査・予測し、事業がどのような影響を環境に影響を及ぼすのかを把握したうえで、事業内容を決定し、必要な対策を実施していくことが求められている。

3.5.1.1　環境影響評価法
目　　的
　　環境影響評価について国等の責務を明らかにするとともに、環境影響の手続き等を定め、環境影響の結果を事業の内容に関する決定に反映させることを目的とする。
　　　　(参考)
　　　　　環境影響評価：事業の実施が環境に及ぼす影響について、その実施前に事業者自らがその環境影響を調査・予測・評価し、その事業に係る環境の保全のための措置を検討し、その措置を講じたときの環境影響を総合的に評価することをいう(法2)。

適用と内容
　　国、地方公共団体、事業者及び国民は、事業の実施前における環境影響評価の重要性を深く認識して、環境影響評価その他の手続が適切かつ円滑に行われ、事業の実施による環境への負荷をできる限り回避し、又は低減することその他の環境の保全に

ついての配慮が適正になされるようにそれぞれの立場で努めなければならない(法3)。

　第1種事業(道路、ダム、鉄道、飛行場、発電所等の規模が大きく環境に著しい影響を及ぼし、国が許認可等を行う事業)及び行政機関の スクリーニング により、第2種事業(埋立干拓、土地区画整備、新住宅市街地開拓、工業団地造成、新都市基盤整備、流通業務団地造成等で第1種事業より規模の小さいもの)対象事業に該当した場合、事業の実施前に環境影響評価方法書を作成し、知事、市町村長、住民等の意見を聞き、具体的な実施方法を決定する。

・国、地方公共団体、事業者及び国民は、事業の実施前における環境影響評価の重要性を深く認識して、この法律の規定による環境影響評価その他の手続が適切かつ円滑に行われ、事業の実施による環境への負荷をできる限り回避し、又は低減することその他の環境の保全についての配慮が適正になされるようにそれぞれの立場で努めなければならない(法3)。
・環境影響評価方法書を作成した場合、対象事業に係る都道府県知事・市町村長に送付し意見を求めること及び公告・縦覧を行う(スコーピング)(法7)。
・環境影響評価項目及び調査・予測・評価の方法についての意見を勘案し、環境影響評価項目・手法の選定指針により選定し、環境保全措置指針に従い実施する(法5)。
・環境評価準備書を作成し、都道府県知事・市長村長に送付し、意見を求めること及びその公告・縦覧、説明会の開催を行う(法14〜17)。

　　　(参考)
　　　スクリーニング：第二種事業について、個別事業ごとに事業特性と地域特性から、環境影響評価を行うかどうか判定する仕組み。
　　　スコーピング：環境影響評価項目とその調査方法及び環境評価予測・評価の手法について意見を求める仕組み(法2)。

留意点
　例えば、ごみ焼却施設を建設する場合には、自治体の環境影響評価条例等により環境アセスメントを行い、環境基準や環境関連法との関係について事前に予測と評価を行うことになっている。
　評価項目としては、大気汚染、悪臭、騒音、振動、地盤沈下、地形・変質、日照障害、電波障害、景観、水質汚濁等である。

その他(責務)
　環境保全や公害防止のため、環境影響評価書に基づく工事施工や工事完了後の対策等を含む。

(参考) 環境影響評価法に基づき実施された環境影響評価の施工状況（平成24年3月現在）

	道路	河川	鉄道	飛行場	発電所	処分場	埋立・干拓	面整備	合計
手続実施	77(22)	8(0)	16(4)	9(0)	59(12)	6(1)	15(3)	20(9)	203(50)
手続中	12(0)	2(0)	4(1)	1(0)	12(0)	2(0)	4(0)	2(0)	37(1)
手続完了	56(21)注3)	5(0)	10(3)	7(0)	41(12)注3), 4)	4(1)	9(2)注4)	14(7)	142(45)
手続中止	9(1)	1(0)	2(0)	1(0)	6(0)	−	2(1)	4(2)	24(4)
環境大臣意見注2)	56(21)	5(0)	11(3)	7(0)	41(12)	−	−	14(8)	134(44)

(第2種事業を含む)

注1) 括弧内は途中から法に基づく手続に乗り換えた事業で内数。2つの事業が併合して実施されたものは、合計では1件とした。
注2) 特に意見なしと回答した事業を含む。なお、環境大臣が意見を述べるのは許認可権者が国の機関である場合等に限られる。平成23年度に環境影響評価法第23条に基づく環境大臣の意見を提出した事業は、新仙台火力発電所リプレース計画、能越自動車道（田鶴浜〜七尾）、JFE千葉西発電所更新・移設計画、京王電鉄京王線（笹塚駅〜つつじヶ丘駅間）連続立体交差化及び複々線化事業、大分共同発電所3号機増設計画。
注3) 平成23年度に環境影響評価法第27条に基づく公告・縦覧が終了した事業は、高速横浜環状北西線、新仙台火力発電所リプレース計画、能越自動車道（田鶴浜〜七尾）JFE千葉西発電所　更新・移設計画。
注4) 環境影響評価法第4条第3項第2号に基づく通知が終了した事業（スクリーニングの結果、法アセス手続不要と判定された事業）3件を含む。

　　環境影響評価法は、道路、ダム、鉄道、飛行場、発電所、埋立・干拓、土地区画整理事業等の開発事業のうち、規模が大きく、環境影響の程度が著しくものとなるおそれがある事業について環境影響の手続きの実施を義務付けている。同法に基づき、平成24年3月末までに計203件の事業について手続が実施され、23年度においては、新たに7件の手続開始、また、4件が手続完了し、環境配慮の徹底が図られた。（環境白書、平成24年版）。

3.5.1.2　工場立地法

目　的

　　工場立地が環境の保全を図りつつ適正に行われるようにするため、工場立地に関する調査を実施し及び工場立地に関する準則等を公表し、並びにこれに基づき勧告、命令等を行い、国民経済の健全な発展と国民の福祉の向上に寄与することを目的とする。

適用と内容

　　法適用条件は、①建設面積 $9,000\ m^2$ 以上又は②建築物の建築面積 $3,000\ m^2$ 以上で製造業等に係る工場等を新設(生産施設以外の事務所、研究所、倉庫等を含む)しようとする場合である(法6、①、令2)。

- 緑地：10 m² を超える区画された土地、又は建築物屋上緑化施設 10 m² 当たり高木 1 本以上又は 20 m² 当たり高木 1 本以上及び低木 20 本以上
- 環境施設：噴水、水流、池、屋外運動場、広場、屋内運動施設及び文化施設、太陽光発電施設
- 工場立地に関する準則（法 4、法 4 の 2）
  ①生産施設面積率：生産施設面積の敷地面積に対する割合 30 〜 65％以下
  ②緑地面積率：緑地面積の敷地面積に対する割合 20％以上
  ③環境施設面積率：環境施設の敷地面積に対する割合 25％以上（準則 2）
- 工業団地や集合団地、既存工場に対しては特例がある（法 6、則 6）。
  届出事項：①都道府県知事へ氏名、住所、②製品等、③敷地面積及び建築面積、④生産施設、緑地及び環境施設の面積等

留 意 点

業種ごとに生産施設面積率が定められている（第 1 〜 8 種）。
緑地面積率も区域（住居、準工業、工業地区）や地方自治体により異なる。

その他（責務）

工業団地や工業集合地に立地する特定工場には、工業団地の共通緑地や共同で工場敷地外に設置した緑地に関する特別措置がある。工場新設時には、都道府県に確認を要する。

3.5.1.3 都市計画法

目　　的

都市の建設、整備、改良等のため都市計画の立案・決定・執行手続きに関して必要な事項を規定することにより、都市の健全な発展を図り、公共の安寧秩序及び公共福利の増進に寄与させることを目的としている。

適用と内容

- 都市計画は、農林漁業との健全な調和を図りつつ、健康で文化的な都市生活及び機能的な都市活動を確保すべきこと並びにこのためには適正な制限のもとに土地の合理的な利用が図られるべきことを基本理念として定めるものとする（法 2）。
- 国及び地方公共団体は、都市の整備、開発その他都市計画の適切な遂行に努めなければならない。都市の住民は、国及び地方公共団体がこの法律の目的を達成するため行なう措置に協力し、良好な都市環境の形成に努めなければならない。国及び地方公共団体は、都市の住民に対し、都市計画に関する知識の普及及び情報の提供に努めなければならない（法 3）。

・開発事業者によって開発施設を市街化区域、市街化調整区域及び市街化区域及び市街化調整区域の区域区分が定められていない都市計画区域(非線引都市計画区域)に設置する場合、都道府県都市計画審議会の議を経た後、都道府県知事もしくは指定都市等の長への許可を得ることが必要である(法29、①、②)。
・開発許可公告後の、予定建築物以外の建築物又は特定工作物を新築、新設、建築物の改築、又は用途変更は禁止されている(法42、①)。

留意点
　大規模の場合には、環境影響評価法にも該当し、環境影響評価を実施した結果を適切に計画に反映することが求められる。

その他(責務)
　都市環境の維持改善を内包しており、身近な生活環境はもとより地球規模の環境問題まで念頭において計画策定に当たることが望まれている。

3.5.1.4　大店立地法(大規模小売店舗立地法)

目　的
　大規模小売店舗の立地に関し、その周辺の地域の生活環境の保持のため、大規模小売店舗を設置する者によりその施設の配置及び運営方法について適正な配慮がなされることを確保することにより、小売業の健全な発達を図り、もって国民経済及び地域社会の健全な発展並びに国民生活の向上に寄与することを目的とする。

適用と内容
・店舗面積 1,000 m^2 超の大型店は新法に従い、都道府県や政令指定都市に出店を届け出る(法3、令2)。
・審査対象の事項は、地域社会との調和・地域づくりに関する事項として、円滑な交通の確保その他の周辺の地域の利便の確保のための配慮すべき事項として、交通渋滞、駐車・駐輪場、交通安全問題や騒音の発生などによる周辺の生活環境の悪化の防止のために配慮すべき事項として騒音、廃棄物問題等である。運用主体は、都道府県、政令指定都市で同時に市町村の意思の反映を図ることとし、広範な住民の意思表明の機会を確保する(法7)。
・審査に当たっては、地域住民の意思を反映しつつ、公正かつ透明な手続きによって問題を解決する。国が定める共通の手続きとルールに従って、地方自治体が個別ケース毎に地域の実情に応じた運用を目指すものである(法9)。
・出店の届出をした者は、その届け出たところにより、その大規模小売店舗の周辺の地域の生活環境の保持についての適正な配慮をし、当該大規模小売店舗を維持

し、及び運営しなければならない。

　また、大規模小売店舗において事業活動を行う小売業者は、届出に係る事項の円滑な実施に協力するよう努めなければならない(法10)。

留意点
　交通渋滞、騒音、廃棄物等の配慮が必要となる(法10)。

その他(責務)
　防音壁の設置、遮音壁設置等の騒音源対策や分別、保管、処理等の廃棄物対策規制を行う。

3.6　環境教育に係る個別法

3.6.1　環境教育関係法規制

　環境問題を解決するためには、社会全体が環境配慮型の経済システムに移行することが必要であり、そのためには、行政や企業の取組みに加えて、私たち一人ひとりのライフスタイルの変革が求められてくる。そのために重視されているのが、環境教育である。環境教育は、環境教育環境保全活動・環境教育推進法において、「環境の保全についての理解を深めるために行われる環境の保全に関する教育及び学習」と定義されている。同法に基づき策定される基本方針には、様々な個人や団体が自発的に環境保全に取り組み、その輪が広がる環境をつくることや、環境を大切にし、具体的行動をとる人材をつくることの重要性、自発性の尊重等が基本的な考え方として盛り込まれている。

　環境教育を担う指導者には環境に関する科学的知識のほか、知見に基づく公平な態度と総合的な価値判断のできる能力が求められている。

　持続可能な社会の担い手づくりを目的とするESD(Education for Sustainable Development)は、2002年に開催された「持続可能な開発に関する世界首脳会議(ヨハネスブルグサミット)」の実施計画の議論の中で、日本は、「持続可能な開発のための教育(ESD)の10年」を提案し、各国の政府や国際機関の賛同を得て、実施計画に盛り込まれることとなった。いまだ十分な理解や有効なプログラムは多くはないが、立教大学ESD教育センターでは、次世代CSRとESD(企業のためのサステナビリティ教育)を実施している。人、社会、世界の持続できるビジネスを創出できる企業人が生まれる環境づくりに取り組むとして、3つの公正(世代間の公正、世代内の公正、種間の

公正)、3つのアプローチ(対話と協働、参加体験型の学び、文化と知恵の再評価)を提案している。

3.6.1.1 環境配慮促進法(環境情報の提供の促進等による特定事業者等の環境に配慮した事業活動の促進に関する法律)

目　的

事業活動に係る環境配慮等の状況に関する情報の提供及び利用等に関し、国等の責務を明らかにするとともに、特定事業者による環境報告書の作成及び公表に関する措置を講ずることにより、事業活動に係る環境の保全についての配慮が適切になされることを確保することを目的とする。

　　　(参考)

　　　環境報告書：いかなる名称であるかを問わず、特定事業者やその他の事業者が1事業(営業)年度におけるその事業活動に係る環境配慮等の状況を記載した文書又は電磁気的記録をいう。

適用と内容

・国は、自らの環境配慮等の状況を公表するとともに、事業者による環境情報の提供の促進、事業者又は国民による環境情報の利用の促進その他の環境に配慮した事業活動の促進のための施策を推進するものとする。国及び地方公共団体は、環境に配慮した事業活動の促進のための施策を推進するに当たっては、中小企業者の事務負担その他の事情に配慮をしつつ、これを行うものとする(法3)。

・事業者は、その事業活動に関し、環境情報の提供を行うように努めるとともに、他の事業者に対し、投資その他の行為をするに当たっては、当該他の事業者の環境情報を勘案してこれを行うように努めるものとする(法4)。

・事業者は、その製品等が環境への負荷の低減に資するものである旨その他のその製品等に係る環境への負荷の低減に関する情報の提供を行うように努めるものとする(法12)。

留意点

特別の法律によって設立された法人(独立行政法人や国立大学等)の特定事業者には環境報告書の作成・普及義務がある(法9)。

環境省によって環境報告書のガイドラインが制定されており、特定事業者を除く大企業でも環境報告書やCSR報告書を作成し、公表している事例が多い。

・環境報告書には以下の7項目の内容を記載する(告示1号)。

　1)　事業活動に係る環境配慮の方針等について(代表者の認識や見解、方針、基

2) 主要な事業内容、対象とする事業年度等について（営業年度や組織範囲等）
　　3) 事業活動に係る環境配慮の計画について（具体的な目標と目標達成のための取組）
　　4) 事業活動に係る環境配慮の取組の体制等について（目標達成のための組織体制や運営方法）
　　5) 事業活動に係る環境配慮の取組の状況等について
　　6) 製品等に係る環境配慮の情報について（環境負荷の低減に資する主要な製品、サービス内容）
　　7) その他について（多様な利害関係者との意見交換情報等）
であり、環境報告書の自己評価や第三者審査等を受けることにより、信頼性を高めることが望まれている。

　国は中小企業者に対し、環境配慮について公表する方法に関する情報を提供するとしている（法3）。

その他（責務）
・自主的な環境報告書の作成・公表
・グリーン購入適合品及びエコマーク認定商品の優先採用

3.6.1.2　環境教育促進法（環境保全のための意欲の増進及び環境教育の推進等に関する法律）

目　的

　環境保全活動、環境保全の意欲の増進 及び 環境教育 について、基本理念を定め、並びに国民、民間団体等、国及び地方公共団体の責務を明らかにするとともに、基本方針の策定その他の環境保全の意欲の増進及び環境教育の推進に必要な事項を定め、もって現在及び将来の国民の健康で文化的な生活の確保に寄与することを目的とする。

　　　　（参考）
　　　　　環境保全活動：地球環境保全、公害の防止、生物の多様性の保全等の自然環境の保護及び整備、循環型社会の形成その他の環境の保全（良好な環境の創出を含む）を主たる目的として自発的に行われる活動をいう。
　　　　　環境保全の意欲の増進：環境の保全に関する情報の提供並びに環境の保全に関する体験の機会の提供及びその便宜の供与であって、環境の保全についての理解を深め、及び環境保全活動を行う意欲を増進するために行われるものをいう。

環境教育：持続可能な社会の構築を目指して、家庭、学校、職場、地域その他のあらゆる場において、環境と社会、経済及び文化とのつながりその他環境の保全についての理解を深めるために行われる環境の保全に関する教育及び学習をいう。

適用と内容
- 国民、民間団体等は、家庭、職場、地域等において、環境保全活動、環境保全の意欲の増進及び環境教育並びに協働取組を自ら進んで行うよう努めるとともに、他の者の行う環境保全活動、環境保全の意欲の増進及び環境教育並びに協働取組に協力するよう努めるものとする（法4）。
- 民間団体、事業者、国及び地方公共団体は、その雇用する者の環境保全に関する知識及び技能を向上させるよう努め、更に環境保全に関する知識及び技術向上のため、職場において学生の就業体験等必要な体験の機会の提供に努める（法10）。

留意点
- 地域住民との対話、地域清掃、環境法・コンプライアンスの教育等。

その他（責務）
具体的な事柄を企業に義務付けるものではない。しかし、企業における環境・CSR活動の高まりの中で、従業員に環境教育を促す動きや、社外の環境教育活動を積極的に進めている企業は増えつつある。

3.7 海外規制（有害物質）

3.7.1 海外における規制の実際

EU（欧州連合）ではRoHS指令（電子機器への特定物質の使用制限）、REACH規則（化学物質の登録・評価・認可の義務付け）、WEEE指令（電気・電子機器の廃棄物のリサイクル義）、ELV（廃自動車部品中の有害金属の使用制限）、CEマーキング（第三者認証機関が所定の適合性評価を行い、製品、包装、添付文書に付与し、CEマーキング表示のある製品）等数多くある。こうした規制内容に違反する場合には、いくら優れた機能を有する電気製品等であってもEUに輸出することはできない。さらに、REACH規則では化学物質及びそれを含む物質が年間1トン以上の場合は、登録し、評価（審査）を受け認可の上で必要に応じた制限を義務付けている。このようにグローバル市場で事業展開を行う際には適切な対応がなければマーケットへの参入ができなくなっている。同様な規制はEU以外でもあり、国際的な整合が必要とされている。

3.7.1.1 RoHS（Restriction of Hazardous Substances、ローズ）
目 的

　RoHS（ローズ）は、電子・電気機器における特定有害物質の使用制限についてのEUによる指令である。2003年2月にWEEE指令と共に公布、2006年7月に施行、2011年7月に改正された。

適用と内容

　RoHS対象製品の代表例としては、大型家庭内電気製品、小型家庭内電気製品、IT及び遠隔通信機器、民生用機器、照明装置、電動工具、玩具、自動販売機器類等であったが、医療機器、監視及び制御機器、その他の電気電子機器が追加された。

1. 鉛：1,000 ppm（0.1 wt%）以下
2. 水銀：1,000 ppm（0.1 wt%）以下
3. カドミウム：100 ppm（0.01 wt%）以下
4. 六価クロム：1,000 ppm（0.1 wt%）以下
5. ポリ臭化ビフェニル（PBB）：1,000 ppm（0.1 wt%）以下
6. ポリ臭化ジフェニルエーテル（PBDE）：1,000 ppm（0.1 wt%）以下

対象製品は、すべての構成部材で上記物質の含有率を指定数値以下にする必要がある。なお、適切な代替手段が無い場合等には、一定の範囲で免除されることが規定されている。例えば、指定範囲の蛍光ランプ中の水銀、ブラウン管等のガラス中の鉛、指定の含有率以下の鉛を含む合金、高温溶接タイプの鉛はんだ、医療器具等である。

留意点

　顧客から原材料等の非含有証明書や不使用証明書類を要求される場合には入手あるいは測定するケースがある。

　JISC0950（電気・電子機器の特定化学物質の含有表示法）基づく含有に関する情報提供等を行うこと。

その他（責務）

　分析証明は正確に評価されなければならない。一般的な分析の必要性は不適合の危険度及び環境へのリスク程度によって、例えば部品、材料が大量に使用されているものであれば、少量のものよりも頻繁なチェック（分析）が要求され、適合証明方法としてCE適合宣言書および技術文書の作成・保管が必要である。

3.7.1.2　REACH(Registration,Evaluation,Authorization and Restriction of Chemicaks、リーチ、リーチ法)(化学物質の登録・評価・認可の義務付け)

目　的

　欧州連合における人の健康や環境の保護のために化学物質とその使用を管理する欧州議会及び欧州理事会規則である。また、EU 市場内での物質の自由な流通により、競争力と技術革新を強化することも目的にしている。

適用と内容

　欧州では化学品庁(ECHA)により 2008 年 6 月 30 日に REACH 規則の高懸念物質(SVHC：Substances of Very High Concern)の化学物質が発表され、この REACH 規則では SVHC を附属書 XIV に掲載し、これらを 0.1% 以上含む場合は、消費者からの要求があった時に 45 日以内の情報提供を行う義務を負わせているため、REACH 規制対象の高懸念物質が含まれていないかどうかの調査や情報入手等が必要である。逐次、追加される可能性が高いため対象物資についての情報収集が望まれる。

REACH 高懸念物質(SVHC)第 1 次リスト(2008 年 6 月発表)

1	アントラセン	9	2,4,6-トリニトロ-5-tert-ブチル-m-キシレン(マスクキシレン)
2	4,4'-ジアミンジフェニルメタン	10	フタル酸ビス(2-エチルヘキシル)
3	フタル酸ジブチル	11	ヘキサブロモシクロドデカン
4	シクロドデカン	12	クロロアルカン(C10-C13)(短鎖型塩化パラフィン)
5	二塩化コバルト	13	ビストリブチルスズオキシド
6	五酸化二ひ素	14	ひ酸水素鉛
7	三酸化二ひ素	15	ひ酸トリエチル
8	二クロム酸ナトリウム二水和物	16	フタル酸ベンジルブチル

留意点

　顧客から原材料等の非含有証明書や不使用証明書類を要求される場合には入手あるいは測定するケースがある。

その他(責務)

　REACH の基本理念：データ登録されていない化学物質を上市(供給)してはならない。

3.8　その他環境法

　ここでは、本章において触れなかった法律の目的について、第一条を基にまとめた。ただし、法文については法律にあるそのままでなく、統一のため用語の若干の修正を行っているが、その内容に変更はない。

(1)　医　療　法
　この法律は、医療を受ける者による医療に関する適切な選択を支援するために必要な事項、医療の安全を確保するために必要な事項、病院、診療所及び助産所の開設及び管理に関し必要な事項並びにこれらの施設の整備並びに医療提供施設相互間の機能の分担及び業務の連携を推進するために必要な事項を定めること等により、医療を受ける者の利益の保護及び良質かつ適切な医療を効率的に提供する体制の確保を図り、もって国民の健康の保持に寄与することを目的とする。

(2)　エコツーリズム推進法
　この法律は、エコツーリズムが自然環境の保全、地域における創意工夫を生かした観光の振興及び環境の保全に関する意識の啓発等の環境教育の推進において重要な意義を有することに鑑み、エコツーリズムについての基本理念、政府による基本方針の策定その他のエコツーリズムを推進するために必要な事項を定めることにより、エコツーリズムに関する施策を総合的かつ効果的に推進し、もって現在及び将来の国民の健康で文化的な生活の確保に寄与することを目的とする。

(3)　エネルギー政策基本法
　この法律は、エネルギーが国民生活の安定向上並びに国民経済の維持及び発展に欠くことのできないものであるとともに、その利用が地域及び地球の環境に大きな影響を及ぼすことに鑑み、エネルギーの需給に関する施策に関し、基本方針を定め、並びに国及び地方公共団体の責務等を明らかにするとともに、エネルギーの需給に関する施策の基本となる事項を定めることにより、エネルギーの需給に関する施策を長期的、総合的かつ計画的に推進し、もって地域及び地球の環境の保全に寄与するとともに我が国及び世界の経済社会の持続的な発展に貢献することを目的とする。

(4) 温泉法
　この法律は、温泉を保護し、温泉の採取等に伴い発生する可燃性天然ガスによる災害を防止し、及び温泉の利用の適正を図り、もって公共の福祉の増進に寄与することを目的とする。

(5) 海岸法
　この法律は、津波、高潮、波浪その他海水又は地盤の変動による被害から海岸を防護するとともに、海岸環境の整備と保全及び公衆の海岸の適正な利用を図り、もって国土の保全に資することを目的とする。

(6) 外来生物法（特定外来生物による生態系等に係る被害の防止に関する法律）
　この法律は、特定外来生物の飼養、栽培、保管又は運搬（以下「飼養等」という。）、輸入その他の取扱いを規制するとともに、国等による特定外来生物の防除等の措置を講ずることにより、特定外来生物による生態系等に係る被害を防止し、もって生物の多様性の確保、人の生命及び身体の保護並びに農林水産業の健全な発展に寄与することを通じて、国民生活の安定向上に資することを目的とする。

(7) 河川法
　この法律は、河川について、洪水、高潮等による災害の発生が防止され、河川が適正に利用され、流水の正常な機能が維持され、及び河川環境の整備と保全がされるようにこれを総合的に管理することにより、国土の保全と開発に寄与し、もって公共の安全を保持し、かつ、公共の福祉を増進することを目的とする。

(8) ガス事業法
　この法律は、ガス事業の運営を調整することによって、ガスの使用者の利益を保護し及びガス事業の健全な発達を図るとともに、ガス工作物の工事、維持及び運用並びにガス用品の製造及び販売を規制することによって、公共の安全を確保し、併せて公害の防止を図ることを目的とする。

(9) 化製場等に関する法律
　獣畜の肉、皮、骨、臓器等を原料とする皮革、油脂、にかわ、肥料、飼料その他の物の製造は、化製場以外の施設で、これを行ってはならない。死亡獣畜の解体、埋却又は焼却は、死亡獣畜取扱場以外の施設又は区域で、これを行ってはならない。ただ

し、食用に供する目的で解体する場合及び都道府県知事の許可を受けた場合はこの限りでない。

(10) 火薬類取締法
　この法律は、火薬類の製造、販売、貯蔵、運搬、消費その他の取扱を規制することにより、火薬類による災害を防止し、公共の安全を確保することを目的とする。

(11) 家畜排せつ物法（家畜排せつ物の管理の適正化及び利用の促進等に関する法律）
　この法律は、畜産業を営む者による家畜排せつ物の管理に関し必要な事項を定めるとともに、家畜排せつ物の処理の高度化を図るための施設の整備を計画的に促進する措置を講ずることにより、家畜排せつ物の管理の適正化及び利用の促進を図り、もって畜産業の健全な発展に資することを目的とする。

(12) 環境配慮活動促進法（環境情報の提供の促進等による特定事業者等の環境に配慮した事業活動の促進に関する法律）
　この法律は、環境を保全しつつ健全な経済の発展を図る上で事業活動に係る環境の保全に関する活動とその評価が適切に行われることが重要であることに鑑み、事業活動に係る環境配慮等の状況に関する情報の提供及び利用等に関し、国等の責務を明らかにするとともに、特定事業者による環境報告書の作成及び公表に関する措置等を講ずることにより、事業活動に係る環境の保全についての配慮が適切になされることを確保し、もって現在及び将来の国民の健康で文化的な生活の確保に寄与することを目的とする。

(13) 環境配慮契約法（国等における温室効果ガス等の排出の削減に配慮した契約の推進に関する法律）
　この法律は、国等における温室効果ガス等の排出の削減に配慮した契約の推進に関し、国等の責務を明らかにするとともに、基本方針の策定その他必要な事項を定めることにより、国等が排出する温室効果ガス等の削減を図り、もって環境への負荷の少ない持続的発展が可能な社会の構築に資することを目的とする。

(14) 揮発油等の品質の確保等に関する法律
　この法律は、国民生活との関連性が高い石油製品である揮発油、軽油及び灯油について適正な品質のものを安定的に供給するため、その販売等について必要な措置を講

じ、もって消費者の利益の保護に資するとともに、重油について海洋汚染等の防止に関する国際約束の適確な実施を確保するために必要な措置を講ずることを目的とする。

(15) 景観法

この法律は、我が国の都市、農山漁村等における良好な景観の形成を促進するため、景観計画の策定その他の施策を総合的に講ずることにより、美しく風格のある国土の形成、潤いのある豊かな生活環境の創造及び個性的で活力ある地域社会の実現を図り、もって国民生活の向上並びに国民経済及び地域社会の健全な発展に寄与することを目的とする。

(16) 計量法

この法律は、計量の基準を定め、適正な計量の実施を確保し、もって経済の発展及び文化の向上に寄与することを目的とする。

(17) 健康公害犯罪処罰法

この法律は、事業活動に伴って人の健康に係る公害を生じさせる行為等を処罰することにより、公害の防止に関する他の法令に基づく規制と相まって人の健康に係る公害の防止に資することを目的とする。

(18) 建築基準法

この法律は、建築物の敷地、構造、設備及び用途に関する最低の基準を定めて、国民の生命、健康及び財産の保護を図り、もって公共の福祉の増進に資することを目的とする。

(19) 建設業法

この法律は、建設業を営む者の資質の向上、建設工事の請負契約の適正化等を図ることによって、建設工事の適正な施工を確保し、発注者を保護するとともに、建設業の健全な発達を促進し、もって公共の福祉の増進に寄与することを目的とする。

(20) ビル管理法(建築物における衛生的環境の確保に関する法律)

この法律は、多数の者が使用し、又は利用する建築物の維持管理に関し環境衛生上必要な事項等を定めることにより、その建築物における衛生的な環境の確保を図り、もって公衆衛生の向上及び増進に資することを目的とする。

(21) 原子力基本法
　この法律は、原子力の研究、開発及び利用（以下「原子力利用」という。）を推進することによって、将来におけるエネルギー資源を確保し、学術の進歩と産業の振興とを図り、もって人類社会の福祉と国民生活の水準向上とに寄与することを目的とする。

(22) 原災法（原子力災害対策特別措置法）
　この法律は、原子力災害の特殊性に鑑み、原子力災害の予防に関する原子力事業者の義務等、原子力緊急事態宣言の発出及び原子力災害対策本部の設置等並びに緊急事態応急対策の実施その他原子力災害に関する事項について特別の措置を定めることにより、核原料物質、核燃料物質及び原子炉の規制に関する法律、災害対策基本法その他原子力災害の防止に関する法律と相まって、原子力災害に対する対策の強化を図り、もって原子力災害から国民の生命、身体及び財産を保護することを目的とする。

(23) 公害健康被害補償法
　この法律は、事業活動その他の人の活動に伴って生ずる相当範囲にわたる著しい大気の汚染又は水質の汚濁（水底の底質が悪化することを含む。以下同じ。）の影響による健康被害に係る損害を填補するための補償並びに被害者の福祉に必要な事業及び大気の汚染の影響による健康被害を予防するために必要な事業を行うことにより、健康被害に係る被害者等の迅速かつ公正な保護及び健康の確保を図ることを目的とする。

(24) 鉱山保安法
　この法律は、鉱山労働者に対する危害を防止するとともに鉱害を防止し、鉱物資源の合理的開発を図ることを目的とする。

(25) 港湾法
　この法律は、交通の発達及び国土の適正な利用と均衡ある発展に資するため、環境の保全に配慮しつつ、港湾の秩序ある整備と適正な運営を図るとともに、航路を開発し、及び保全することを目的とする。

(26) 小型家電リサイクル法（使用済小型電子機器等の再資源化の促進に関する法律）
　この法律は、使用済小型電子機器等に利用されている金属その他の有用なものの相当部分が回収されずに廃棄されている状況に鑑み、使用済小型電子機器等の再資源化を促進するための措置を講ずることにより、廃棄物の適正な処理及び資源の有効な利

用の確保を図り、もって生活環境の保全及び国民経済の健全な発展に寄与することを目的とする。

(27) 湖沼水質保全特別措置法

この法律は、湖沼の水質の保全を図るため、湖沼水質保全基本方針を定めるとともに、水質の汚濁に係る環境基準の確保が緊要な湖沼について水質の保全に関し実施すべき施策に関する計画の策定及び汚水、廃液その他の水質の汚濁の原因となる物を排出する施設に係る必要な規制を行う等の特別の措置を講じ、もって国民の健康で文化的な生活の確保に寄与することを目的とする。
(湖沼は閉鎖系水域であるうえ、宅地化による生活排水の増加、畜産業からの排水等により水質の汚濁が著しくなった。そのため、水濁法の排水規制を強化する共に、水濁法では規制されない小規模施設や畜舎等の規制を講じるなど総合的な対策が講じられている)

(28) 古物営業法

この法律は、盗品等の売買の防止、速やかな発見等を図るため、古物営業に係る業務について必要な規制等を行い、もって窃盗その他の犯罪の防止を図り、及びその被害の迅速な回復に資することを目的とする。

(29) 産業廃棄物処理特定施設整備法(産業廃棄物の処理に係る特定施設の整備の促進に関する法律)

この法律は、我が国における近年の国民経済の発展に伴い、産業廃棄物の排出量が増加するとともに、その種類が多様化し、産業廃棄物の処理施設に対する需要が著しく増大していることに鑑み、産業廃棄物の処理を効率的かつ適正に行うための一群の施設の整備をその周辺地域の公共施設の整備との連携に配慮しつつ促進する措置を講ずることにより、産業廃棄物の処理施設の安定的な供給及び産業廃棄物の適正な処理の推進を図り、もって生活環境の保全及び国民経済の健全な発展に寄与することを目的とする。

(30) 自然公園法

この法律は、優れた自然の風景地を保護するとともに、その利用の増進を図ることにより、国民の保健、休養及び教化に資するとともに、生物の多様性の確保に寄与することを目的とする。

(31) 自然環境保全法
　この法律は、自然公園法その他の自然環境の保全を目的とする法律と相まって、自然環境を保全することが特に必要な区域等の生物の多様性の確保その他の自然環境の適正な保全を総合的に推進することにより、広く国民が自然環境の恵沢を享受するとともに、将来の国民にこれを継承できるようにし、もって現在及び将来の国民の健康で文化的な生活の確保に寄与することを目的とする。

(32) 自然再生推進法
　この法律は、自然再生についての基本理念を定め、及び実施者等の責務を明らかにするとともに、自然再生基本方針の策定その他の自然再生を推進するために必要な事項を定めることにより、自然再生に関する施策を総合的に推進し、もって生物の多様性の確保を通じて自然と共生する社会の実現を図り、併せて地球環境の保全に寄与することを目的とする。

(33) 住宅品質確保法（住宅の品質確保の促進等に関する法律）
　この法律は、住宅の性能に関する表示基準及びこれに基づく評価の制度を設け、住宅に係る紛争の処理体制を整備するとともに、新築住宅の請負契約又は売買契約における瑕疵担保責任について特別の定めをすることにより、住宅の品質確保の促進、住宅購入者等の利益の保護及び住宅に係る紛争の迅速かつ適正な解決を図り、もって国民生活の安定向上と国民経済の健全な発展に寄与することを目的とする。

(34) 食品衛生法
　この法律は、食品の安全性の確保のために公衆衛生の見地から必要な規制その他の措置を講ずることにより、飲食に起因する衛生上の危害の発生を防止し、もって国民の健康の保護を図ることを目的とする。

(35) 種の保存法（絶滅のおそれのある野生動植物の種の保存に関する法律）
　この法律は、野生動植物が、生態系の重要な構成要素であるだけでなく、自然環境の重要な一部として人類の豊かな生活に欠かすことのできないものであることに鑑み、絶滅のおそれのある野生動植物の種の保存を図ることにより良好な自然環境を保全し、もって現在及び将来の国民の健康で文化的な生活の確保に寄与することを目的とする。

3.8 その他環境法

(36) 新エネルギー特措法(電気事業者による新エネルギー利用等の促進に関する特別措置法)

　この法律は、内外の経済的社会的環境に応じたエネルギーの安定的かつ適切な供給の確保に資するため、新エネルギー利用等についての国民の努力を促すとともに、新エネルギー利用等を円滑に進めるために必要な措置を講ずることとし、もって国民経済の健全な発展と国民生活の安定に寄与することを目的とする。

(37) 森　林　法

　この法律は、森林計画、保安林その他の森林に関する基本的事項を定めて、森林の保続培養と森林生産力の増進とを図り、もって国土の保全と国民経済の発展とに資することを目的とする。

(38) 水　道　法

　この法律は、水道の布設及び管理を適正かつ合理的ならしめるとともに、水道を計画的に整備し、及び水道事業を保護育成することによって、清浄にして豊富低廉な水の供給を図り、もって公衆衛生の向上と生活環境の改善とに寄与することを目的とする。

(39) 水道原水法(水道原水水質保全事業の実施の促進に関する法律)

　この法律は、水道原水の水質の保全に資する事業の実施を促進する措置を講ずることにより、安全かつ良質な水道水の供給を確保し、もって公衆衛生の向上及び生活環境の改善に寄与することを目的とする。

(40) スパイクタイヤ粉じんの発生防止に関する法律

　この法律は、スパイクタイヤの使用を規制し、及びスパイクタイヤ粉じんの発生の防止に関する対策を実施すること等により、スパイクタイヤ粉じんの発生を防止し、もって国民の健康を保護するとともに、生活環境を保全することを目的とする。
(指定地域におけるスパイクタイヤの使用の禁止(指定地域は環境庁告示による)舗装が施されている道路の積雪又は凍結の状態にない部分でのスパイクタイヤの使用が禁止される)

(41) 生産緑地法

　この法律は、生産緑地地区に関する都市計画に関し必要な事項を定めることにより、

農林漁業との調整を図りつつ、良好な都市環境の形成に資することを目的とする。

(42) **生物多様性基本法**
　この法律は、環境基本法の基本理念にのっとり、生物の多様性の保全及び持続可能な利用について、基本原則を定め、並びに国、地方公共団体、事業者、国民及び民間の団体の責務を明らかにするとともに、生物多様性国家戦略の策定その他の生物の多様性の保全及び持続可能な利用に関する施策の基本となる事項を定めることにより、生物の多様性の保全及び持続可能な利用に関する施策を総合的かつ計画的に推進し、もって豊かな生物の多様性を保全し、その恵沢を将来にわたって享受できる自然と共生する社会の実現を図り、併せて地球環境の保全に寄与することを目的とする。

(43) **生物多様性地域連携促進法**(地域における多様な主体の連携による生物の多様性の保全のための活動の促進等に関する法律)
　この法律は、生物の多様性が地域の自然的社会的条件に応じて保全されることの重要性に鑑み、地域における多様な主体が有機的に連携して行う生物の多様性の保全のための活動を促進するための措置等を講じ、もって豊かな生物の多様性を保全し、現在及び将来の国民の健康で文化的な生活の確保に寄与することを目的とする。

(44) **生物多様性保全活動促進法**
　この法律は、生物の多様性が地域の自然的社会的条件に応じて保全されることの重要性に鑑み、地域における多様な主体が有機的に連携して行う生物の多様性保全のための活動を促進するため措置等を講じ、もって豊かな生物の多様性を保全し、現在及び将来の国民の健康で文化的な生活の確保に寄与することを目的とする。

(45) **瀬戸内海環境保全特別措置法**
　この法律は、瀬戸内海の環境の保全上有効な施策の実施を推進するための瀬戸内海の環境の保全に関する計画の策定等に関し必要な事項を定めるとともに、特定施設の設置の規制、富栄養化による被害の発生の防止、自然海浜の保全等に関し特別の措置を講ずることにより、瀬戸内海の環境の保全を図ることを目的とする。
(瀬戸内海では赤潮が多発し、漁業やレクリエーションに大きな打撃が生じた。そのため水濁法を補完するため、特定施設の設置・変更を許可制とし、環境影響を義務付け、上乗せ基準が設定された)

(46) **鳥獣保護法**(鳥獣の保護及び狩猟の適正化に関する法律)
　この法律は、鳥獣の保護を図るための事業を実施するとともに、鳥獣による生活環境、農林水産業又は生態系に係る被害を防止し、併せて猟具の使用に係る危険を予防することにより、鳥獣の保護及び狩猟の適正化を図り、もって生物の多様性の確保、生活環境の保全及び農林水産業の健全な発展に寄与することを通じて、自然環境の恵沢を享受できる国民生活の確保及び地域社会の健全な発展に資することを目的とする。

(47) **低炭素投資促進法**(エネルギー環境適合製品の開発及び製造を行う事業の促進に関する法律)
　この法律は、内外におけるエネルギーをめぐる経済的社会的環境の変化に伴い、エネルギー環境適合製品を開発し、及び製造する事業の重要性が増大していることに鑑み、これらの事業の実施に必要な資金の調達の円滑化に関する措置及びエネルギー環境適合製品の需要の開拓を図るための措置を講ずることにより、当該事業の促進を図り、もって我が国産業の振興を通じて国民経済の健全な発展に寄与することを目的とする。

(48) **電気事業法**
　この法律は、電気事業の運営を適正かつ合理的ならしめることによって、電気の使用者の利益を保護し及び電気事業の健全な発達を図るとともに、電気工作物の工事、維持及び運用を規制することによって、公共の安全を確保し、及び環境の保全を図ることを目的とする。

(49) **電　波　法**
　この法律は、電波の公平且つ能率的な利用を確保することによって、公共の福祉を増進することを目的とする。

(50) **水道水源特別措置法**(特定水道利水障害の防止のための水道水源水域の水質の保全に関する特別措置法)
　この法律は、特定水道利水障害を防止する上で水道水源水域の水質の保全を図ることが重要であることに鑑み、水道水源水域の水質の保全に関する基本方針を定めるとともに、特定水道利水障害の防止のための対策を実施しなければならない水道水源水域について、水質の保全に関し実施すべき施策に関する計画の策定、水質の保全に資する事業の実施、水質の汚濁の防止のための規制その他の措置を総合的かつ計画的に

講ずることにより、水道水源水域の水質の保全を図り、もって国民の健康を保護することを目的とする。

(51) バーゼル法(特定有害廃棄物等の輸出入等の規制に関する法律)
　この法律は、有害廃棄物の国境を越える移動及びその処分の規制に関するバーゼル条約(以下「条約」という。)等の的確かつ円滑な実施を確保するため、特定有害廃棄物等の輸出、輸入、運搬及び処分の規制に関する措置を講じ、もって人の健康の保護及び生活環境の保全に資することを目的とする。

(52) 都市公園法
　この法律は、都市公園の設置及び管理に関する基準等を定めて、都市公園の健全な発達を図り、もって公共の福祉の増進に資することを目的とする。

(53) 都市低炭素法(都市の低炭素化の促進に関する法律)
　この法律は、社会経済活動その他の活動に伴って発生する二酸化炭素の相当部分が都市において発生しているものであることに鑑み、都市の低炭素化の促進に関する基本的な方針の策定について定めるとともに、市町村による低炭素まちづくり計画の作成及びこれに基づく特別の措置並びに低炭素建築物の普及の促進のための措置を講ずることにより、地球温暖化対策の推進に関する法律と相まって、都市の低炭素化の促進を図り、もって都市の健全な発展に寄与することを目的とする。

(54) 都市緑地法
　この法律は、都市における緑地の保全及び緑化の推進に関し必要な事項を定めることにより、都市公園法(昭和三十一年法律第七十九号)その他の都市における自然的環境の整備を目的とする法律と相まって、良好な都市環境の形成を図り、もって健康で文化的な都市生活の確保に寄与することを目的とする。

(55) 道路交通法
　この法律は、道路における危険を防止し、その他交通の安全と円滑を図り、及び道路の交通に起因する障害の防止に資することを目的とする。

(56) 道路運送法
　この法律は、貨物自動車運送事業法と相まって、道路運送事業を適正かつ合理的な

ものとすることにより、道路運送の利用者の利益を保護するとともに、道路運送の総合的な発達を図り、もって公共の福祉を増進することを目的とする。

(57) 道路運送車両法
この法律は、道路運送車両に関し、所有権についての公証等を行い、並びに安全性の確保及び公害の防止その他の環境の保全並びに整備についての技術の向上を図り、併せて自動車の整備事業の健全な発達に資することにより、公共の福祉を増進することを目的とする。

(58) 熱供給事業法
この法律は、熱供給事業の運営を適正かつ合理的ならしめることによって、熱供給を受ける者の利益を保護するとともに、熱供給事業の健全な発達を図り、並びに熱供給施設の工事、維持及び運用を規制することによって、公共の安全を確保することを目的とする。

(59) 農用地土壌汚染防止法（農用地の土壌汚染防止等に関する法律）
この法律は、農用地の土壌の特定有害物質による汚染の防止及び除去並びにその汚染に係る農用地の利用の合理化を図るために必要な措置を講ずることにより、人の健康を損なうおそれがある農畜産物が生産され、又は農作物等の生育が阻害されることを防止し、もって国民の健康の保護及び生活環境の保全に資することを目的とする

(60) 農薬取締法
この法律は、農薬について登録の制度を設け、販売及び使用の規制等を行うことにより、農薬の品質の適正化とその安全かつ適正な使用の確保を図り、もって農業生産の安定と国民の健康の保護に資するとともに、国民の生活環境の保全に寄与することを目的とする。

(61) 農林漁業バイオ燃料法（農林漁業有機物資源のバイオ燃料の原材料としての利用の促進に関する法律）
この法律は、農林漁業有機物資源のバイオ燃料の原材料としての利用を促進するための措置を講ずることにより、農林漁業有機物資源の新たな需要の開拓及びその有効な利用の確保並びにバイオ燃料の生産の拡大を図り、もって農林漁業の持続的かつ健全な発展及びエネルギーの供給源の多様化に寄与することを目的とする。

(62) バイオマス活用推進基本法

　この法律は、バイオマスの活用の推進に関し、基本理念を定め、並びに国、地方公共団体、事業者及び国民の責務を明らかにするとともに、バイオマスの活用の推進に関する施策の基本となる事項を定めること等により、バイオマスの活用の推進に関する施策を総合的かつ計画的に推進し、もって持続的に発展することができる経済社会の実現に寄与することを目的とする。

(63) 肥料取締法

　この法律は、肥料の品質等を保全し、その公正な取引と安全な施用を確保するため、肥料の規格及び施用基準の公定、登録、検査等を行い、もって農業生産力の維持増進に寄与するとともに、国民の健康の保護に資することを目的とする。

(64) 文化財保護法

　この法律は、文化財を保存し、且つ、その活用を図り、もって国民の文化的向上に資するとともに、世界文化の進歩に貢献することを目的とする。

(65) 放射線障害防止法（放射性同位元素等による放射線障害の防止に関する法律）

　この法律は、原子力基本法の精神に則り、放射性同位元素の使用、販売、廃棄その他の取扱い、放射線発生装置の使用及び放射性同位元素によって汚染された物の廃棄その他の取扱いを規制することにより、これらによる放射線障害を防止し、公共の安全を確保することを目的とする。

(66) 薬事法

　この法律は、医薬品、医薬部外品、化粧品及び医療機器の品質、有効性及び安全性の確保のために必要な規制を行うとともに、指定薬物の規制に関する措置を講ずるほか、医療上特にその必要性が高い医薬品及び医療機器の研究開発の促進のために必要な措置を講ずることにより、保健衛生の向上を図ることを目的とする。

(67) 有明海・八代海再生法（有明海及び八代海等を再生するための特別措置に関する法律）

　この法律は、有明海及び八代海等が、国民にとって貴重な自然環境及び水産資源の宝庫として、その恵沢を国民がひとしく享受し、後代の国民に継承すべきものであることに鑑み、有明海及び八代海等の再生に関する基本方針を定めるとともに、有明海

及び八代海等の海域の特性に応じた当該海域の環境の保全及び改善並びに当該海域における水産資源の回復等による漁業の振興に関し実施すべき施策に関する計画を策定し、その実施を促進する等特別の措置を講ずることにより、国民的資産である有明海及び八代海等を豊かな海として再生することを目的とする。

(68) 有害物質を含有する家庭用品の規制に関する法律
　この法律は、有害物質を含有する家庭用品について保健衛生上の見地から必要な規制を行なうことにより、国民の健康の保護に資することを目的とする。

(69) 労働者派遣法(労働者派遣事業の適正な運営の確保及び派遣労働者の就業条件の整備等に関する法律)
　この法律は、職業安定法と相まって労働力の需給の適正な調整を図るため労働者派遣事業の適正な運営の確保に関する措置を講ずるとともに、派遣労働者の保護等を図り、もって派遣労働者の雇用の安定その他福祉の増進に資することを目的とする。

(70) ELV指令(End-of Life Vehicles Directive)
　EUで、使用済み自動車が環境に与える負荷を低減するための指令である。自動車からの廃棄物が出ることを防止、又は削減するために使用済み自動車やそのコンポーネントの再利用や再生利用をすること、そして使用済み自動車の処理業者が効率よく処理できるようにすることを目的としている。

(71) WEEE指令(Waste Electrical and Electronic Equipment Directive)
　電気・電子機器(家電、IT・通信機器、照明、医療用機器等々)について、EU内で販売するメーカーは、各製品が廃棄物として環境に悪影響を与えないよう配慮する必要があり、回収・リサイクル等についても製造者責任を有し、回収やリサイクルが容易な製品設計やマーキングをするとともに、回収・リサイクル費用の負担等が求められる。

4. 環境関連法規制の特定と順守

　企業におけるリスクには多種類のものがあるが、企業の存続にとって環境リスクはその中でもウエイトの高いものと考えられる。事業活動に伴う環境関連法規制、条例および協定等の順守は必須事項である。事業遂行上に必要な法的責務の明確化と順法管理、環境負荷の低減による経営効率の向上には日常的な注力が必要である。

4.1 該当業種と関連法規との関係性（法規制の特定）

　法規制の特定と順守のためには、環境調査→関連法→法的要求事項（企業内での該当する法規制の特定）→特定法規制の順守評価（定期的）の一連の活動が必須である。環境調査では業種に応じた事業活動における環境負荷を知ることが第一である。環境への負荷には事業活動を進めるために使用しているもの（設備類）とそれを使用した結果、環境へ与える影響が考えられる。法規制は使用するもの、および使用した結果による環境への負荷を低減することを主目的としている。

　業種によって事業内容や使用する設備類は異なるが、使用するものには共通点がある。エネルギー、水、化石燃料、化学物質、原材料、部品・包装材料、使用設備等である。また、使われた結果として製品・サービスや排出・廃棄されるものに伴う環境負荷の低減を目的とした法規制が共通的である。下記にその概要を述べる。

① 企業内の環境調査として、所管する設備・機器類のすべてを網羅的に抽出する。

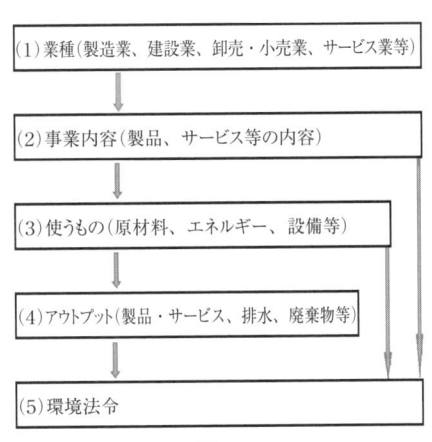

(1) 業種（製造業、建設業、卸売・小売業、サービス業等）
↓
(2) 事業内容（製品、サービス等の内容）
↓
(3) 使うもの（原材料、エネルギー、設備等）
↓
(4) アウトプット（製品・サービス、排水、廃棄物等）
↓
(5) 環境法令

図-4.1

その際、環境負荷の大きなもの(例えば、ばい煙・粉じん・騒音・振動・悪臭発生の設備機器、浄化槽等や付随する作業)の抽出漏れがないように確認が必要である。また、エネルギー多消費の設備機器類もすべて網羅し、原材料や廃棄物等についても捕捉することが必要である。抽出漏れを防ぐためには現場の確認も大切であるが、業務フロー、プロセスフロー図を作成して突合せを行って、抜け落ちがないかの再チェックするのも良い方法である。

② 法規制のうち全業種に該当するもの、業種固有の法規をまず理解しておき、可能性のある法規制の絞り込みを行う。特に罰則規定のある法規制については抽出漏れがないように優先的に確認することである。

③ 以上により関連法規制の候補を抽出し、対象法規制を絞り込むことができる。その後は遵守すべき具体的事項を明確にする必要があるが、法規制の適用内容等から順守事項等をほぼ把握できる。順守内容や基準値等に懸念がある場合には、地方自治体の環境規制課(環境対策課、環境保全課等、呼称は自治体により異なる)等に問い合わせるか、訪問して内容の確認をとるのがよいが、担当窓口が専門化・個別化していることが多いため、あらかじめ質問事項等を絞って適切な窓口へ相談することが必要である。

法規制の変更と同時に、施行令および施行規則の部分改正等は頻繁にあり、それに伴って条例等の変更もあるため、環境行政担当窓口あるいは担当者と接点がある(市町村により名称等は異なるが、例えば横浜市の場合では環境創造局の中に環境保全部があり、水・土壌環境課、大気・音環境課、環境エネルギー課、交通環境対策課、環境管理課がある)と、法規制の詳細や条例内容の確認および相談等が可能で、不明点を明確化できる。

④ 環境法令順守事項の調査は、常に最新の情報を把握できるようにする。また、次の時点では見直しを行い、見直しの要否を確認する。1)施設、設備を新設、更新、大幅改修した時、2)法規制(法律や施行令、施行規則)等が変わった時、3)設備機器、施設の運転等の変更により法の適用内容に変更があった時等、そのため、定期的な見直し(例えば、年1回等)が必要である。

⑤ 法令等の調査方法としては、新聞、雑誌および国等の環境白書等やインターネットのホームページ[環境省(http://www.env.go.jp/)、経済産業省(http://www.meti.go.jp/)、総務省行政管理局(法令データ提供システム http://law.e-gov.go.jp)]等を利用できる。

ここで具体的なイメージを得るため、3業種の仮想事業場について例示してみる。

環境法規制等の特定は以下のようになる。

A. 製造業(金属部品加工業)：Sメタル株式会社

  事業規模

    役員・従業員：65人

    売上高：740百万円

    工場および床面積：事務棟・第一工場 1,400 m^2、第2工場 1,100 m^2

    設備：溶解炉4台、ダイカストマシン8台、金属加工機4台、コンプレッサー5台、クーリングタワー2台、重油タンク2基、排水処理施設、浄化槽、化学物質使用、ボイラー、PCB保管庫

    使用するもの：原材料・資材、電力、上下水道、A重油、化学物質、機械油、圧縮空気、包装容器類、紙類

    アウトプット・排出：輸送用部品類(製品)、排水、排ガス、廃棄物、騒音、振動

ここでの可能性のある環境法規制は、

    会社全体：省エネルギー法、地球温暖化推進法、労働安全衛生法、電気事業法、浄化槽法

    工場：騒音規制法、振動規制法、消防法、ボイラー則、PCB廃棄物特措法

    危険物倉庫：消防法、PRTR法、労働安全衛生法

    廃棄物置場：廃棄物処理法、悪臭防止法

    排水処理施設：水質汚濁防止法、下水道法、毒劇物取締法

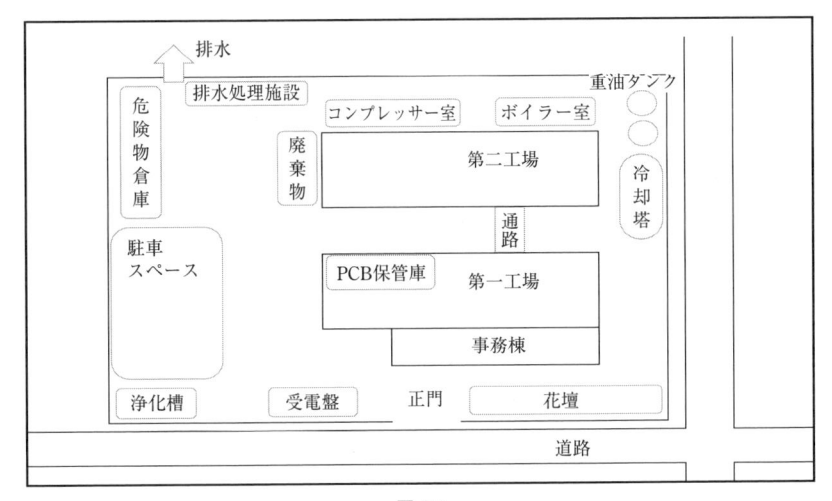

図-4.2

等である。

B. 建設業：M建設株式会社

事業規模

役員・従業員：50人

売上高：240百万円

面積：事務棟・資機材置場合計 6,000m^2

設備：建設機械、運搬車両、浄化槽

使用するもの：原材料・資材、電力、上下水道、軽油、ガソリン、化学物質、機械油、圧縮空気、包装容器類、紙類

アウトプット・排出：新築・増築・改築工事、排水、排ガス、廃棄物、騒音、振動、粉じん

ここでの可能性のある環境法規制は、

会社全体：省エネ法、地球温暖化推進法、建築基準法、都市計画法、環境影響評価法、労働安全衛生法、電気事業法、浄化槽法

危険物倉庫：消防法、PRTR法、労働安全衛生法

廃棄物置場：廃棄物処理法、悪臭防止法

現場：建設リサイクル法、オフロード法、道路交通法、騒音規制法、振動規制法、労働安全衛生法、廃棄物処理法、資源有効利用促進法、グリーン購入法、水質汚濁防止法、大気汚染防止法、フロン回収破壊法、石綿則、

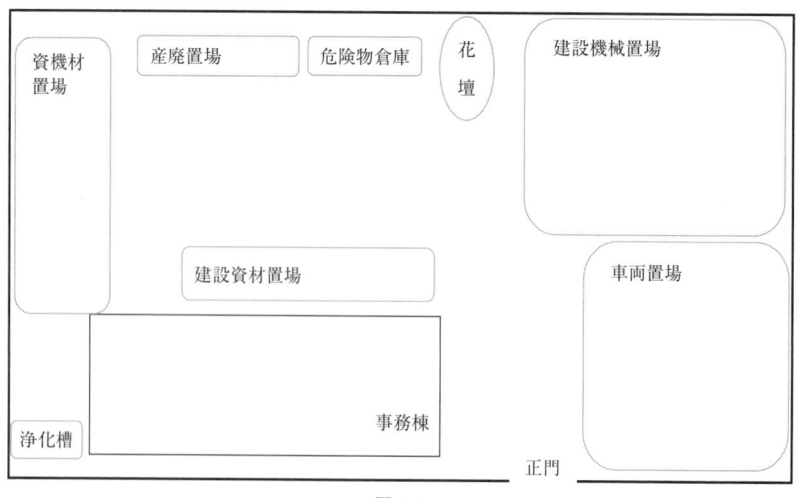

図-4.3

等である。

C. サービス業（産業廃棄物収集運搬・中間処理業）：L産業株式会社

事業規模

役員・従業員：30人

売上高：440百万円

面積：事務棟・資機材置場合計3,000 m^2

設備：運搬車両14台、破砕施設（木くず、廃プラスチック、ガラスくず、コンクリートくず、陶磁器くず）、焼却施設2基、浄化槽、油水分離槽、排水処理施設、化学物質使用

使用するもの：電力、上下水道、軽油・ガソリン・灯油、化学物質、機械油、圧縮空気、一般廃棄物、産業廃棄物、紙類

アウトプット・排出：再生利用原料、最終処分廃棄物、排水、排ガス、廃棄物、騒音、振動、悪臭

ここでの可能性のある環境法規制は、

会社全体：省エネ法、地球温暖化推進法、労働安全衛生法、電気事業法、道路交通法、自動車NOx・PM法、オフロード法、浄化槽法、騒音規制法、振動規制法、PRTR法、電気事業法、消防法、ボイラー則、PCB廃棄物特措法、フロン回収破壊法、労働安全衛生法、廃棄物処理法、家電リサイクル法、建設リサイ

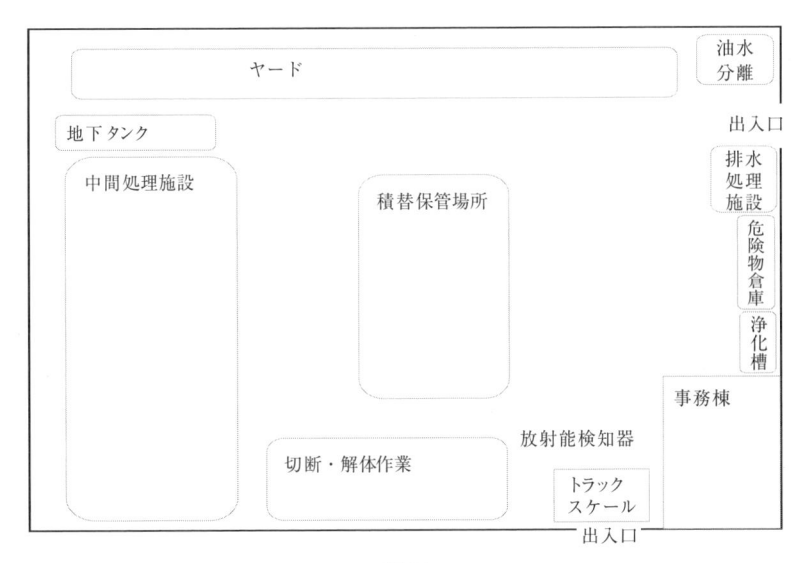

図-4.4

クル法、悪臭防止法
　排水処理施設：水質汚濁防止法、毒劇物取締法
等である。
　これらにより、製造業、建設業、卸・小売業、サービス業を例として、主な法令等の特定を挙げると、下記のようになる。個別的にはさらに詳細かつ網羅的な抽出が必要であるが、参考までに掲げた。
　<u>典型7公害</u>(大気汚染、悪臭、水質汚濁、土壌汚染、騒音、振動、地盤沈下)に関わる法律は罰則規定もあり、該当する場合には特定と同時に法規制の遵守は必須である。消防法や労働安全衛生法は環境法ではないが、有害化学物質が労働者の健康に影響を与えることや火災発生時や事故時に敷地外への有害物質の流出等があった場合には、環境への影響は大きく適切な管理等が大切なため範囲内に入れてある。
　環境基本法、循環型社会形成推進法等の基本法は順守評価の対象項目はないため、特に特定しない企業も多いが、経営者や社員の認識および理解を高めることを狙いとして意識的に特定するケースもある。
　環境関連法規等のとりまとめにあたっては、どのような法律の、どのような内容を遵守する必要があるのかを具体的に明らかにする必要がある。適用される事業者の条件や具体的な要件については、施行令、省令等で定めている場合が多い。また、地域の地方自治体の条例についても自治体独自基準の有無等について把握する必要がある。
　その他要求事項として、近隣との協定、顧客との合意、業界団体の要求事項等(例えば、「建設業の環境自主行動計画」、日本建設業連合会)があればこれらも特定しておくことが望まれる。
　<u>事業者が遵守しなければならない法規の内容</u>としては、
① 一般的にすべての事業者が遵守することが求められるもの：多くの法律では「事業者の責務」として規定されている努力義務。遵守しないことに対する罰則規定はなく、一般に訓示規定と呼ばれる。
② 一定の基準の遵守を求めるもの：例えば、排水等の排出基準の遵守等。
③ 施設や設備、責任者や管理者の選任、届出を求めるもの：例えば、資格取得、作業主任者等としてエネルギー管理員の選任と届出、作業主任者の選任。
④ 計画の策定や届出、実績等の報告を求めるもの：エネルギー使用量の定期報告等。
⑤ 一定の行為を求めるもの：産業廃棄物管理票(マニフェスト)の交付、保管等。
⑥ 保管、取扱場所、運搬等に関する基準：法令で求める基準の遵守。
⑦ 危険、事故予防、事故時の措置：火災・事故訓練等。
等があり、①以外については、多くの場合、遵守しなかった場合に罰則規定が設けら

れていることがあり、法に該当する場合には②〜⑦の遵守が求められる。

法的要求事項の特定については、製造業では電力、水、圧縮空気、LPGガス、化学物質、ボイラー、生産設備、冷却水等の使用およびそれに付随した廃油、排水が通常的であり、建設業では建設機械、車両、コンクリート・アスファルト、断熱材、壁紙等の使用を通じた建築物の新築・増築とともに廃棄物の排出、卸売・小売業では電力、水、車両、梱包・包装材、空調機、ボイラー等の使用と廃棄物、サービス業では電力、空調機、紙・梱包材、ボイラー等の使用と廃棄物の発生等を考慮して、**表-4.1**のように概略の関連法規を想定した。同時に、共通的環境関連法とは別に、業種に対して固有の法律がある。ここではすべてを網羅していないが、例えば主要な業種固有の関連法は**表-4.2**に示すとおりである。

また、業種固有の法規は、特定業種それぞれにおいて必須の法規であるので、該当する場合には関連法規を必ず特定し、順守する必要がある。

表-4.1 関連法規

業　種	①事業内容、②使うもの、③アウトプット	可能性のある関連法令
製造業（金属製品製造業）	① 製品・サービス、作業等 ② 電気・水・圧縮空気の使用、原材料・化学物質・機械設備の使用、排水処理施設・ボイラー使用 ③ 廃棄物・排水・廃油の排出、騒音・振動・悪臭の発生	① 工場立地法、公害防止組織整備法 ② 省エネ法、騒音規制法、振動規制法、PRTR法、消防法、毒劇物取締法、大気汚染防止法、労働安全衛生法、ボイラー則 ③ 水質汚濁防止法、下水道法、廃棄物処理法、悪臭防止法
建設業	① 建築物構築、土地造成、作業等 ② 建設機械・車両の使用、電気・水の使用、資材・コンクリート・アスファルト・断熱材・化学物質の使用 ③ 廃棄物の発生、粉じん発生、建設汚泥の発生	① 資源有効利用促進法、環境影響評価法、建築基準法、労働安全衛生法 ② 騒音規制法、振動規制法、オフロード法、自動車NOx・PM法、省エネ法、グリーン購入法、有機則、消防法 ③ 廃棄物処理法、大気汚染防止法、建設リサイクル法、フロン回収破壊法、石綿則
卸・小売業	① 製品・商品の卸・小売等 ② 電気・水・紙・梱包材・ボイラー・車両の使用 ③ 廃棄物の発生	① 環境教育促進法 ② 省エネ法、容器包装リサイクル法、自動車Nox・PM法、ボイラー則、グリーン購入法 ③ 廃棄物処理法
サービス業 ＊廃棄物処理業含む	① 各種サービス提供 ② 電気・水・処理施設の使用、車両・化学物質・化石燃料の使用 ③ 廃棄物の発生、副産物・排ガス・騒音・振動・悪臭等の発生	① 労働安全衛生法、環境教育促進法 ② 省エネ法、水質汚濁防止法、自動車NOx・PM法、フロン回収破壊法、オフロード法、毒劇物取締法、消防法 ③ 廃棄物処理法、家電リサイクル法、建設リサイクル法、大気汚染防止法、騒音規制法、振動規制法、悪臭防止法

表-4.2 業種固有に付加される関連法

建設・土木関係	建設リサイクル法、オフロード法、石綿則、建築基準法、建設業法、港湾法、自然公園法、環境影響評価法、河川法、ビル管理法、火薬類取締法、道路交通法
医療関係	毒劇物取締法、薬事法、医療法、放射線障害防止法
運輸関係	自動車NOx・PM法、自動車リサイクル法、道路交通法、道路運送法
食品関係	食品リサイクル法、水質汚濁防止法、悪臭防止法、食品衛生法
卸・小売関係	容器包装リサイクル法、グリーン購入法
行政	グリーン購入法

(　　：本書内に記載してある法規制)

4.2　環境関連法規のリスクの特徴

　企業における環境リスクは、業種によってリスク度合は異なるものの、見方を広く捉えると、そのリスクは大きいものである。例えば、直接的リスクとしては、
① 　環境に関するトラブルや苦情、クレームの発生
② 　法規制違反による操業停止あるいは営業停止による損害発生
③ 　紛争、訴訟等の発生
④ 　刑事罰(罰金、禁固刑)
等である。
　企業によってはその業務の特性上、リスクはほとんどないとしている場合もあるが、間接的リスクとして、
1) 　法規制の強化や新たな国際規格の変化に企業(自社)が対応できないリスクや他社との競争上不利となる費用の増大、操業の悪化
2) 　環境保全上の取組み不足による企業イメージや社会的信用の低下
3) 　環境保全を軸とした時代潮流への乗り遅れ
等が考えられる。つまり、多くのリスクが内在している。
　不適正事案は常に起こり得ると認識しておく必要がある。法律違反が起きた場合の経営上の深刻な損失(法的処罰、操業停止、社会的信用失墜等)を想定し、長期のリスクマネジメントの一環として取り組むことが大切である。
　環境法規制の違反事例は多い。その原因の一つは、環境法規制、条例に対する環境部門、実務担当者の認識不足と順法管理の徹底不足である。また、利益優先による事業者の順法精神の欠如やそれを容認する企業風土が考えられる。
　日本では環境事故を発生させた場合、企業の受けるダメージはきわめて大きくなっ

ており、企業の一部門の業務対応の悪さ、担当者の認識不足が企業全体の倫理観の欠如として捉えられる可能性が高い。環境関係の法令は国際的にも強化の傾向にあり、違反すれば罰金や操業停止等の重大な罰則を受けることは言うまでもない。経済がグローバル化し、原材料から最終製品・サービスに至るまで国境を越えて取引きされる中、法規制への監視を怠ると、気付かぬうちに国内外の法令に違反するおそれがあるため留意が必要である。

4.3 環境担当部門(担当者)の設置と権限付与

　前述のリスクを考えると、企業組織の中に企業全体の環境管理担当部門の設置あるいは環境担当者を配置することはきわめて重要である。また、経営トップがコンプライアンスの一環として「法令を守る！」との強い意思を表明することや他部門との兼務であったとしても環境管理の担当者にはしかるべき人材を配置すること、環境管理体制を含めて、運用ルール等を構築することが大切である。

　企業の環境管理(法規制遵守を含む)に対しては、適切な指揮命令を行えるように権限を与える必要がある。その責任者にはリスク・マネージャーとして役員クラスの人が担当することが望まれる。設備や機器の劣化による公害の発生を予防するため、メンテナンス情報等を定期的に報告させるとともに、必要な設備、体制面の改善提案を受け、見直しや所要の設備投資等に反映させること、社内認識の共有に努め、定期的な意見交換の場を設けて、各部門が抱えている課題の収集を図ること、異常値、異常事態等が発見された場合には、現場のとるべき緊急措置内容、環境管理責任者への報告等を整理し、ルール化しておくこと、等が望まれる。

　環境管理責任者から従業員に至るまで、単に環境法規制の順守だけでなく、背後にある社会的な要請を理解して、自立的に対応できるよう法令の要旨、環境管理の重要性、個々の役割等に重点を置いた教育を行うことも大切である。

　異常発生時においては、周辺環境への汚染拡大の前に社内ルールに従って緊急措置を行うとともに、速やかに行政へ連絡し、平常時には構築した信頼関係を基に、円滑かつ継続的に情報入手等に努める。異常事態や事故想定については、なかなか推定しにくいことが多い。

　事故事例の参照のための情報入手サイトとしては多くのものがある。例えば、「災害事例」［全衛生情報センター(中央労働災害防止協定)］、「安全対策」(厚生労働省医薬食品局化学物質安全対策室)、「職場の安全サイト」(厚生労働省)等があり、実例を多

数確認できる。これらの事故事例を参考に、予防処置として職場における異常事態の発生に備えることが望まれる。

4.4 社内への周知徹底と企業活動の点検

　環境問題については、企業にとっての環境保全上の意識レベルのみでなく、環境対策面での遅れが企業間競争での脱落を招く可能性があること、その逆に環境面での自社の強み(メリット)を作ることの必要性を社内に周知徹底することが大切である。
　企業活動のすべてについて、環境の視点から環境法規の遵守はもちろんのこと、環境への負荷、リサイクル強化、資源保全の観点で定期的に点検することが必要で、企業としてのリスク対応プロセスの確立が望まれる。
　その具体的なチェック項目としては、
・製品チェック：製品に対する環境負荷の観点からのチェック
・生産工程チェック：原材料、生産工程、省資源、省エネルギー等
・流通・販売チェック：梱包・包装、輸送方法、販売方法および使用後の廃棄物、リサイクル対策等
である。
　企業のイメージ戦略として、「環境の取組みに熱心な企業」というアピールと同時に自社の環境に関する活動を取引先や広く社会に正しく知ってもらうことも環境担当部門の重要な役割である。
　環境担当部門の定期的な現場監査の行う場合には、次の視点で実施するのがよい。
① 　組織体制および手順書類の整備状況や手順に抜けはないか
② 　生産、作業プロセス変更に伴って実態に合う変更管理がされているか
③ 　環境法規制の対象や影響の範囲は適切か
④ 　適切に教育訓練(新人や配置転換者への教育等を含む)がされているか
⑤ 　作業場所に無理はないか、現場の整理・整頓・清掃は十分か
⑥ 　作業者の認識と作業の様子(インタビューの実施)に問題はないか
⑦ 　作業者は必要な保護具類を適切に使用しているか
⑧ 　緊急事態(事故や異常等)に備えた体制、準備がとれているか
等である。もし、不十分な点が検出されたら修正・見直しと同時に従業員への周知が必要であり、継続的に行うことが大切である。

4.5 環境関連法規制の順守評価

環境関連法の特定後に、法順守および定期評価(例えば、法規制に基づき毎年1回等)が必要である。参考に業種の代表的事例としてそのイメージを**表-4.3～4.6**に示す。法規名称、法的要求事項(届出有無、変更、表示、期限等)、資格者、定常的監視(頻度、実施部門)、法順守の定期的評価等をまとめて一覧とし、定期的(年1回等)に順守評価を行って記録に残しておくことが大切である。また、その順守の根拠として記録類も必要期間(例えば、3年間)保管しておくことは、万一に備えた説明責任を果たす上で重要である。

表-4.3 環境関連法規の順守評価(製造業)

					評価年月日 順守評価者 管理責任者	作成年月日 作成者 環境事務局
環境関連法規制 名称	法的要求事項	担当・資格者	監視測定	頻　　度		順守評価・ 評価日
廃棄物処理法	・委託契約の締結(契約書) ・業者許可証の確認 ・マニフェスト運用 　(A、B2、D、E票) ・管理票交付状況 ・保管場所に掲示板 　(縦横60 cm) ・飛散、流出、地下浸透	・(特管産廃管理者)	・産廃排出時 ・交付状況 (前年度実績毎 年6月30日ま で)	1回/年		○
水質汚濁防止法	・特定施設届出 ・薬品類保管管理 ・水質測定記録 ・緊急事態対策	・(公害防止管理者)	・水質測定 (1回/週等)	1回/年		○
騒音規制法	規制基準の順守(例) 6～8時　　60 dB 8～20時　65 dB 20～23時　60 dB 23～6時　　55 dB	総務部(担当者)	・特定施設届出 ・騒音計による 　測定(1回/ 　年)	1回/年		○
振動規制法	規制基準の順守 8～20時　65 dB 20～8時　　60 dB	総務部(担当者)	同上	1回/年		○

PCB特措法	・PCB保管表示 ・保管状況報告	総務部(担当者)		2回/年	1回/年	○
消防法	・危険物施設届出 ・消防用設備定期点検 ・保管管理	危険物取扱者		1回/月	1回/年	○
労働安全衛生法	・局所排気装置定期点検 ・作業環境測定、記録 ・健康診断	取扱主任者		2回/年	1回/年	○
その他要求事項	地方条例、近隣との協定、顧客との合意、業界団体の要求事項等があれば追加					

表-4.4 環境関連法規の順守評価(建設業)

				評価年月日 順守評価者 管理責任者	作成年月日 作成者 環境事務局

環境関連法規制 名称	法的要求事項	担当・資格者	監視測定	頻　　度		順守評価・ 評価日
廃棄物処理法	・委託契約の締結(契約書) ・業者許可証の確認 ・マニフェスト運用 　(A、B2、D、E票) ・管理票交付状況 ・保管場所に掲示板 　(縦横60 cm) ・飛散、流出、地下浸透	・(特管産廃管理者)	・産廃排出時 ・交付状況 (前年度実績毎年6月30日まで)	1回/年		○
建設リサイクル法	特定建設資材について、分別解体の実施、再資源化の実施義務 ・対象工事の届出	総務部(担当者)	・対象工事	1回/年		○
騒音・振動規制法	一定規模以上の特定施設特定建設工事 ・対象工事の届出	総務部(担当者)	・対象工事	1回/年		○
オフロード法	特定特殊自動車のエンジン排ガス性能基準に適合した車の使用	総務部(担当者)	同上	1回/年		○
消防法	・指定可燃物の適正保管 ・消防用設備定期点検 ・保管管理	防火管理者		1回/月	1回/年	○
労働安全衛生法	・粉じん障害防止 ・作業環境測定、記録 ・健康診断	総務部(担当者)		2回/年	1回/年	○
その他要求事項	地方条例、近隣との協定、顧客との合意、業界団体の要求事項等があれば追加					

| | | | | | 順守評価者
管理責任者 | 作成者
環境事務局 |

表-4.5 環境関連法規の順守評価(卸・小売業)

環境関連法規制 名称	法的要求事項	担当・資格者	監視測定	頻　　度	順守評価
廃棄物処理法	・委託契約の締結(契約書) ・業者許可証の確認 ・マニフェスト運用 　(A、B2、D、E票) ・管理票交付状況 ・保管場所に掲示板 　(縦横60 cm) ・飛散、流出、地下浸透 　防止	総務部(担当者)	・産廃排出時 ・交付状況 (前年度実績毎年6月30日まで)	1回/年	○
フロン回収破壊法	業務用エアコン 廃棄時に指定業者に処理依頼	総務部(担当者)	廃棄時	1回/年	○
家電リサイクル法	電気冷蔵庫・冷凍機 廃棄時に指定業者に処理依頼	総務部(担当者)	廃棄時	1回/年	○
グリーン購入法	・事務用用品類購入時 ・エコマーク・グリーン 　マーク認定 　製品の優先的購入	総務部(担当者)	同上	1回/年	○
消防法	・消防用設備定期点検	防火管理者	1回/月	1回/年	○
労働安全衛生法	フォークリフト運転定期検査	フォークリフト運転資	2回/年	1回/年	○
その他要求事項	地方条例、近隣との協定、顧客との合意、業界団体の要求事項等があれば追加				

表-4.6 環境関連法規の順守評価(サービス業)

| | | | | 順守評価者
管理責任者 | 作成者
環境事務局 |

環境関連法規制 名称	法的要求事項	担当・資格者	監視測定	頻　　度	順守評価
廃棄物処理法	・委託契約の締結（契約書） ・業者許可証の確認 ・マニフェスト運用 　(A、B2、D、E 票) ・管理票交付状況 ・保管場所に掲示板 　(縦横 60 cm) ・飛散、流出、地下浸透防止	総務部(担当者)	・産廃排出時 ・交付状況 （前年度実績毎年 6 月 30 日まで）	1 回 / 年	○
フロン回収破壊法	業務用エアコン廃棄時に指定業者に処理依頼	総務部(担当者)	廃棄時	1 回 / 年	○
食品リサイクル法	食品廃棄物の発生抑制	調理部（担当者）	廃棄時	1 回 / 年	○
家電リサイクル法	電気冷蔵庫・冷凍機廃棄時に指定業者に処理依頼	総務部(担当者)	廃棄時	1 回 / 年	○
グリーン購入法	・事務用品類購入時 ・エコマーク・グリーンマーク認定 　製品の優先的購入	総務部(担当者)	同上	1 回 / 年	○
消防法	・消防用設備定期点検	防火管理者	1 回 / 月	1 回 / 年	○
浄化槽法	合併浄化槽の保守点検・法定検査の実施	総務部(担当者)	2 回 / 年	1 回 / 年	○
その他要求事項	地方条例、近隣との協定、顧客との合意、業界団体の要求事項等があれば追加				

5. 環境保全技術と活動

　東日本大震災とそれに続く福島第一原子力発電所の事故は、国難ともいえる被害をもたらし、今なお日々の生活や経済活動に大きな影響を与えている。特に、原子力発電所の事故により安定的な電力供給が確保できなくなる中、緊急的な措置として火力発電の割合を高める対策が進められている。火力発電で使用する石炭、石油、天然資源等のエネルギー資源は再生に数億年の年月を要するといわれ、そのため非再生資源と称される。同時に、これらは燃焼により二酸化炭素(CO_2)の放出による熱波、竜巻、乾燥、ゲリラ豪雨による洪水等の異常現象の発生に関わる地球温暖化の一因となっており、資源枯渇の問題と合わせて効率的に大切に使われる必要のある資源である。当面の電力需給対策として天然資源の利用はやむを得ない面もあるが、温室効果ガスの増加につながり、地球温暖化への影響が懸念される。今後は将来にわたり安全・安心なエネルギーを安定的に獲得していくことが求められている。太陽エネルギー、風・水力、地熱のような再生可能エネルギーは枯渇しないため再生可能エネルギーとして普及が望まれている。さらに、森林資源、水産資源、農産物等も比較的短期に再生できることから、バイオ資源(生物資源を表す概念で、再生可能な生物由来の有機性資源)として注目されている。しかし、一方ではエネルギー密度が低いことや、経済性の観点、環境等に与える負の側面もあり、多くの技術課題を抱えている。

　環境基本法では、現在、放射性物質は対象とせず、大気汚染防止法、水質汚濁防止法、土壌汚染対策法等の個別法でも放射性物質は対象外となっている。しかし、今般の大震災を受け、放射線物質汚染対処特措法、再生可能エネルギー特別措置法等が震災以降に整備された。

　環境基本法を改正し、将来起こりえる不測の事態への法整備が進められる予定である。災害廃棄物の円滑かつ適正な処理体制についても継続的に取り組む必要がある。

5.1 持続可能な発展のための環境保全技術

環境保全技術には数多くのものがあるが、内容別にそれらの概要を以下に述べる。

5.1.1 大気・悪臭汚染防止技術

① ばい塵：石炭、石油を燃焼した場合、すすや燃焼中の不燃分（灰分）により飛灰が発生する。これら未燃分、飛灰、ダスト等の排ガスと一緒に排出されるものをばい塵という。ばい塵除去のための電気集塵は両極に直流高電圧をかけてコロナ放電を起こし、ばい塵をマイナスに帯電させてクーロン力により移動させて付着させて除去し、バグフィルターはフェルト製のろ布でろ過してばい塵を分離するもので、高除去率で除去できる。

② 硫黄酸化物：硫黄酸化物（SO_x）除去は、大部分が石灰スラリー等のアルカリスラリー、アルカリ溶液を用いる湿式法である。この他、炉内に炭酸カルシウム（$CaCO_3$）またはドロマイト（$CaCO_3・MgCO_3$）を吹き込む方式、煙道内に消石灰[$Ca(OH)_2$]を吹き込む乾式法がある。

半乾式法は、消石灰スラリーを炉内に噴射し、瞬間に乾燥させてドライパウダーを形成させ、集塵装置で捕集する方式であり、煤じん、塩化水素、重金属類の同時除去が達成できる。

工事等に際しての粉じん発生については、仮囲いを設け、さらに必要に応じて散水するなど粉じんの飛散防止に努める。

③ 窒素酸化物：燃焼方法をできるだけ窒素酸化物（NO_x）を生成させない方法、例えば、低空気比燃焼等に改善することが重要である。排煙脱窒素プロセスとしては乾式アンモニア接触還元法が多用されているが、その他の乾式法としてアンモニアと活性炭を用いて脱硫・脱窒素を同時に行う処理システムが実用化されている。

④ ダイオキシン類の除去：ダイオキシン生成機構の対処として、炉内温度の高温化と均一化、二次空気吹込みによる未燃焼分の解消等が効果的とされている。生成してしまったダイオキシンについては集塵装置が用いられる。

⑤ 悪臭：対策として臭気発生源の発性要因を調べ、工程変更を含む低減方法を検討することや処理ガス量の低減、漏洩防止等を図る。脱臭方法としては燃焼法（直接燃焼法、触媒酸化法、蓄熱式燃焼法）、吸着法、薬剤洗浄法、生物脱臭法、オゾン

酸化法、消臭・脱臭剤法、その他（コロナ放電）等がある。

脱臭方法の適用可能性は対象となる物質の水溶性、極性等の物理化学的な性状によって異なる。
⑥ PCB処理：焼却処分および化学的処理法（アルカリ触媒分解法、化学抽出分解法、接触水素化脱塩素化法、金属ナトリウム分散脱塩素化法）等がある。

5.1.2 水質汚濁防止技術

食品製造、紙パルプ、紡績・繊維、畜産農家、飲食店、家庭等からの排水には有機物が含まれている。排出された有機物は自然界の微生物によって分解処理されるが、大量の排出がある場合には水質汚濁の原因となる。排水を含む水処理としては物理的処理として沈殿、スクリーン、ろ過、膜分離等があり、生物学的処理には、好気性微生物による活性汚泥法、酸化池法、接触曝気法や嫌気性のメタン発酵法等がある。
① 活性汚泥法：タンク中で空気を微細な泡とし、排水を通気撹拌（エアレーション）することで、細菌、原生動物、後生動物等の好気性微生物を活性化させ、排水中の有機物を吸着・酸化させるプロセスおよび沈殿池で増殖した微生物の凝集体（活性汚泥）を重力沈降させる方法で、沈降分離した活性汚泥は、脱水機により水分を減少させた脱水ケーキとして回収する。

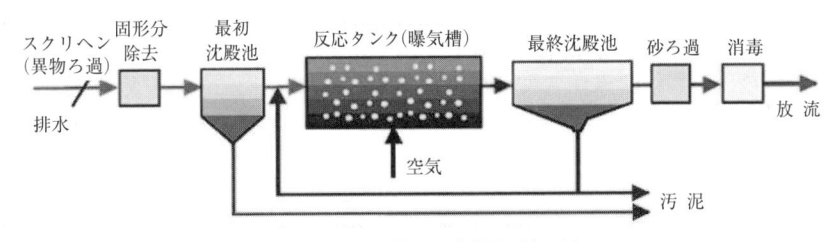

図-5.1 標準活性汚泥法（沈殿法）の例

② メタン発酵法：食品、畜ふん等バイオマス廃棄物のリサイクル法として、メタン発酵法（嫌気性消化法）は、数十種類の嫌気性細菌による加水分解、発酵および分解作用により、有機物を高級脂肪酸、アミノ酸を経て低級脂肪酸に、酢酸、水素等とし、さらに二酸化炭素やメタンに還元的に分解する方法で、有機物をメタンとして回収できるとともに、活性汚泥に比べ汚泥の発生量が少ないことが特徴である。

東京湾、瀬戸内海、伊勢湾等の閉鎖性海域における赤潮発生はCODの他、窒素やリン等による富栄養化が大きく影響している。これらの水域に流入する地域では

排水中の窒素,リンを除去することが必要である。
③ 窒素の除去:窒素の除去は電気透析法,イオン交換法,逆浸透膜法,蒸留法等があるが,一般には硝化脱窒法といわれる生物学的除去法が用いられている。
④ リンの除去:リンの除去には嫌気・好気活性汚泥法がある。この方法は嫌気状態でリンを放出し,好気状態で放出したリンを取り込む性質がある微生物を利用し処理を行う。

有害物質を使用,製造する工場の排水には,そこで使用している有害物質が混入していることが多い。この結果,河川や海を汚染することが起こり得る。有害物質を扱う工場からの排水は,有害物質を除去した後,放流することが必要となる。有害物質としては,重金属類,シアン,有機リン化合物,揮発性塩素化合物類等がある。
⑤ 重金属類対策:水に溶解している金属類はアルカリを加えてpHを上げていくと水酸化物として析出する。この性質を利用して排水の処理を行う水酸化物・凝集沈殿法が多く利用されている。金属によってはこの方法が採用できないものもあるが,金属の性質に応じた処理方法が開発されている。
⑥ その他の有害物対策:シアン,有機リン化合物,有機塩素化合物,PCB,ダイオキシンについてはアルカリ塩素法,凝集沈殿活性汚泥処理,揮散法,活性炭吸着法等で処理される。

5.1.3 産業廃棄物処理技術

廃棄物処理を自然に委ねるための基本的技術は,廃棄物の排出を最小限に抑えることはもちろん,その上で排出された廃棄物を減量化,安全化,無害化することである。廃棄物の中間処理は,この基本的技術および周辺技術を駆使して,最終処分の目的が達成されるように廃棄物を加工・処理することである。

中間処理の適用要素技術は**表-5.1**に示すが,要素技術は,物理的操作(破砕,分離,乾燥等),物理化学的処理操作(熱分解,焼却,溶融,凝集沈殿,中和,イオン交換,吸着,透析,酸化等)および生物学的処理操作(好気性発酵,嫌気性発酵等)に大別される。

表中の濃縮方法では重力濃縮,遠心濃縮,浮上分離濃縮,調質では水洗い,生物学的処理,薬品調質,脱水では加圧,遠心力という物理的操作によって水分を除去する。乾燥では熱風受熱型,伝導受熱型,その他方式がある。

破砕・選別は,圧縮作用による圧縮破砕,せん断作用によるせん断破砕,衝撃作用による衝撃破砕が主なものである。固形廃棄物の分離・選別は,廃棄物の有効利用の

表-5.1　中間処理施設と適用される要素技術

施設の種類	要素技術
汚泥の脱水施設	濃縮・消化・調質・脱水
汚泥の乾燥施設	濃縮・消化・調質・脱水・乾燥
汚泥の焼却施設	濃縮・消化・調質・脱水・乾燥・固型化・炭化・焼却・溶融
廃油の油水分離施設	分離・調質・油水分離
廃油の焼却施設	油水分離・焼却
廃水の中和施設	中和
破砕施設(廃プラスチック類)	破砕・選別・分離
焼却施設(木くず等)	破砕・圧縮・分離・選別・固型化・炭化・焼却
その他施設	破砕・分離・固型化の要素技術

観点から重要視されており、各種固形廃棄物から有効な成分を取り出すのに用いられる。機械的分離・選別技術は、廃棄物の各組成をその物性に応じて機械的に分離・選別する技術で、組成間の被破壊特性の差、比重差、粒径差、磁気的性質の差、光学的性質の差等が用いられる。選別機の分類としては図-5.2 がある。

　廃油の処分としては、焼却と再生利用がある。含油廃水の油水分離の方法としては、重力分離、粗粒化分離、加圧浮上分離、凝集沈殿分離がある。

　廃棄物は、一般に可燃物、灰分および水分から成り立っている。乾燥された廃棄物は有機物(可燃物)と無機物(灰)からなり、このうち有機物を燃焼して無機物だけにするのが焼却の操作である。焼却炉としては火格子炉(固定火格子炉、機械炉)、固定焼炉、回転焼炉、ロータリーキルン等がある。

　廃酸・廃アルカリを廃棄するためには少なくとも排水基準の範囲になるように pH 調節をする必要がある。無機性の廃酸・廃アルカリは、中和処理によって生成する沈殿や懸濁物質を自然沈降法で処理できる。有機物を含む廃酸・廃アルカリでは、廃水の BOD、COD を測定し、規制値以上であれば生物処理が必要である。廃棄物の固型化処理は、廃棄物による環境汚染の防止や廃棄物の取扱いの改善を目的としている。廃棄物中に含まれる有害な物質が環境中の媒体(水、空気)を経由して地下水や土壌、大気を汚染しないように有害な物質の無害化を図ったり、溶出しにくい形態に変化させること等を意味する。廃棄物の固型化技術としては、コンクリート固型化、キレート剤等を用いる固型化、あるいは資源化等を目的とした溶融固化、アスファルト固型化等の技術が利用されている。

　前述の多くの対策・処理・処分が終わった残渣は、必然的に捨てられることになるが、その影響を外部に及ぼさないようにすることが埋立て・最終処分である。処分場

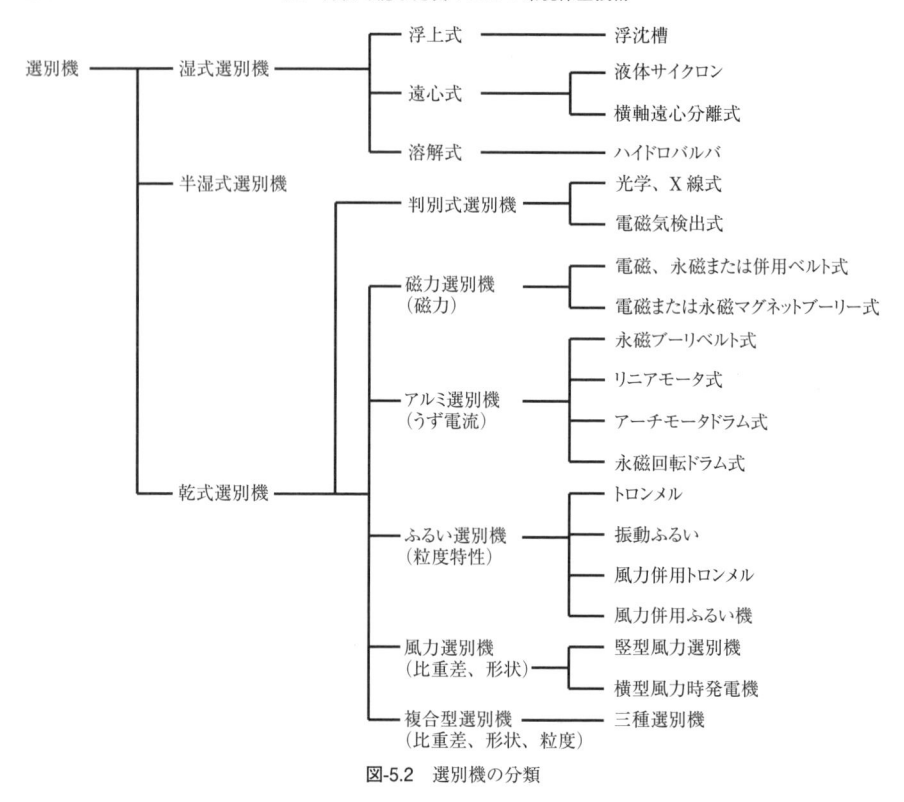

```
選別機 ─┬─ 湿式選別機 ─┬─ 浮上式 ──────── 浮沈槽
        │              ├─ 遠心式 ──┬── 液体サイクロン
        │              │          └── 横軸遠心分離式
        │              └─ 溶解式 ──────── ハイドロバルバ
        ├─ 半湿式選別機
        └─ 乾式選別機 ─┬─ 判別式選別機 ─┬── 光学、X線式
                       │                └── 電磁気検出式
                       ├─ 磁力選別機 ──┬── 電磁、永磁または併用ベルト式
                       │  (磁力)       └── 電磁または永磁マグネットプーリー式
                       ├─ アルミ選別機 ┬── 永磁プーリベルト式
                       │  (うず電流)   ├── リニアモータ式
                       │               ├── アーチモータドラム式
                       │               └── 永磁回転ドラム式
                       ├─ ふるい選別機 ┬── トロンメル
                       │  (粒度特性)   ├── 振動ふるい
                       │               ├── 風力併用トロンメル
                       │               └── 風力併用ふるい機
                       ├─ 風力選別機 ──┬── 竪型風力選別機
                       │  (比重差、形状)└── 横型風力時発電機
                       └─ 複合型選別機 ──── 三種選別機
                          (比重差、形状、粒度)
```

図-5.2 選別機の分類

の選定は困難な問題の一つであるが、沢や谷等が使われることが多い。したがって、地すべり防止工事や水中工事等の初期設計の要求に耐えられることが必要である。また、埋立てのためには大重量の工事車両の頻繁な往来に耐えることや、長期にわたって維持管理が必要となる。

　最終処分場は、埋め立てられる廃棄物の環境に与える影響の度合により管理型、遮断型、安定型の3種類に分けられる。遮断型処分場は、有害物質が基準を超えて含まれる燃え殻、ばい塵、汚泥、鉱さい等の有害な産業廃棄物が対象となる。安定型処分場は廃棄物の性質が安定している産業廃棄物である廃プラスチック類、ゴムくず、金属くず、建設廃材、陶磁器くず等の安定5品目が対象であり、管理型処分場は安定型、しゃ断型処分場で処分される以外の産業廃棄物と一般廃棄物を埋め立てる処分場である。管理型処分場では、埋立地から出る浸出液による地下水や公共水域の汚染を防止するため、遮水工(埋立地の側面や底面をビニールシート等で覆う)、浸出水を集める集水設備、集めた浸出液の処理施設が必要となる(**図-5.3** 参照)。

```
                          産業廃棄物
        ┌──────────────────┴──────────────────┐
   その他の産業廃棄物                    有害産業廃棄物
                                           特別管理産業廃棄物
   ┌──────┬──────┐              ┌──────┬──────┐
 安定5品目  安定5品目以外      無害化処理              トリクロルエチレン等
 ・廃プラ                                基準不適合の              廃油
 ・ゴムくず    廃油              有害物質含有物
 ・金属くず    廃酸
 ・ガラスくず  廃アルカリ
 ・がれき
 安定型埋立処分場 (埋立禁止)  管理型埋立処分場   遮断型埋立処分場  (埋立禁止)
 (遮水設備不要)              (汚水遮水設備有)
```

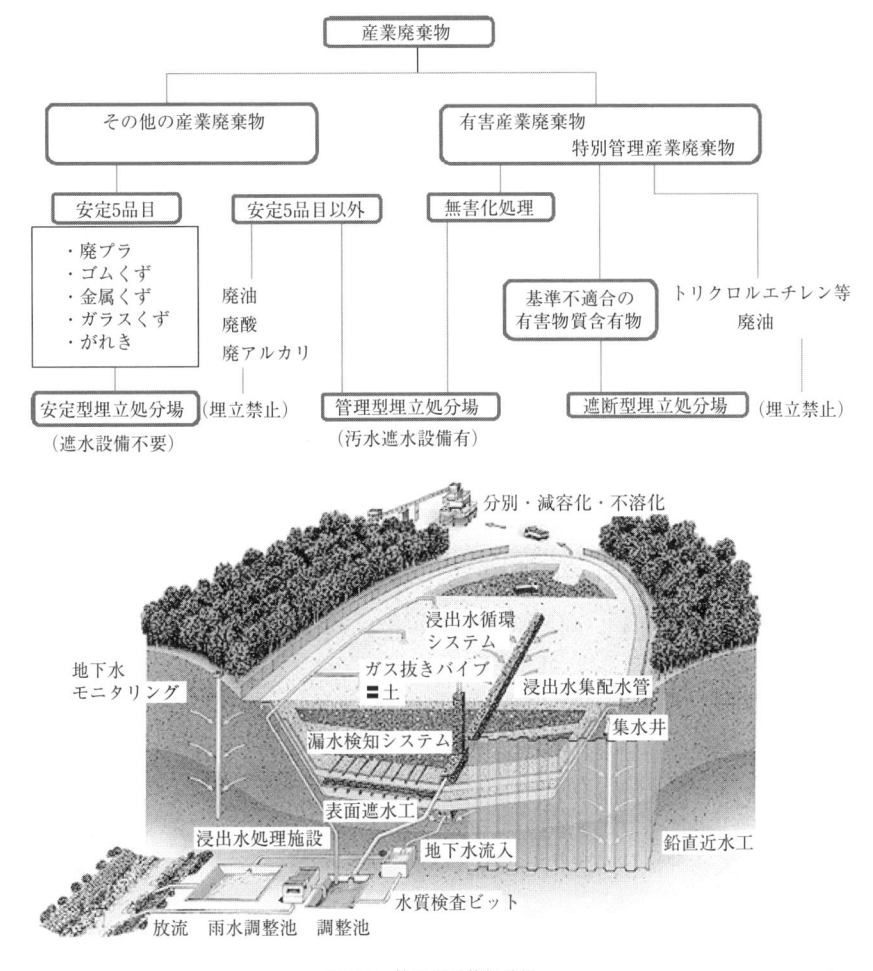

図-5.3 管理型最終処分場

遮断型処分場は、有害な産業廃棄物を埋め立てる最終処分場(埋立て処分場)で、コンクリート製の仕切りで公共の水域および地下水と完全に遮断される構造となる。

5.1.4 その他技術

① 騒音・振動対策：工事に伴うものは、敷地境界に工事用仮囲いを設け防音に努め、できる限り低騒音・低振動の建設機械および工法を採用する。工場の設備機器は原

則として屋内に設置し、設備機器は堅固に取り付け、騒音・振動の外部への伝達を遮断する。また、必要な機器には消音器を付ける。

② 土壌汚染対策：土壌汚染対策には、健康への被害が既に発生、あるいは被害が懸念される場合等にとられる「汚染源の隔離や立入禁止等の応急対策」と「汚染物質を浄化、除去、封込めによる拡散防止するなどの長期にわたって安全を確保する恒久対策」がある。恒久対策としては浄化法として、植物浄化、微生物分解、熱分解、熱脱着、土壌分級洗浄等がある。また、封込め法として、遮水工封込め、遮断封込め、覆土・盛り土、固化処理、不溶化処理、溶融固化等がある。

③ 地盤沈下および地形・地質：地下構造物の工事に際しては、遮水性の高い山留め壁工法等を採用する。

④ 日照障害：周辺地域への影響が少ないような配置とする。

⑤ 景観：建築物や煙突による地域景観への影響を緩和するため、海原に浮かぶヨットをイメージさせるデザインや空との同化を図る色彩とするなどの方策をとる。

⑥ 環境負荷低減技術：リユース・リサイクル技術としてはミレニアム・プロジェクト（新しい千年紀プロジェクト）として、農林水産省、経済産業省、国土交通省のプロジェクト研究が平成11年から16年に行われた。有機性廃棄物分野（生ごみ、家畜排せつ物等）、建設分野（建設廃材、建築解体廃棄物等）、プラスチック分野、FRP（繊維強化プラスチック）廃船、電気・電子製品分野、ガラス分野、消火器・防炎物品、その他の処理困難廃棄物（焼却灰、シュレッダーダスト等）、革新的なリサイクル・リユース技術の開発・導入（その他の処理困難物）、高品質のリサイクル鉄製造技術、環境負荷評価技術の開発等の取組みが行われ一定の成果が得られた。しかし、循環型社会構築に向けて、開発した要素技術を経済・社会システムに定着させていくためには、産官学、さらには市民との連携を強化しつつ、リサイクル・リユースありきではなく、エネルギー、コスト等の多面的・総合的な分析を進めていくことが重要であるとしている。

エコマテリアル技術（LCA）とは、環境負荷の高いこれまでの素材に代わり、全体を通して資源の保護、環境負荷の低減、リサイクル性、省エネルギー性等の環境に配慮した環境調和型の代替素材である。生分解性プラスチック、大豆油インク、エコ電線等のものがある。製品の製造、使用、廃棄、再使用に至るすべてのライフサイクルにおいて環境への影響を考えることをLCAといい、これを利用した環境ラベルとして、例えば、カーボンフットプリントとして自社製品にCO_2量を表示した製品も一部流通している。

5.2 省エネルギーと環境保全

　省エネルギー対策としては、個々の機器の省エネルギー方法の開拓(電気および熱エネルギー)と、いわゆるコジェネレーションもエネルギー全体を考慮する時に必要である。コジェネレーションはエネルギー業界で大きく取り上げられ、熱電供給として地域に根差した自家発電システム、そしてディーゼルエンジン、ガスタービン発電機の排熱回収がシステム、材料ともに格段の進歩をして熱利用として 65 ～ 90％に達する形となっている。熱運用の場所がない時は、発電端効率として 30％程度の状態から考えると格段の熱効率である。

　コジェネレーションシステムを高効率で運用するためには NO_x、SO_x 対策やさらに排熱回収を効率よく貯蔵する方法、供給する熱量を配分するシステム等の多くのシステムのマッチングが必要である。最近では、石油系燃料だけでなく、都市ガスを利用するガスコジェネレーションの発達もあって、小型、軽量、そして低騒音で家庭用にも普及しつつある。

　企業における環境保全の取組みとしては、図-5.4 に見られるように多くの取組みがなされており、環境負荷を減らすために負荷データの把握も図-5.5 のように過半の組織で実施されている。また、環境負荷の削減にとどまらず、環境への前向きな取組みとして、社会貢献活動の実施についても図-5.6 のように多くはないが取り組んでいる組織がある。環境をビジネスとして捉えると、図-5.7 のように課題が多いとする組織が多い。

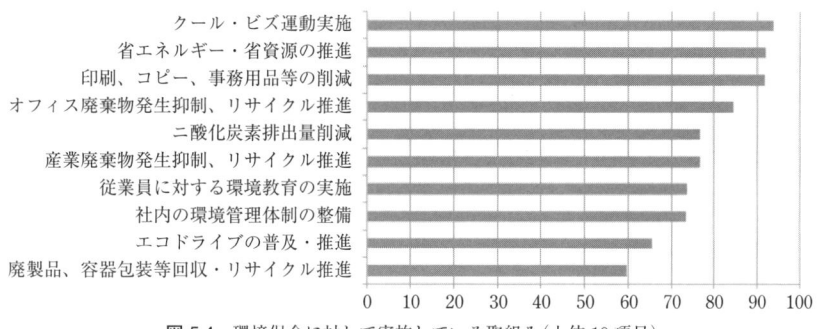

図-5.4　環境保全に対して実施している取組み(上位 10 項目)

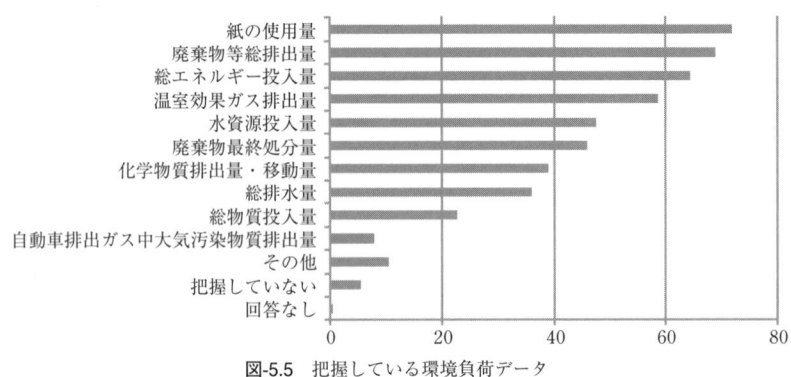

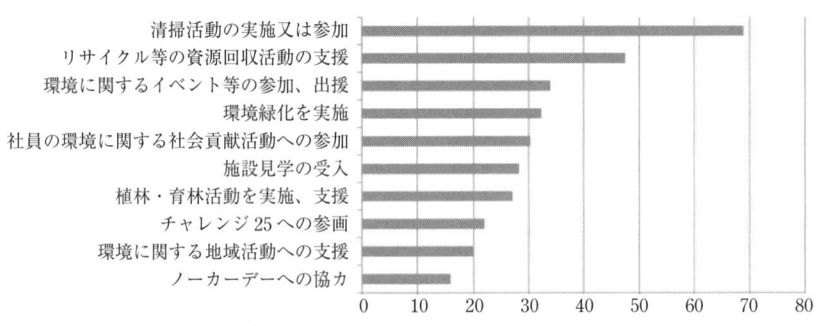

図-5.5 把握している環境負荷データ

図-5.6 環境に関する社会貢献活動の実施

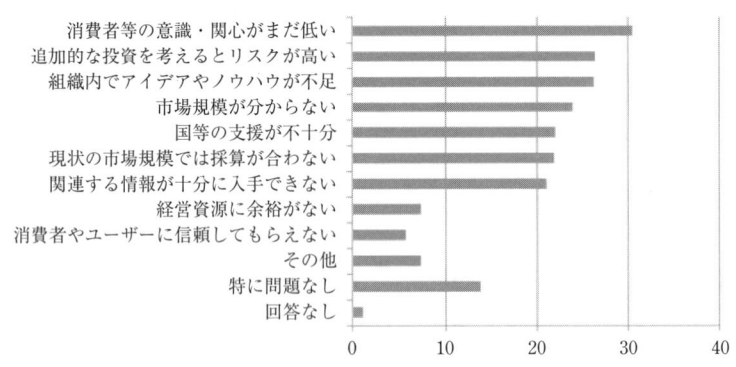

図-5.7 環境ビジネス進展における問題点(複数回答)

2011年3月の東京電力管内における計画停電や、それ以降の原子力発電所の稼働停止を契機に節エネ、省エネ機運が高まり、多くの省エネチェック表が公表されている。これらを参考にすれば、省エネルギーの推進に役立ち、同時にコスト削減やロス減少につながるものと考えられる。

　環境保全技術は今後も進展するものと考えられるが、種々の政策手法を組み合わせることによる保全への取組みも行われている。例えば、①各種の法規制として社会全体として最低限守るべき環境基準や達成すべき目標を法令等の規制で達成しようとする手法、②自主的取組み手法としては経済団体連合会の地球温暖化対策や個別企業の環境行動計画や手続的手法としてISO14001やEA21等の環境マネジメントシステム、環境影響評価制度、LCA(Life Cycle Assessment、ライフサイクルアセスメント)導入、グリーン調達、③税制・補助金等による経済的インセンティブを与える太陽光発電補助金やデポジット制度、④排出量取引きとしての東京都環境確保条例による都内大規模事業所を対象とする「温室効果ガス排出総量削減義務と排出量取引制度」等がある。埼玉県でも同様な政策を展開しており、今後、多自治体でも拡がる可能性がある。また、国・都道府県では、環境関連の補助金制度も多様なものがあり、平成24年度のエネルギー・温暖化対策に関する支援制度については多数あり、その代表的なものを**表-5.2**にまとめた。設備導入等の機会に上手く支援を活用できれば環境保全に寄与できるものである。

表-5.2　節電・省エネ関連補助金一覧

対策項目名	府省名	担当部局
〈省エネ投資支援〉		
エネルギー使用合理化事業者支援補助金 (民間団体分)	経済産業省	資源エネルギ庁 省エネルギー対策課
家庭・事業者向けエコリース促進事業	環境省	総合環境政策局 環境経済課
環境配慮型経営促進事業に係る利子補給事業	環境省	総合環境政策局 環境経済課
先進対策の効率的実施による 業務 CO_2 排出量大幅削減事業	環境省	地球環境局・地球温暖化対策課 市場メカニズム室
〈住宅・建築物の省エネ支援〉		
高効率ガス空調設備導入促進事業費補助金	経済産業省	資源エネルギ庁 ＊都市ガス振興センター ＊LPガス団体協議会補助・受託事業室
エネルギー管理システム(BEMS・HEMS)導入促進事業	経済産業省	資源エネルギ庁 ＊環境共創イニシアチブ

住宅・建築物のネット・ゼロ・エネルギー化推進事業	経済産業省	資源エネルギー庁 ＊環境共創イニシアティブ
環境・ストック活用推進事業 （住宅・建築物の省エネ化等の推進）	国土交通省	住宅局・住宅生産課
〈診断等による節電支援〉		
省エネルギー対策導入促進事業費補助金 （省エネ無料診断）	経済産業省	資源エネルギ庁 ＊省エネルギーセンター
先進対策の効率的実施による CO_2 排出量大幅削減設備補助事業	環境省	地球環境局・地球温暖化対策課 市場メカニズム室
〈蓄電池導入支援〉		
定置用リチウム蓄電池導入支援事業費	経済産業省	商務情報政策局 ＊環境共創イニシアティブ
独立型再生可能エネルギー発電システム等対策費補助金	経済産業省	資源エネルギー庁 ＊新エネルギー導入促進協議会
ガスコージェネレーション推進事業補助金	経済産業省	資源エネルギ庁 ＊都市ガス振興センター
民生用燃料電池導入支援補助金	経済産業省	資源エネルギー庁 ＊燃料電池普及促進協会
〈再生可能エネルギーの導入支援〉		
住宅用太陽光発電導入支援復興対策基金造成事業費補助金	経済産業省	資源エネルギ庁 ＊太陽光発電普及拡大センター
再生可能エネルギー熱利用加速化支援対策費補助金	経産省	資源エネルギー庁 ＊新エネルギー導入促進協議会
次世代風力発電技術研究開発	NEDO	(独)新エネルギー・産業技術開発機構 新エネルギー部
地域の再生可能エネルギー等を活用した自立分散型地域モデル事業	環境省	総合環境政策局 環境計画課
温泉エネルギー活用加速化事業	環境省	地球環境局・地球温暖化対策課
廃棄物エネルギー導入・低炭素化促進事業	環境省	廃棄物・リサイクル対策部 廃棄物対策課産業廃棄物室
先進的省エネルギー加温設備等導入事業	農林水産省	関東農政局生産部生産技術環境課

付録　主要環境関連用語

本文中にある環境関連の主要用語をはじめ、関連する用語について解説する。

悪臭物質
　　悪臭は典型7公害のうちで最も複雑なものといわれる感覚公害である。したがって、悪臭物質の種類も人によってまちまちで、一定の基準を決めるのは容易ではない。悪臭防止法では、「不快なにおいの原因となり、生活環境を損なうおそれのある物質」として22種類の化学物質を特定悪臭物質として規制している。

アジェンダ21
　　1992年に開催された地球環境サミット（環境と開発に関する国連会議）で、21世紀に向けた世界の具体的行動として大気保全、森林、砂漠化等の具体的な問題への対応プログラムを示すとともに、資金、技術移転、国際機構のあり方等の実施手段について規定している。アジェンダは協議事項の意味で、ローカルアジェンダと呼ばれる地域の行動計画を策定することも要請している。

アスベスト
　　石綿と言われる天然に産する繊維状鉱物。耐熱、耐圧、耐摩耗、耐薬品性に富み、熱絶縁性、電気絶縁性にも優れた性質を持つ。これらの特性により、石綿スレート、石綿管、石綿糸等に加工され、建築物の断熱材、吸音材、自動車のブレーキライニングに主に用いられてきたが、発がん性があることから労働安全衛生法、大気汚染防止法の規制を受け、使用は控えられるようになった。

アセスメント
　　査定あるいは評価と訳される。環境アセスメントにおいてもこの意味で使われているが、事前評価として運用される。同様にリスクアセスメント、ライフサイクルアセスメント、テクノロジーアセスメント等がある。

安全衛生委員会
　　一定の事業者には事業場における安全衛生を確保するための措置安全衛生管理体制が義務付けられているが、安全衛生を確実なものとするためには事業者が制度を設けるだけでは不十分である。労働者が安全衛生に十分に関心を持ち、その意見が事業者の行う安全衛生に関する措置に反映される必要がある。その目的で委員会の設置規定が設けられている。委員会を毎月1回以上開催するようにしなければならず、委員会の議事で重要なものに係る記録を作成して、これを3年間保存しなければならないまた、事業者は委員会の開催のつど、遅滞なく委員会における議事の概要を労働者に周知させなければならない。委員会を設置したことやその開催状況について行政官庁への届出義務はない。

硫黄酸化物（SO_x）

石油や石炭等の硫黄分を含んだ燃料により発生する二酸化硫黄（SO_2）、三酸化硫黄（SO_3）、硫黄ミスト等の硫黄酸化物の総称。大気汚染の主役と考えられており、呼吸器への悪影響があり、四日市ぜんそくの原因として知られている。

イタイイタイ病

1910年代から1970年代前半に、岐阜県のM鉱業神岡事業所（神岡鉱山）による鉱山の製錬に伴う未処理廃水により、神通川下流域の富山県で発生した鉱害で、日本初の公害病で四大公害訴訟の一つである。略してイ病ともいう。富山県神通川流域で発生したカドミウムによる水質汚染を原因とし、米等を通じて人々の骨に対し被害を及ぼした。

一般廃棄物

産業廃棄物以外の廃棄物をいい、日常生活に伴って生ずるごみ、粗大ごみ、し尿等の他、事業活動に伴い生じる紙くず、木くず等の廃棄物のうち産業廃棄物に含まれないものをいう。

ウイーン条約

オゾン層の変化により生じる悪影響から、人の健康および環境を保護する研究および組織的観測等に協力すること、法律、科学、技術等に関する情報を交換すること等を規定している。

ウオーム・ビズ

暖房時のオフィス温度を20℃にした場合でも、工夫により「暖かく効率的に格好良く働くことができる」というイメージをわかりやすく表現した、秋冬のビジネススタイルの愛称。重ね着をする、温かい食事をとるなどがその工夫例。

上乗せ基準

国の規制基準に比べて、都道府県の特定地域において、その自然的・社会的条件からの判断に基づき、これより厳しい基準を条例で定めることができる。これを上乗せ基準という。国の規定する項目以外の汚染についても基準を定めることができる。これを横出し基準と呼ぶ。

エアレーション

湖の底に大きな泡を断続的に発生させ、水を押し上げることにより、浅い所の水と深い所の水を入れ替え、湖の表層水温の低下と水温の均一化により、藻類（アオコ等）の増殖を抑制しようとする仕組み。

エコアクション21

中小企業等おいても容易に環境配慮の取組みを進めることができるような環境マネジメントシステムで、取組みの評価および環境報告を一つに統合した環境配慮の方法。2009年にわかりやすさと質の向上を目的に環境省によりガイドラインが全面改訂された。

エコドライブ
　自動車の運転の際、運行方法を改善させ、それにより燃費を改善させること。エコドライブにより、燃費改善により二酸化炭素排出量の削減につながるほかガソリン代の節約にもつながる。

エコマーク
　環境にやさしい商品につけるマーク。公益財団法人日本環境協会が中心になって平成元年から導入が進められている。

エネルギー管理士
　省エネ法に基づく国家資格。省エネ法第8条で第一種特定事業者のうち、第一種指定事業者に該当しないものは、その第一種エネルギー管理指定工場に対して、エネルギー管理士免状を保有しているものより、エネルギー管理者を選任することが義務付けられている。

オゾン層破壊
　成層圏のオゾン層が、ヘアスプレー、冷蔵庫の冷媒、洗浄剤等の日常生活で使われていたフロンガスで壊される現象。オゾン層は有害な紫外線のほとんどを吸収し生物を守っている。破壊が進むと、皮膚がんの増加、農作物への悪影響、浅い海でのプランクトンの減少等が起こるとされる。

汚泥処理
　下水処理場、浄水場、工場排水処理施設、土木建設現場等から発生する汚泥は一般に含水率が高く取り扱いにくい廃棄物である。一般的な処理として濃縮、脱水、乾燥、焼却等の段階を経て減量する。最終的な処分法としては埋立て、海洋投入、有効利用がある。有効利用としては、土壌改良剤、有機肥料、骨材等がある。重金属等の有害物を含有する時の処分はコンクリート固化等の環境中への再溶出防止策が義務付けられる。

温室効果ガス
　一般に太陽放射に対しては比較的透過するが、地表からの赤外放射に対して吸収し、再放出する性質を持った気体のこと。京都議定書における削減約束の物質は、二酸化炭素、メタン、一酸化二窒素、HFC類、PFC類、SF_6（六フッ化硫黄）の6種類を対象としている。

拡大生産者責任
　生産者が、その生産した製品が使用され、廃棄された後においても、当該製品の適正なリサイクルや処分について物理的または財政的に一定の責任を負うという考え方。具体的には、製品設計の工夫、製品の材質・成分表示、一定製品について廃棄後の後に生産者が引取やリサイクルを実施すること等が含まれる。

活性汚泥法
　好気性微生物を利用して有機物を分解する代表的な排水処理法。汚水に長時間空気を吹き込んで、その曝気を停止し、静置すると、凝集した褐色の沈殿物が沈降する。この褐色

の泥状物は汚水中の有機物や窒素、リン等を栄養源として発生した好気性の細菌類、原生動物等で、水に泥を溶かしたように見えることから生きている泥―活性汚泥と言う。都市下水、生活排水、有機物系工場排水の処理に広く利用されている。

合併処理

浄化槽において、水洗便所汚水だけを処理する単独処理に対して、水洗便所汚水と台所、浴室および手洗排水等の雑排水を一括して処理する方法。

カーボン・オフセット

市民、事業者、NPO/NGO、自治体、政府等の社会の構成員が、自らの温室効果ガスの排出量を認識し、主体的にこれを削減する努力を行うとともに、削減が困難な部分の排出量について、他の場所で実現した温室効果ガスの排出削減・吸収量等を購入すること、または他の場所で排出削減・吸収を実現するプロジェクトや活動を実施すること等により、その排出量の全部または一部を埋め合わせることを言う。

カーボンニュートラル

二酸化炭素(CO_2)の増減に影響を与えない性質のこと。植物等に由来する燃料を燃焼させると二酸化炭素が発生するが、その植物は生長過程で光合成により二酸化炭素を吸収しており、ライフサイクル全体で見ると大気中の二酸化炭素を増加させず、収支がゼロになるというコンセプトである。

カーボンフットプリント制度

カーボンフットプリント。商品・サービスの原材料調達から廃棄・リサイクルに至るライフスタイル全体における温室効果ガス排出量を CO_2 量に換算し表示する仕組み。

環境会計

環境に関連する情報(例えば、企業の環境に関する活動状況や環境に与えた影響等)を認識・測定し、それを外部や内部の利害関係者に伝達するような一連の行為を言う。

環境基準

人の健康を保護し、生活環境を保全する上で維持されることが望ましい基準として、大気汚染、水質汚濁、土壌汚染および騒音の4つについて環境基準が定められている。国や地方公共団体が公害対策を進めていく上での行政上の目標として定めているもので、公害発生源を直接規制するための基準とは異なる。

環境経営

環境経営とは、企業と社会が持続可能な発展(Sustainable Development)をしていくために、地球環境と調和した企業経営を行うという考え方である。それらの活動には、環境マネジメントシステムの導入、事業所内の環境負荷の徹底低減のみならず、提供する製品・サービスのライフサイクル全体、およびサプライチェーン全体の環境負荷低減、環境事業への発展・転換、顧客や市場の環境意識向上の働きかけ等の活動が含まれる。

環境計量士

計量法に基づき、特別な計量事務や作業等を行うことが認められており、計量器の整備、

計量の正確保持等に従事する。計量士には、濃度、騒音、振動レベルに関わる環境計量士とそれ以外の量に関わる一般計量士とがある。計量士は公的機関の行う計量器の検査等を代行することができ、事業所が計量士を置いて計量管理を行っていれば、そこで用いる計量器の取締検査が免除される。

環境税
環境を利用することに対して課される税。環境に負荷をかける製品や活動に対して課税することで環境負荷を抑制し、また、その税収を環境対策に充てることで環境政策を有効に推進しようとするもの。地球温暖化防止のために化石燃料に課税すること等について北欧では既に導入されている。

環境配慮設計
環境への負荷を低減させるために製品の設計段階から配慮を行うことを指し、製品の有害物質の含有から分解の容易性、リサイクル性等の配慮までを言う。英語では Design for Environment のことで、一般的に「DfE」と略される。同様な意味で、「環境適合設計」、「エコ設計」、「エコデザイン」という表現をされる場合がある。環境配慮されて生産された製品は「環境配慮型製品」あるいは「環境調和型製品」とも呼称される。

環境負荷
環境基本法では、人の活動により環境に加えられる影響であって、環境の保全上の支障の原因となるおそれのあるものと定義されている。一般には、資源・エネルギーの消費、温室効果ガスの排出、廃棄物の排出、環境汚染物質の排出、自然生態系の破壊・改変が環境負荷と考えられる。

環境報告書
企業等の事業者が、事業活動における環境配慮の方針、目標、取組内容・実績およびそのための組織体制・システム等、自らの事業活動に伴う環境負荷の状況および環境配慮の取組状況等を総合的・体系的に取りまとめ、これを広く社会に対して定期的に公表・報告するものを言う。環境省の調査では上場企業の約55%が環境報告書を作成していると報告している。

環境ホルモン
環境の中にあって生物の生殖機能を乱すとされている化学物質のことで、正式には外因性内分泌撹乱化学物質という。ごく微量でも生体内に入ると、ホルモンに似た働きをし、生殖器の発達や性行動に影響を及ぼす。ダイオキシン類、PCBの他、一部の食品容器に含まれるビスフェノールA等の約70種類が環境ホルモンと疑われているが、汚染実態や因果関係等がはっきりしない面も多い。

企業の社会的責任(CSR)
企業は社会的な存在であり、自社の利益、経済合理性を追求するだけでなく、利害関係者(ステークホルダー)全体の利益を考えて行動するべきであるとの考え方であり、行動法

令の遵守、環境保護、人権擁護、消費者保護等の社会的側面にも責任を有するという考え方。CSR は Corporate Social Responsibility(企業の社会的責任)の略。

危険物倉庫の表示・標識

掲示板は、危険物の類、品名、貯蔵最大数量、取扱最大数量、指定数量の倍数を表示する。屋内貯蔵所、地下貯蔵所等、危険物保安監督者を定めるものは氏名およびその職名を表示する。危険物の種類に応じて、表示は、白地の板(幅 0.3 m、長さ 0.6 m 以上)に黒色の文字で見やすい箇所に表示する。危険物の種類に応じて禁水、火気注意、火気厳禁等の表示を行う。

気候変動枠組条約

気候変動に関する国連枠組条約。二酸化炭素等の温室効果ガスの排出を減らすことを目的とした条約。この条約の締結国により年に1回開催される会議が COP(締約国会議、Conference of the Parties)である。

揮発性有機化合物

揮発性を有し、大気中で気体となる有機化合物の総称で、炭化水素系物質を主とする。代表的な物質としてはトルエン、キシレン、酢酸エチル等、主なもので約 200 種類ある。塗料溶剤、接着剤、一部の洗浄剤等に含まれており、光化学オキシダントや SPM [Suspended Particulate Matter(浮遊粒子状物質)]の原因物質の一つであるため、VOC [Volatile Organic Compounds(揮発性有機化合物)]規制が行われている。

京都議定書

1997 年 12 月に京都で開催された気候変動枠組み条約第 3 回締約国会議(COP3)において採択され、2000 年以降の先進各国における温室効果ガスの削減目標や国際制度について定めている。日本においては 2008～2012 年の間に 1990 年比で 6% 削減することが求められた。

クール・ビズ

冷房時のオフィス温度を 28℃ にした場合でも、「涼しく効率的に格好良く働くことができる」というイメージをわかりやすく表現した、夏の新しいビジネススタイルの愛称。ノーネクタイ・ノー上着スタイルがその代表。

クリーンエネルギー

石油、石炭、天然ガス等の化石燃料や原子力エネルギーの利用は、温暖化ガスの排出や廃棄物処理等の点で環境への負荷を与える。こうした負荷をできるだけ低減するための新たなエネルギー源を一般にクリーンエネルギーと称している。太陽熱利用、太陽光発電、風力発電等がある。

グリーン購入

製品やサービスを購入する際に、できる限り環境への負荷が少ないものを優先的に購入すること。資源・エネルギーの循環的利用を促進するためには、自らの事業エリア内にお

ける取組みのみならず原材料、部品、製品、サービスの購入先、いわゆる事業エリアの上流側での取組みを積極的に働きかけていくことが必要であり、そのための手法として環境負荷低減に資する優先的購入(グリーン購入・調達)がある。

下水道
生活環境の改善や公共用水域の水質保全を図るため、一般家庭や事業所等から排出される汚水および雨水を排除するための管渠、ポンプ場および汚水物質の量を減らすための汚水処理場から構成される施設を指す。

建築物総合環境性能評価システム(CASBEE)
産学官共同で開発された、住宅・建築物の居住性(室内環境)の向上と地球環境の負荷の低減等を環境性能として一体的評価を行い、評価結果をわかりやすい指標として示す評価システム。CASBEE：Comprehensive Assessment System for Building Environmental Efficiency の略。

公害
人の事業や生活等に伴って生じる大気汚染や水質汚濁、騒音、悪臭等が人の健康や生活環境に被害を及ぼすこと。大気汚染、水質汚濁、土壌汚染、騒音、振動、地盤沈下、悪臭は人の健康または生活に係る被害が生じることから典型7公害と言う。

公害防止管理者
「特定工場における公害防止組織の整備に関する法律」により、工場内に公害防止に関する専門的知識を有する人的組織の設置が義務付けられており、「一定規模以上の特定工場」と「その他の特定工場」に大別され、次の3つの職種で構成される。公害防止統括者(工場の公害防止に関する業務を統括・管理する役割)を担い、資格は不要。公害防止主任管理者(公害防止統括者を補佐し、公害防止管理者を指揮する役割)を担い、資格を必要とする。公害防止管理者(公害発生施設または公害防止施設の運転、維持、管理、燃料、原材料の検査)を担い、資格を必要とする。

光化学オキシダント
工場・自動車等から大気中へ排出された窒素酸化物、炭化水素等の一次汚染物質が太陽光線に含まれる紫外線により化学反応を起こしオゾン(O_3)、パーオキシジアセチルナイトレート(PAN)の光化学オキシダントを含む二次汚染物質となる。風が弱いなどの特殊気象条件が重なると、滞留するなどのため白くもやがかったようになる。眼やのどに刺激を受けたり、葉が枯れるなどの被害が発生する。人の健康や植物の育成に影響を及ぼすため大気環境基準が定められている。

国連環境開発会議(地球サミット)
1992年にブラジルのリオ・デ・ジャネイロで開催された首脳レベルでの国際会議。地球サミットとも呼ばれる。人類共通の課題である地球環境の保全と持続可能な開発の実現

のための具体的な方策が話し合われ、「環境と開発に関するリオ宣言」や「アジェンダ21」、「森林原則声明」が合意された。2002年、2012年にも予定されており、10年ごとに実施されている。

コジェネレーション・システム

発電と同時に発生した排熱を利用して、給湯、暖房等を行うエネルギー供給システムで、熱電併給システムとも言う。例えば、発電の排熱を利用して給湯、暖房を行うなど都市の冷暖房に活用する方法。最近ではオフィスビルや病院、ホテル、スポーツ施設等にも導入されつつある。

コンクリート固化

有害廃棄物の最終処分にあたって行われる代表的な無害化法。水硬性セメントと練り合せて固型化するのが一般的である。有害物質の溶出試験により不溶出を確認する必要がある。

コンプライアンス

コンプライアンスを直訳すると「法令遵守」となり、解釈上は、「法律や条例を遵守すること」となる。しかし、このような意味だけならば、コンプライアンス等と取り上げる必要は必ずしもない。コンプライアンスが重要視されるのは、その意味に「法令遵守」も含まれるが、法令だけにとどまらず、社内規程、マニュアル、企業倫理、社会貢献の遵守、さらに企業リスクを回避するために、どういうルールを設定し、どのように運用していくかを考え、その整備までを含む広範囲に及んでいる。

コンポスト

堆肥のこと。堆肥は元来農家で動植物原料から作る有機肥料であるが、廃棄物の資源化と地力回復の点から都市ごみ、特に生ごみを利用する方式が注目されている。この場合、一般にコンポストという。食品、紙パルプ、排水処理汚泥、畜産廃棄物等が利用される。利用にあたっては肥料としての有効性と有害物質の含有について確認が重要である。

最終処分場

廃棄物は、資源化または再利用される場合を除き、最終的には埋立処分または海洋投入処分される。最終処分は埋立てが原則とされており、大部分が埋立てにより処分されている。最終処分を行う施設が最終処分場であり、ガラスくず等の安定型産業廃棄物のみを埋め立てできる「安定型最終処分場」、有害な産業廃棄物を埋め立てるための「遮断型最終処分場」に分類される。これらは埋め立てる廃棄物の性状によって異なる構造基準および維持管理基準が定められている。

再生材料

使用された後に廃棄された製品の全部もしくは一部、または製品の製造工程の廃棄ルートから発生する端剤もしくは不良品を再生利用したものを言う。ただし、原料として同一工程内で再生利用されるものは除く。

サーマルリサイクル

廃棄物等から熱エネルギーを回収すること。廃棄物の焼却に伴い発生する熱を回収し、廃棄物発電をはじめ、施設内の暖房・給湯、温水プール、地域暖房等に利用する例がある。社会形成推進基本法では、原則としてリユース、リサイクルが熱回収に優先することとしている。

産業廃棄物保管場所・掲示板

a. 産業廃棄物の保管の場所である旨の表示
b. 保管する産業廃棄物の種類
c. 保管場所の管理者の氏名または名称および連絡先
d. 屋外で容器を用いないで保管する場合は、最大積み上げ高さ

掲示板の大きさ縦 60 cm 以上×横 60 cm 以上であること。

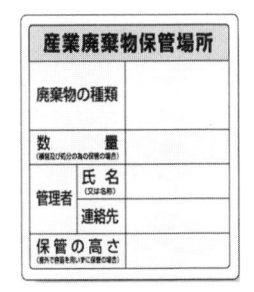

酸性雨

大気汚染物質として放出された窒素酸化物、硫黄酸化物等が太陽光線、炭化水素等の影響を受けて酸化し再生粒子またはガスとして雨滴に取り込まれて、強酸性の雨水または霧となって降下したもので、通常 pH 5.6 以下の場合をいう。湖沼水の酸性化による魚類の死滅、樹木の枯死等の被害が発生している。

持続可能な開発

1987 年環境と開発に関する世界委員会（ブルトラント委員会）において、「将来の世代のニーズを満たす能力を損なうことなく、現在の世代のニーズを満たすこと」と定義しているように、環境と開発を相反するものとしてではなく、互いに共存するものとして捉え、環境を保全してこそ将来にわたっての開発を実現できるという考え方である。

地盤沈下

自然的または地下水揚水等の要因により地面が沈下する現象を指し、一般的にはある程度広い地域全体が沈下することを言う。地盤沈下の結果、地下水の塩水化、浸水、構造物の破損等が起こる。工業用水法、建築物用地下水の採取規制に関する規制の適用を受ける。典型 7 公害の一つ。

事務所衛生基準規則

事務所に従事する労働者について、適用するもので、一酸化炭素および二酸化炭素の含有率、室温および外気温、相対湿度の測定、照度等の事務室の環境管理、清潔、休養設備等を定めている。

社会的責任投資（SRI）

SRI［Socially Responsible Investment（社会的責任投資）の略］。従来から株式投資の尺度である企業の収益力、成長性等の評価に加え、各企業の環境への配慮、利害関係者への配慮、人的資源への配慮等の取組みを評価し、投資選定を行う投資行動。

省エネラベリング制度

指定された機械器具の製造事業者等はトップランナー方式で省エネ性能の向上に努め、また指定製品にはエネルギー消費効率の表示を行う。対象機器は下記の 18 品目である。エアコン、冷蔵庫、冷凍庫、蛍光灯器具、ストーブ、テレビ、ガス調理機器、ガス温水機器、石油温水機器、電気便座、磁気ディスク装置、電子計算機(パソコン)、ジャー炊飯器、電子レンジ、DVD レコーダー、変圧器、ルーティング機器、スイッチング機器。100% 以上達成は緑色、100% 未満は橙色で、目標年度、省エネルギー基準達成率、エネルギー消費効率を表示している。

上水道

導管およびその他の工作物により、人の飲用に適する水として供給する施設の総体。日本では、原則として自治体が設置し、独立採算制で運営している。給水人口 5,000 人以下を簡易水道、それ以上を上水道と区別している。水道施設の標準構成は、水源(貯水用ダム)→取水口→導水管→浄水場→配水池→配水管→各家庭配管等からなる。

水力発電

河川の流れを貯水ダムに一時的に貯えて水力タービンに導入し発電する方式。環境に対しては、温暖化ガスを含めて大気汚染の発生しないことが長所であるが、ダム建設による自然景観の破壊、取水による河川の水量減、膨大な土砂の堆積、植生の破壊、動物の移動ルートの遮断等の問題がある。日本では大規模立地の適地は開発し尽くされてほとんどなくなり、揚水発電や小規模発電が見直されている。

ステークホルダー

金銭的な利害関係だけでなく、顧客、取引先(納品業者)、行政(官公庁)、地域(近隣住民)、株主、従業員やその家族等、直接・間接に影響を受けるすべての利害関係者を指す。本来は、「掛け金を預かる第三者」という意味。

ストックホルム条約

2001 年 5 月にストックホルムで開催された外交会議において POPs 条約が採択された。POPs(Persistent Organic Pollutants：残留性有機汚染物質)とは毒性が強く、残留性、生物蓄積性、長距離にわたる環境における移動の可能性、人の健康または環境への悪影響を有する化学物質のことで、これらの製造および使用の廃絶、排出の削減、これら物質を含む廃棄物等の適正処理等を規定している。日本は 2002 年 8 月、条約に加盟。

ストックホルム宣言

人間環境宣言。1972 年、スウェーデンのストックホルムで開催された人間環境会議において採択された環境問題に取り組む際の原則を明らかにした宣言。環境問題を人類に対する脅威と捉え、国際的に取り組むべきことを明らかにしている。

生物多様性
　ある地域の生物の多様さとその生息環境の多様さを言う。同じ環境のもとでは、多様な生物が生息するほど生態系は健全であると考えられ、希少な種を保護するだけでなく、多様な生物が生息する環境そのものを保全することが重要であると考えられている。生態系(生物群集)、種、遺伝子(種内)の3つのレベルの多様性により捉えられる。

石綿則(石綿障害予防規則)
　事業者は、石綿による労働者の肺がん、中皮腫その他の健康障害を予防するため、作業方法の確立、関係施設の改善、作業環境の整備、健康管理の徹底その他必要な措置を講じ、もって、労働者の危険の防止の趣旨に反しない限りで、石綿にばく露される労働者の人数並びに労働者がばく露される期間および程度を最小限度にするよう努めなければならない。事業者は、石綿を含有する製品の使用状況等を把握し、該当製品については計画的に石綿を含有しない製品に代替するよう努めなければならない。

ゼロ・エミッション
　産業活動により発生する環境汚染物質、廃棄物、排熱等、すべての排出物を可能な限り最小化しようとする環境運動。1990年代初期に国連大学が提唱した。環境省、経済産業省により推進施策が実施されている。

ダイオキシン類
　ダイオキシン類とは、塩素を含む有機化学物質の一種で、「ダイオキシン類特別措置法」で3物質群が定義されている。ダイオキシン類は、結合している塩素の数と結合位置の違いによって200以上の種類がある。また、種類によって毒性の強さが異なり、通常複数の種類が混在しているため、最も毒性の強い2,3,7,8-四塩化ジベンゾーパラージオキシンの量に換算して合算している。この換算値には「TEQ」を付記して表す。水に溶けにくく、油や溶剤には溶けやすい。常温では安定しているが、高温(800℃以上)ではほとんど分解する。ダイオキシン類の毒性は、動物実験において急性毒性、発がん性、催奇形性や環境ホルモン作用等の影響が報告されている。

太陽光発電
　太陽光発電は、シリコン等の半導体を使った太陽電池で光を直接電気に換える発電システム。無尽蔵でクリーンなエネルギーとして期待が高く、公共施設の照明や空調、一般住宅の電源等に利用。長所は、①基本的に設置地域に制限がない、②保守がほとんど必要ない、③屋根や壁といった未利用スペースを利用できる、④送電設備のない遠隔地の電源として利用できる、⑤災害等の非常用の電源として使うことができる。短所は、自然条件に大きく左右されることや現状では発電コストが高いことである。

地域冷暖房
　一定地域の多種多数の建物群に、専用の熱発生所(熱供給プラント)で作られた蒸気、温

水、冷水等のエネルギーを配管を通して供給し、建物の暖房、給湯、冷房等を行うシステム。地域冷暖房には、大気汚染を中心とした環境負荷の軽減をはじめ、省エネルギー、防災、都市景観等の社会的、経済的効果がある。

地球温暖化

現代の産業社会における多量の石炭や石油等の消費に伴い、二酸化炭素等の温室効果ガスの排出量が増加することにより地球の平均気温が上昇することを言う。「気候変動に関する政府間パネル」(Intergovernmental Panel on Climate Change、略称：IPCC)の予測によれば、このまま対策を講じなかった場合、2100年には地球全体の平均気温が6.4℃上昇し、海面水位が59cm上昇すると予測されており、生態系、食料生産をはじめ、社会全体に広範かつ深刻な影響を及ぼすことが予測されている。

窒素酸化物(NOx)

窒素酸化物は、燃料等の物の燃焼、合成、分解等の処理過程で発生し、燃焼温度が高温ほど多量に発生する。その代表的なものは一酸化窒素(NO)と二酸化窒素(NO_2)である。発生源としては、ばい煙発生施設等の固定発生源と自動車等の移動発生源がある。光化学オキシダントの発生防止のため大気汚染防止法等により対策が進められている。

チーム・マイナス6%

京都議定書による日本の温室効果ガス6％削減約束の達成に向けて、国民一人ひとりがチームのように一丸となって地球温暖化防止に立ち向かうことをコンセプトに、平成17年4月から政府が推進している国民運動。

中間処理(廃棄物)

中間処理とは、廃棄物を物理的、化学的または生物学的な手段によって、形態、外観、内容等について変化させ、生活環境の保障上支障の少ないものにする行為であり、最終処分(埋立ておよび海洋投入)に至る様々な処理を言う。脱水、乾燥、焼却、中和、破砕、溶融等が代表的な方法である。

デポジット制度

製品本来の価格に預かり金(デポジット)を上乗せして販売し、消費されて不要になった製品等が所定の回収システムに返却される場合に預かり金を返却される制度。

特定施設

大気汚染、水質汚濁、騒音等の公害を防止するため、各種の規制法では「特定施設」という概念を設けている。大気汚染防止法では、特定物質を発生する施設、水質汚濁防止法では有害物質または生活環境項目を含む汚水、廃液を発生する施設、騒音規制法では、著しい騒音を発生する施設を言い、政令でその規模、容量等の範囲が定められている。

土壌汚染

人の事業活動その他の活動に伴い、土壌中に有害な物質が残留、蓄積することにより、

土壌が有する水質を浄化し、地下水を涵養する機能や食料を生産する機能を阻害することを土壌汚染と言う。土壌の汚染に係る環境基準は、カドミウム、トリクロロエチレン等27項目が定められている。

特化則（特定化学物質障害予防規則）

特定化学物質はこの健康障害を発生させる（可能性が高い）物質として定められたものであり、大別すると微量の曝露でがん等の慢性・遅発性障害を引き起こす物質（第1類物質、第2類物質）と、大量漏洩により急性障害を引き起こす物質（第3類物質、第2類物質のうち特定第2類物質）とがある。規制対象物質は52種類（施行令別表3）で取扱設備、排ガス、排液等の規制がある。

バイオエタノール燃料

植物（サトウキビ、トウモロコシ等）のバイオマスを原料として製造される燃料。燃焼しても大気中のCO_2を増加させない特性を持っており、ガソリンと混合して利用することにより、ガソリンの燃焼時に発生するCO_2の排出を減少させる効果を有する。

バイオマス

再生可能な生物由来の有機性資源で化石資源を除いたもの。廃棄物系バイオマスとしては家畜排せつ物、食品廃棄物、建設発生木材、黒液、下水汚泥、廃棄される紙等がある。主な活用方法としては、農業分野における堆肥としての利用や汚泥のレンガ原料としての利用、燃焼して発電を行ったり、アルコール発酵、メタン発酵等による燃料化等のエネルギー利用等もある。この有機化合物を資源として利用しようとする方法をバイマスと呼ぶ。元々は生物量、現有量を意味する生態学用語である。

排出権（量）取引

環境汚染物質の排出量低減のための経済的手法の一つ。全体の排出量を抑制するために、あらかじめ国や自治体、企業等の排出主体間で排出する権利（量）を決めて割り振っておき、権利を超過して排出する主体と権利を下回る主体との間でその権利を売買することで全体の排出量をコントロールする仕組みを排出権（量）取引制度という。二酸化炭素（CO_2）等の地球温暖化の原因とされるガスに係る排出権や、廃棄物の埋立てに関する排出権等の事例が見られる。

排出者責任

廃棄物等を排出する者が、その適正なリサイクル等の処理に関する責任を負うべきとの考え方。廃棄物処理に伴う環境負荷の原因者はその廃棄物の排出者であることから、排出者が廃棄物処理に伴う環境負荷低減の責任を負うという考え方は合理的であると考えられ、その考え方の根本は汚染者負担の原則にある。

バーゼル条約

正式名称は「有害廃棄物の国境を越える移動及びその処分の規制に関するバーゼル条約」。1989年に採択、1992年に発効し、日本は1993年に加入、有害廃棄物の輸出に際し

ての許可制や事前通告制、不正な輸出、処分行為が行われた場合の再輸入の義務等を規定している。

ビオトープ

ドイツ語でBIO（生物）、所（TOP）を意味し、学術上、生物圏の地域的な基本単位を指し、動植物の生息地、生育地といった意味で用いられる。生態系の保全の観点からはポツンとビオトープを整備（確保）するのではなく、生物の移動が確保できるようなビオトープ・ネットワークの形成が重要とされている。

ピクトグラム（GHS）

GHS（化学品の分類および表示に関する世界調和システム、Globally Harmonized System of Classification and Labelling of Chemicals の略称）では、物理・化学的危険性や健康および環境への有害性がある物質を、有害性ごとに分類し、9の区分（爆発性、毒性、腐食性等）を設定し、対応するピクトグラム（9種の絵表示）を指定している。

ヒートアイランド

都市部では建物の密集、道路舗装、各種産業や人口の集中等による地面状態の変化や暖房、工場からの人工熱の放出、大気汚染等により都市独特の局地的な気候が発生する。特に気温の上昇は顕著で、等温線を描くと都市が島のようになるのでこれをヒートアイランド（熱の島の意味）と言う。

ヒートポンプ

気体を圧縮すると温度が上昇し、膨張すると温度が下がる原理を利用して熱を移動させる技術である。代替フロン等の冷媒の圧縮→凝縮→膨張→蒸発のサイクルを通じて空気の熱を汲み上げ、別の場所へ移動させて放出するシステムである。

風力発電

風力によりブレードを回転させ、タービンを回して発電する技術を言う。発電コストは10～14円/kWhと再生可能エネルギーの中では安く、化石燃料を使わず発電できる点、CO_2排出量が少ない点が評価され、エネルギー安全保障および温暖化対策の観点から、世界的に導入量が増加している。資源の偏在性が高く、発電量の変動性が高いのが弱みである。

石炭火力	石油火力	LNG火力	太陽光	風力	原子力	地熱	水力
5.0～6.5	10.0～17.3	5.8～7.1	46～49	10～14	4.8～6.2	16	10.4

出典：経済産業省資料、内閣府資料等より大和総研作成

フロン

フロンガスとは、フッ化炭化水素化合物の通称で、化学的に非常に安定で、冷媒、発泡剤、洗浄剤、エアゾール用噴射剤として広範な用途で利用された。塩素を含むフロンは大気中に放出されるとオゾン層を破壊することから、生産・消費量の規制と段階的削減が図

られている。

マテリアルフローコスト会計
　企業の生産プロセスにおいて、原材料等のマテリアルのフローとストックを数量と金額を測定することで、「ロスの見える化」を可能にするシステムであり、生産性の向上によるコスト削減と環境負荷低減を同時に実現することができる。

マニフェスト（産業廃棄物管理票）
　産業廃棄物の適正処理をその排出から処分まで確実に管理するための積荷伝票制度をいう。排出事業者は氏名、廃棄物の量・性状・運搬先等を記入して運搬業者および処分業者がサインした4枚複写の伝票（マニフェスト、正式には産業廃棄物管理票という）を作成して、排出事業者、収集・運搬業者、処分業者が各1枚保管し、最後の1枚が処分業者から事業者に戻されて最終的に確認する方法。

水俣病
　最初に確認されたのは1956年で、熊本県の水俣湾周辺で発生したことから「水俣病」と名付けられた。水俣病は、メチル水銀化合物に汚染された魚介類を大量に食べることによってかかる中毒性の神経系疾患で、日本の4大公害訴訟の一つであり、公害問題の原点でもある。また、1964年新潟県阿賀野川流域で発生した有機水銀による水質汚染や底質汚染を原因とし、魚類の食物連鎖を通じて人の健康被害が生じた第2水俣病（新潟水俣病）がある。被害者の救済のため水俣病特別措置法が成立し、救済措置方針に基づき、熊本、鹿児島、新潟の各県で補償給付が始まった。

無過失責任
　故意または過失に基づいて他人に損害を与えた場合のみ損害賠償責任を負うという民事責任上の法的原則に対し、高度化、複雑化した今日の社会でこの原則を貫くと被害者救済を困難にすることから、例外的事項について過失の有無にかかわらず責任の存在を認めるようになっている。公害関係では、大気汚染防止法、水質汚濁防止法では、事業活動によって人の命または身体を害した時は、事業者が賠償の責めに任ずることがあるとされている。

モーダルシフト
　トラック等による幹線貨物の物流を、環境負荷の少ない大量輸送機関である鉄道輸送・内航海運に転換すること。

モントリオール議定書
　国際的に協調してオゾン層保護対策を推進するため、オゾン層破壊物質の生産削減等の規制措置を定めたもの。1987年に採択され、日本は1988年に締結した。当初の予想以上にオゾン層破壊が進行していること等を背景として、これまで6度にわたり規制対象物質の追加や規制スケジュールの前倒し等、段階的に規制強化が行われている。

有機則(有機溶剤中毒予防規則)

　有機溶剤は、塗装や接着、洗浄、印刷等の幅広い用途で使用されている。有機溶剤は揮発性があり、同時に脂溶性があるため、眼・鼻・咽喉等の粘膜に対する刺激および腎臓・肝臓に障害、造血器系、神経系(末梢神経や視神経)に障害を起こすことがある。そのため、労働安全衛生施行令別表6の2に掲げる54種類応および混合物を対象として、取扱いに対して各種の規制を設けている。

溶存酸素量(DO)

　溶存酸素量とは、水中に溶け込んでいる酸素の量(Dissolved Oxygen)のこと。河川や海域の自浄作用や魚類等の水生生物の生存には欠くことのできないもので、きれいな河川には普通1L中に7〜14 mg程度であるが、有機物の流入量が多くなり、汚濁が進行すると減少し、魚介類の生存を脅かすほか、水が嫌気性となって硫化水素やメタン等が発生し、悪臭の原因となる。

四日市ぜんそく

　高度経済成長期の1960〜1972年にかけて三重県四日市市で、四日市コンビナートの化学工場から発生した大気汚染による集団ぜんそく障害である。四大公害訴訟の一つである。気管や肺の障害や疾患を引き起こしたのは、疫学的因果関係より主に亜硫酸ガスによる大気汚染で硫黄酸化物であるとされ、官民あげての公害被害者対策が講じられた

ラムサール条約

　正式名称は「特に水鳥の生息地として国際的に重要な湿地に関する条約」。1971年に採択、1975年に発効し、日本は1980年に加入。国際的に重要な湿地およびそこに生息、生育する動植物の保全と賢明な利用を推進することを目的としている。現在、日本では37箇所の湿地が登録されている。

リサイクル

　廃棄物として最終処分されるはずの物を回収し、有用な製品の原料あるいは材料として再利用すること。回収物を燃焼しエネルギーとして回収するのをサーマルリサイクルと呼ぶこともある。この場合、物質として再利用する一般的なリサイクルはマテリアルリサイクルと呼ぶ。

リサイクル識別マーク

　「再生資源の利用の促進に関する法律(略称:リサイクル法)」により、缶やペットは第二種指定製品とされており、分別を容易にするための材質識別マークの表示が義務付けられている。その他、多くの製品にもリサイクルマークが付されている。

マーク等及び制度名		運営主体名
アルミ缶	[アルミマーク]	（社）食品容器環境美化協会 http://www.kankyobika.or.jp/
スチール缶	[スチールマーク]	
PETボトル	[PETマーク]	PETボトルリサイクル推進協議会 http://www.petbottle-rec.gr.jp/qanda/sec10.html
紙製容器包装	[紙マーク]	紙製容器包装リサイクル 推進協議会 http://www.kami-suisinkyo.org/
プラスチック製容器包装	[プラマーク]	プラスチック容器包装リサイクル 推進協議会 http://www.pprc.gr.jp/

リスポンシブル・ケア活動

　化学物質の製造・取扱事業者が、化学物質の開発から製造、流通、使用、消費、廃棄までの全ライフサイクルにわたって環境や健康、安全面の対策や改善をし、その活動の成果を公表する自主管理活動のこと。1992年の国連環境開発会議(UNCED：United Nations Conference on Environment and Development)で採択された「アジェンダ21」(行動計画)の一つとして奨励されている。

レッドデータブック

　絶滅のおそれのある動植物のデータ集で、世界レベルでは国際自然保護連合(IUCN：International Union for Conservation of Nature and Natural Resources)が発行している。日本では、1991年に環境庁(現在の環境省)が動物分野、1989年に財団法人日本自然保護協会および社団法人世界自然保護基金日本委員会が植物分野のそれぞれ日本版レッドブックを発行し、2000年からは環境省が改定版を順次発行している。

ローマクラブ

　1970年にローマで結成された民間組織で、科学者、経営者、教育者等の知識人によって構成されている。主に食料、人口、産業等の人類全体に係る問題について地球の破局回避の道を探ることを目的としている。1972年に「成長の限界」という報告書を発表した。

ロンドン条約

　正式名称は「廃棄物その他の物の投棄による海洋汚染の防止に関する条約」。1996年(平成8)に採択、2006年(平成18)に発効、2007年(平成19)10月締結。ロンドン条約の内容を改正・強化した議定書であり、廃棄物の海洋投棄および海底下廃棄を原則禁止とするとともに、投棄可能な廃棄物についても、その環境影響についての事前の検討等を求めている。

ワシントン条約

正式名称は「絶滅の恐れのある野生動植物の種の国際取引に関する条約」。1973年に採択、日本は1980年に加入。野生動植物の国際取引の規制を輸入国と輸出国が協力して実施することにより、絶滅のおそれのある野生動植物の種の保護を図ることを目的としている。条約の付属書に掲載された野生動植物の国際取引は禁止または制限され、輸出入の許可書等が必要となっている。

BOD（生物化学的酸素要求量）

BOD（Biochemical Oxygen Demand）は、水に含まれる有機物量を表す指標であり、水中の好気性微生物によって消費される溶存酸素の量を、有機物の量に換算したものである。BODの数値が高いほど有機物の量が多く、汚れが大きいことを示している。この値の大きい排水を河川等に排水すると、水中の溶存酸素の欠乏を招き、自浄作用を損なう結果となる。

CAS登録番号

CAS（Chemical Abstract Service）登録番号とは、化学物質を特定するための最大10桁の番号である。CAS番号、ナンバーともいう。アメリカ化学会が発行しているChemical Abstracts誌で使用される化学番号で、同学会の下部組織のCASは同誌を初め各種検索サービスとCASへの登録業務を行っている。

COD（化学酸素要求量）

COD（Chemical Oxygen Demand）とは、水に含まれている有機物の量を表す指標であり、水の中に含まれている有機物が酸化剤によって酸化される時に消費される酸化剤の量を酸素の量に換算したものである。数値が高いほど有機物の量が多く、汚れの大きいことを示している。

COP3

「気候変動に関する国際連合枠組条約（気候変動枠組条約）」の3回目の締約国会議（Conference of the Parties; COP）の通称。1997年に京都で開催された。会議では、第1回締約国会議の決定（ベルリン・マンデート）に従って、先進国の温室効果ガスの排出削減目標を定める法的文書とともに、排出権取引、共同実施、クリーン開発メカニズム等の柔軟性措置が「京都議定書」の形で採択され、今後の地球温暖化防止対策に向けて大きな一歩を踏み出すこととなった。

ELV指令

EUにおける環境関連法で、2003年7月以降の新車は、バッテリー、プリント板に使用

される鉛はんだ等の一部の例外を除き、原則として鉛、水銀、カドミウム、6価クロムの使用を禁止する。ELV(使用済自動車：End of Life Vehicle の略)車体を解体するに当たっての各種規制の実施。リサイクル率を95％以上とする。リサイクルの実効率は85％以上。

ESCO事業

ビルや工場の省エネルギー改善に必要な包括的サービス(省エネルギー診断、設備機器の整備、省エネルギー効果の検証、設備機器の維持管理等)を提供する事業で、必要な費用は、ESCO(Energy Service Company の略)事業者により保証された高熱水費の削減分で対応する事業をいう。

IPCC

1988年に国連環境計画(UNEP)と世界気象機関(WMO)の共催により設置された。世界の第一線の専門家が、地球温暖化について科学的な評価を行っている。2007年には地球温暖化に関する「IPCC第4次評価報告書」を公表した。

ISO14000シリーズ

ISO14000シリーズは、国際標準機構(ISO)が発行する環境マネジメントシステムに関する規格の総称である。環境マネジメントシステム、環境ラベル、環境パフォーマンス評価、ライフサイクルアセスメント等の規格がある。認証登録の対象となっているのはISO14001のみである。

LCA

ライフサイクル・アセスメント(Life Cycle Assessment)。製品やサービス等が環境に与える影響を、原料採取から設計、生産、流通、消費、廃棄に至るまでのすべての段階における資源・エネルギー消費と環境負荷を定量的に分析し、環境負荷の低減や環境改善を図る手法。

LOHAS

LOHAS(ロハス)とは、Lifestyles Of Health And Sustainability(健康と持続可能性の、またはこれを重視するライフスタイル)の略。健康や環境問題に関心の高い人々のライフスタイルを営利活動に結び付けるために生み出されたマーケティング用語として使われるケースが多い。

MSDS(SDS)

化学物質等安全データシート(Material Safety Data Sheet)。化学製品の危険有害性について安全な取扱いを確保するために、その物質名、分類、危険有害性、安全対策および緊急事態の対策等に関する情報を含む資料。国内では平成23年度までは一般的にMSDSと呼ばれていたが、国際整合の観点から、GHSで定義されているSDS(Safety Data Sheet)に統一された。

PCB
　ポリ塩化ビフェニル(Polychlorinated Biphenyl)の略称。耐熱性、電気絶縁性に優れた性質としてトランス油、コンデンサー等の電気絶縁油、熱媒体等に用いられた。難分解性で、水生生物体内で濃縮性が高く有害性の高いことから、環境基準(水質)廃棄物処理法、化審法においても最も厳しい規制が課せられている。

pH
　水素イオン濃度(pH：フランス語で水素イオン指数の略)のことで、溶液中の水素イオン濃度を言う。溶液1L中の水素イオンのグラム当量数で表す。pHは0から14まであり、pH＝7で中性、pH＜7以下で酸性、pH＞7以上でアルカリ性を示す。

ppm
　ppm(parts per million)とは濃度の単位で、100万分の1を1ppmと表示する。例えば、水質汚濁物質の濃度表示では水1m3(1t)の中に汚濁物質が1g混じっていれば1ppmと表示する。なお、1ppbとは10億分の1を表す。

REACH 規制
　EUにおける環境関連法で、2007年6月に施行された。既存化学物質と新規化学物質の扱いを同等に変更し、リスク評価を事業者の義務に変更。サプライチェーンを通じた化学物質の安全性や取扱に関する情報の共有を双方向で強化。新規化学物質か既存化学物質かを問わず、年間のEU域内での製造・輸入量が約1tを超えている化学物質が登録の対象である。Registration, Evaluation, Authorization and Restriction of Chemicals で「欧州連合における人の健康や環境の保護のために化学物質とその使用を管理する欧州議会及び欧州理事会規則」であり、REACHと略称する。

RoHS 指令
　EUにおける環境関連法であり、2006年7月以降、WEEE指令対象機器(医療用機器、監視および制御機器を除く)に鉛、水銀、カドミウム、6価クロム、ポリ臭化ビフェニール(PBB)、ポリ臭化ジフェニルエーテル(PBDE)の6物質の使用を一部の適用除外を除き禁止した。Restriction of Hazardous Substances(危険物質に関する制限)の頭文字からRoHSと略称される。

UNEP(国際連合環境計画)
　国際連合環境計画は、国際連合の機関として環境に関する諸活動の総合的な調整を行うとともに、新たな問題に対しての国際的協力を推進することを目的としている。また、多くの国際環境条約の交渉を主催し、成立させてきた。モントリオール議定書の事務局も務めており、ワシントン条約、ボン条約、バーゼル条約、生物多様性条約等の条約の管理も行っている。

VOC

　Volatile Organic Compounds（揮発性有機化合物）の略語で、空気中に揮発する有機化合物全体を指す。しかし、範囲が広く漠然としているので、WHO（世界保健機関、World Health Organization）では室内空気汚染の観点から有機化合物の沸点をもとにVOCを定義している。常温で揮発する有機化合物（沸点50～250℃のものが大部分）のことで、WHOから約50物質についてガイドラインが定められている。

WEEE 指令

　EUにおける環境関連法であり、2005年8月以降市場に出荷される電気電子機器に適用。対象は家電機器、通信機器、照明装置、電動工具、玩具、医療機器、監視および制御機器、自動販売機等の広範な機器で、機器ごとに70～80％の再生率（熱回収を含む）と50～80％の再使用・リサイクル率が設定されている。生産者（製造・販売・輸出入業者）が費用負担し、回収、処理、再生、リサイクルを行う。Waste Electrical and Electronic Equipmentで「電気・電子機器の廃棄に関する欧州議会及び理事会指令」となるが、WEEEと略称される。

参考文献

1. 山口光恒：地球環境問題と企業、岩波書店
2. 北爪智哉、池田宰、久保田俊夫、辻正道、北爪麻紀：環境安全論－持続可能な社会へ－、コロナ社
3. 石川禎昭：環境保全関係法令早分かり、オーム社
4. 電子政府の e-Gov 法令データ提供システム　　http://law.e-gov.go.jp/cgi-bin/idxsearch.cgi
5. 環境省ホームページ　　http://www.wnv.go.jp
6. 経済産業省ホームページ　　http://www.meti.go.jp/
7. 条例 Web　都道府県市町村を入力し、検索　　http://www.jourei.net/
8. 鈴木敏央：新・よくわかる ISO 環境法、ダイヤモンド社
9. 日本環境認証機構：ISO 環境法、東洋経済新報社
10. 環境アセスメント研究会：環境アセスメント基本用語集、オーム社
11. 青木正光：環境規制 Q&A555、工業調査会
12. 労働安全衛生法令要覧、中央労働災害防止協会
13. 化審法データベース(J-CHECK)　　http://www.safe.nite.go.jp/kasinn/db/dbtop.html
14. 中小企業のための製品含有物質管理実践マニュアル(入門編)
    http://www2.chuokai.or.jp/hotinfo/chemical-manual20120814.pdf
15. 平成 23 年版環境白書
16. 安原昭夫、小田淳子：地球の環境と化学物質、三共出版
17. 環境保全技術研究会：環境保全対策入門、オーム社
18. 産業廃棄物又は特別管理産業廃棄物処理業の許可申請に関する講習会テキスト、日本産業廃棄物処理振興センター
19. 環境にやさしい企業行動調査、環境省、2012 年 1 月
20. 環境社会検定試験 eco 検定公式テキスト、東京商工会議所、2012 年 4 月
21. 石橋春男、小塚浩志、中藤和重：現代日本の環境問題と環境政策、泉文堂
22. 平成 24 年度エネルギー・温暖化対策に関する支援制度について(第 2 版)、関東経済産業局総合エネルギー広報室、2012 年 7 月
23. 立教大学 ESD 研究センター：次世代 CSR と ESD ―企業のためのサステナビリティ教育―、ぎょうせい

おわりに

　平成23年3月11日に発生した東日本大震災に伴う原子力発電所の事故により放出された放射性物質による環境汚染や津波による大量のガレキ処理はその対応が遅れ気味であり、しかも復興計画についてもなお長期間を要する段階である。スピード感をもって着実な復興が期待されるところである。原発停止後のエネルギー問題はエネルギー・セキュリティ、経済成長、地球温暖化のバランスをとりながらベストミックスに向けて意見調整がされているが、議論が錯綜し、結論は持ち越し中である。エネルギーや環境問題は多面的であるが故に、「群盲象を評す」(ある一面、ある立場からのみの判断)ではなく、広い視野から長期的に合理的なエネルギー基本計画が立てられることを期待している。

　環境問題に的確に対応するためには、環境問題、環境法規制、環境対策等の関連を理解しておくことが大切である。浅学ながら法規制の概要や関連した情報を平易にコンパクトにまとめてある。中小企業における環境への取組みとしては、自社の環境方針があればそれをベースに、罰則のある法規制の遵守を優先し、次いでできることから範囲を拡大していくことが大切である。中小企業のトップ、環境責任者、事務局の方々に環境関連法規制や関連事項に興味を持つ機会になり、少しでもお役に立てる部分があれば筆者にとって望外の幸いである。

索　引

【あ、い、う、え、お】

悪臭　42,190
悪臭物質　50,201
悪臭防止法　50
アジェンダ21　201
アスベスト　201
アセスメント　201
有明海・八代海再生法　173
安全衛生委員会　201
安定型処分場　194,208

硫黄酸化物((SOx)　190,202
イタイイタイ病　34,65,202
一般廃棄物　120,123,202
井戸　76
入口規制　77
医療法　161

ウイーン条約　202
ウオーム・ビズ　202
上乗せ　13,26,202

エアレーション　202
エコアクション21　202
エコツーリズム推進法　161
エコドライブ　203
エコマーク　203
エコマテリアル技術　196
エネルギー管理士　203
エネルギー起源以外　102
エネルギー政策基本法　161

オゾン層　52
オゾン層破壊　2,203
オゾン層保護法　48
汚濁負荷量　55
汚泥処理　203

オフロード車　49
オフロード法　49
温室効果ガス　100,203
温室効果ガス排出量　102
温泉法　162
温暖化　2

【か、き、く、け、こ】

外因性内分泌撹乱化学物質　78,205
海外における規制　158
海岸法　162
開発途上国の公害問題　4
海洋汚染　4
海洋汚染防止法　64
外来生物法　162
化学的酸素要求量(COD)　56,218
化学品の分類および表示に関する世界調和システム
　　　(GHS)　85,87,214
化学物質　79
化学物質等安全データシート(MSDS)　81,219
化管法(PRTR法)　25,83
拡大生産者責任　122,137,203
化審法(化学物質の審査及び製造等の規制に関する
　　　法律)　79
ガス事業法　162
化製場等に関する法律　162
河川法　162
家畜排せつ物法　163
活性汚泥法　191,203
合併処理　204
家電リサイクル法　141
カーボン・オフセット　204
カーボンニュートラル　204
カーボンフットプリント制度　204
火薬類取締法　163
環境影響評価　150
環境影響評価法　150

索　引

環境会計　204
環境管理　183
環境関連法規の体系　17
環境関連法規の特定　175
環境基準　36,204
環境基本計画　34,36
環境基本法　15,33,35
環境教育　155,158
環境教育促進法　157
環境経営　8,21,204
　——への配慮　37
環境計量士　204
環境税　205
環境対応努力　21
環境調査　175
環境の持続可能性　5
環境の保全　36
環境配慮　23
環境配慮活動促進法　163
環境配慮契約法　163
環境配慮設計　205
環境配慮促進法　156
環境配慮要請　21
環境負荷　175,205
　——の低減　23
環境負荷低減技術　196
環境物品等　149
環境法規制　33
　——の枠組み　11
環境報告書　156,205
環境保全　9
　——の意欲の増進　157
環境保全活動　157
環境保全技術　190
環境ホルモン　78,205
環境ラベリング　9
環境リスク　175,182
監視化学物質　80
管理型処分場　194

企業経営　8
企業の社会的責任(CSR)　205
危険物倉庫の表示・標識　206
気候変動に関する政府間パネル(IPCC)　219
気候変動枠組条約　206
技術管理者　128
揮発性有機化合物(VOC)　44,206,221
揮発油等の品質の確保等に関する法律　163
キャップ＆トレード　102
業種区分　26
強制義務　33
京都議定書　206

クリーンエネルギー　206
グリーン購入　206
グリーン購入法　149
グリーン調達ガイドライン　23
グリーン調達方針　23
クール・ビズ　206
クレーン等安全規則　113

経営戦略　23
景観法　164
経済的手法　11
経済の持続可能性　6
経団連地球環境憲章　8
計量法　164
劇毒物取締法　86
劇物　87
下水　59
下水道　59,207
下水道法　58
健康公害犯罪処罰法　164
原災法　165
原子力基本法　165
原子力災害対策特別措置法　165
建設業法　164
建設リサイクル法　146
懸濁物質(SS)　56
建築基準法　164

建築物総合環境性能評価システム（CASBEE）　207
建築物における衛生的環境の確保に関する法律　164
建築物用地下水　77
原油換算エネルギー使用量　101

高圧ガス　111
高圧ガス保安法　110
公害　207
公害健康被害補償法　165
公害対策基本法　34
公害防止管理者　118,207
公害防止協定　35
公害防止計画　37
公害防止主任管理者　118
公害防止組織整備法　118
公害防止統括者　118
光化学オキシダント　207
公共下水道　59
公共用水域　56
工業用水法　76
航空機騒音　69,71
鉱山保安法　165
工場立地法　152
港湾法　165
小型家電リサイクル法　165
告示　11
国連環境開発会議　5,207
国連連合環境計画（UNEP）　220
コジェネレーションシステム　197,208
湖沼水質保全特別措置法　166
固定価格買取り制度（FiT）　100
古物営業法　166
個別法　16
　——の種類　18
　——の分類　16
コンクリート固化　208
コンプラインアンス　208
コンポスト　208

【さ、し、す、せ、そ】
災害廃棄物　135
最終処分場　194,208
再使用　122
再商品化　142
再商品化事業者　143
再商品化等　141
再生材料　208
再生可能エネルギー源　99
再生可能エネルギー特別措置法　99
再生利用　122
作為義務　12
砂漠化　3
サプライチェーン　23
サーマルリサイクル　143,209
3R　122
産業廃棄物　120,123
産業廃棄物管理票（マニフェスト）　130,215
産業廃棄物処理特定施設整備法　166
産業廃棄物保管場所・掲示板　209
酸性雨　2,209
酸素欠乏症等防止規則　113

識別表示　144
資源有効利用促進法　137
自主的手法　9
自然環境保全法　167
自然公園法　166
自然再生推進法　167
持続可能な開発　209
持続可能な社会　6,23
指定数量　107
指定地域　71
指定調査機関　67
指定廃棄物　134
自動車NOx・PM法　46
自動車リサイクル法　147
地盤沈下　70,196,209
事務所衛生基準規則　114,209
社会的責任投資（SRI）　209

社会の持続可能性　6
遮断型処分場　194,208
臭気指数　42,51
重金属類対策　192
住宅品質確保法　167
種の保存法　167
循環型社会　121,137
循環型社会形成推進基本法　121
省エネ法　96
省エネラベリング制度　210
省エネルギー　197
浄化槽　62
浄化槽法　62
小規模企業の定義　25
上水道　210
消防活動阻害物質　107
情報的手法　9
消防法　105
少量危険物　107
省令　11
条例　13
除外施設　59
食品衛生法　168
食品関連事業者　147
食品廃棄物　144
食品リサイクル法　144
処分場　195
新エネルギー特措法(電気事業者による新エネルギー利用等の促進に関する特別措置法)　168
振動　70
振動規制法　73
振動対策　195
森林破壊　2
森林法　168

水質汚濁防止法　54
水道原水法　168
水道水源特別措置法　170
水道法　168
水力発電　94,210

スクリーニング　151
スコーピング　151
ステークホルダー　210
ストックホルム条約　210
ストックホルム宣言　210
スパイクタイヤ粉じんの発生防止に関する法律　168

生産緑地法　168
製造段階の規制　77
生物化学的酸素要求量(BOD)　56,218
生物多様性　211
生物多様性基本法　169
生物多様性地域連携促進法　169
生物多様性保全活動促進法　169
政令　11
石綿則(石綿障害予防規則)　113,211
施行令　11
瀬戸内海環境保全特別措置法　169
ゼロ・エミッション　211
選択的接続詞　15

騒音　69
騒音規制法　70
騒音対策　195
総量規制　44
総量規制基準　55

【た、ち、つ、て、と】
第一種ガス　111
第1種指定化学物質　84
第1種特定化学物質　80
ダイオキシン類　88,211
　——の除去　190
ダイオキシン類特別措置法　88
大気汚染　42
大気汚染防止法　43
対象業種　26
大店立地法　154
第2種指定化学物質　84

第2種特定化学物質　80
太陽光発電　91,211
太陽電池　91

地球サミット(国連環境開発会議)　5,207
地域冷暖房　211
地球温暖化　2,100,212
地球温暖化対策法　100
地球環境問題　1,7
窒素酸化物(NOx)　46,190,212
窒素の除去　192
地熱発電　93
チーム・マイナス6%　212
中間処理［廃棄物］　212
中小企業
　——の業種区分　24
　——の定義　25
　——の範囲　24
鳥獣保護法　170

通達　11
通知　11

低炭素投資促進法　170
出口規制　77
鉄道騒音　69,71
デポジット制度　212
電気事業法　170
電波法　170

道路運送法　171
道路運送車両法　172
登録再生利用事業者　145
道路交通法　171
特殊高圧ガス　111
毒性等価係数(TEF)　89
毒性等量(TEQ)　89
特定悪臭物質　42,50,201
特定化学物質等傷害予防規則　113,213
特定原動機　49

特定高圧ガス　111
特定事業者　97
特定施設　56,71,212
特定建物　47
特定特殊自動車　49
特定物質　48
特定有害廃棄物等の輸出入等の規制に関する法律　171
特定有害物質　66
特定連鎖化事業者　97
毒物　87
毒物及び劇物取締法　113
毒物劇物取扱責任者　87
特別管理産業廃棄物　123
特別法　33
都市計画法　153
都市公園法　171
都市生活型公害　34
都市低炭素法　171
土壌汚染　65,212
土壌汚染対策　196
土壌汚染対策法　66
土壌酸性化　2
都市緑化法　171
特化則(特定化学物質傷害予防規則)　113,213
トップランナー方式　98
努力義務　12,33

【な、に、ね、の】
鉛中毒予防規則　113

新潟水俣病　34,215
日照障害　196

熱回収　122,143,209
熱供給事業法　172
熱帯雨林の減少　3
燃料使用規制　44

濃度規制　50

農薬取締法　172
農用地土壌汚染防止法　172
農林漁業バイオ燃料法　172

【は、ひ、ふ、へ、ほ】
廃アルカリの廃棄　193
ばい煙規制法　34
ばい塵　190
バイオエタノール燃料　213
バイオマス　213
バイオマス活用推進基本法　173
バイオマス発電　94
廃棄物　120,123
廃棄物処理　192
廃棄物処理法　123
廃酸の廃棄　193
排出権（量）取引　213
排出者責任　122,213
排出段階の規制　77
廃掃法　123
廃油の処分　193
バーゼル条約　213
バーゼル法　171

ビオトープ　214
東日本廃棄物処理特措法　135
非含有証明書　26
ピクトグラム　214
微小粒子状物質（PM2.5）　38
ヒートアイランド　214
ヒートポンプ　214
肥料取締法　173
ビル管理法　164
ビル用水法　77

風力発電　91,214
不作為義務　12
浮遊物質（SS）　56
浮遊粒子状物質（SPM）　38
不要物　120

フロン　214
フロン回収破壊法　2,52
フロン類　53
文化財保護法　173
分別解体等　146

併合的接続詞　15
ベクレル（Bq）　134

ボイラー及び圧力容器安全規則　113
法規制の特定　175
放射線障害防止法　173
放射線物質汚染対処特措法　133
包装容器廃棄物　142
法律　11
ポリ塩化ビフェニル（PCB）　132,220
ポリ塩化ビフェニル廃棄物の適正な処理に関する特別措置法（PCB廃棄物特措法）　132

【ま、み、む、め、も】
マテリアルフローコスト会計（MFCA）　24,215
マテリアルフロー分析（MFA）　24
マニフェスト（産業廃棄物管理票）　130,215

水俣病　34,215

無過失責任　215

メタン発酵法　191

モーダルシフト　215
モントリオール議定書　215

【や、ゆ、よ】
薬事法　173
野生生物の減少　3
有害廃棄物の越境移動　4
有害物質を含有する家庭用品の規制に関する法律　174

有害物対策　192
有機則（有機溶剤中毒予防規則）　113,216
優先化学物質　80
優良産廃処理業者認定制度　128

容器包装リサイクル法　142
溶存酸素（DO）　56,216
横出し　13,26,202
四日市ぜんそく　34,42,216
予防原則　78

【ら、り、れ、ろ】
ライフサイクルアセスメント（LCA）　137,219
ラムサール条約　216

リサイクル　137,216
リサイクル識別マーク　216
リサイクル法　137,216
リスポンシブル・ケア活動　217
リーチ法（REACH）　160,220

リデュース　137
粒子状物質（PM）　46
リユース　137
リンの除去　192

レッドデータブック　217
連鎖化事業者　102

労働安全衛生法　112
労働安全コンサルタント　116
労働基準監督署　115
労働者派遣法　174
ローズ（RoHS）　159,220
ロハス（LOHAS）　219
ローマクラブ　217
ロンドン条約　217

【わ】
ワシントン条約　218

欧字項目索引

BOD(生物化学的酸素要求量) 56,218
Bq(ベクレル) 134

CAS 登録番号 218
CASBEE(建築物総合環境性能評価システム) 207
CE 適合宣言書 159
COD(化学的酸素要求量) 56,218
COP 206
COP3 218
CSR(企業の社会的責任) 205

DfE 205
DO(溶存酸素) 56,216

ELV 指令 174,218
ESCO 事業 219

FiT(固定価格買取り制度) 100

GHS(化学品の分類および表示に関する世界調和システム) 85,87,214

IPCC(気候変動に関する政府間パネル) 212,219
ISO14000 シリーズ 219
IUCN 217

K 値規制 43

LCA(ライフサイクルアセスメント) 137,196,219
LOHAS(ロハス) 219

MFA(マテリアルフロー分析) 24

MFCA(マテリアルフローコスト会計) 24,215
MSDS(化学物質等安全データシート) 81,219

NOx(窒素酸化物) 46,190,212

PCB(ポリ塩化ビフェニル) 132,220
PCB 処理 191
PCB 廃棄物特措法 132
pH 220
PM(粒子状物質) 46
PM2.5(微小粒子状物質) 38
PoPs 条約 210
ppm 220
PRTR 法(化管法) 25,83

REACH(リーチ法) 160,220
RoHS(ローズ) 159,220

SDS 81,219
SOx(硫黄酸化物) 190,200
SPM(浮遊粒子状物質) 38,206
SRI(社会的責任投資) 209
SS(懸濁物質、浮遊物質) 56

TEF(毒性等価係数) 89
TEQ(毒性等量) 89,211

UNEP(国際連合環境計画) 220

VOC(揮発性有機化合物) 44,206,221

WEEE 指令 174,221

著者紹介

太田芳雄（おおた よしお）

太田技術士事務所代表
1971年に東海大学大学院工学研究科修了後、石川島播磨重工業(現・IHI)入社。動力炉核燃料開発事業団[現・独立行政法人日本原子力研究開発機構]に途中出向。その後、IHIで航空機用耐熱材料開発等に従事。

資格等　技術士(金属部門、総合技術監理部門)(環境マネジメントセンター所属)
　　　　中小企業診断士(ものづくり研究会所属)
　　　　労働安全コンサルタント(厚生労働省)
　　　　工学博士(横浜国立大学)
　　　　元・環境マネジメントシステム審査員、エコアクション21審査人、
　　　　環境カウンセラー、地球温暖化防止推進員等

中小企業のための環境関連法規制　　　定価はカバーに表示してあります．

2014年11月20日　1版1刷　発行　　ISBN978-4-7655-3467-3 C3032

著　者　太　田　芳　雄
発行者　長　　　滋　彦
発行所　技報堂出版株式会社

〒101-0051 東京都千代田区神田神保町1-2-5
電　話　営　業　(03)(5217)0885
　　　　編　集　(03)(5217)0881
　　　　FAX　　(03)(5217)0886
振　替　口　座　00140-4-10
http://gihodobooks.jp/

日本書籍出版協会会員
自然科学書協会会員
工 学 書 協 会 会 員
土木・建築書協会会員

Printed in Japan

Ⓒ Yoshio Ohta, 2014　　　　装幀・ジンキッズ　　印刷・製本　昭和情報プロセス

落丁・乱丁はお取替えいたします．

|JCOPY|＜(社)出版者著作権管理機構　委託出版物＞

本書の無断複写は著作権法上での例外を除き禁じられています．複写される場合は、そのつど事前に、(社)出版者著作権管理機構 (電話 03-3513-6969, FAX 03-3513-6979, e-mail: info@jcopy.or.jp) の許諾を得てください．